观赏植物生产技术

金立敏　周玉珍　主编

科 学 出 版 社

北 京

内 容 简 介

本书分 5 篇 15 个单元进行阐述，第 1 篇为观赏植物的基础知识，主要介绍观赏植物的生产概况，观赏植物的概念、分类及生产方式。第 2 篇的 4 个单元主要介绍室内盆栽花卉的生产概况与常见观花、观叶、观果及多肉植物的生产技术要点。第 3 篇介绍花坛、花境类植物的生产技术，包括一二年生、多年生及水（湿）生植物的生产。第 4 篇主要介绍切花类植物生产技术，包括常见的切花、切叶植物的生产与采收。第 5 篇介绍花木类植物生产技术，包括观赏苗木的种类及应用形式、观赏苗木的生产与养护、常见花木生产技术、花木的整形修剪。

本书可作为高职高专院校、本科院校举办的职业技术学校、五年制高职、成人教育现代专业群相关专业的教材，也可供从事园艺工作的人员参考。

图书在版编目（CIP）数据

观赏植物生产技术/金立敏，周玉珍主编. —北京：科学出版社，2021.6
ISBN 978-7-03-067681-8

Ⅰ.①观… Ⅱ.①金… ②周… Ⅲ.①观赏植物-教材 Ⅳ. ①S68

中国版本图书馆 CIP 数据核字（2020）第 262173 号

责任编辑：杨 阳 袁星星 / 责任校对：王 颖
责任印制：吕春珉 / 封面设计：东方人华平面设计部

科 学 出 版 社 出版
北京东黄城根北街 16 号
邮政编码：100717
http://www.sciencep.com

北京九州迅驰传媒文化有限公司 印刷
科学出版社发行 各地新华书店经销
*
2021 年 6 月第 一 版 开本：787×1092 1/16
2023 年 1 月第二次印刷 印张：18 3/4
字数：438 000

定价：56.00 元

（如有印装质量问题，我社负责调换〈九州迅驰〉）
销售部电话 010-62136230 编辑部电话 010-62138978-2047

前　言

大自然是人类赖以生存发展的基本条件。尊重自然、顺应自然、保护自然，是全面建设社会主义现代化国家的内在要求。必须牢固树立和践行绿水青山就是金山银山的理念，站在人与自然和谐共生的高度谋划发展。

“观赏植物生产技术”是高职高专园艺及相关专业必修的一门专业核心课程。通过学习“观赏植物生产技术”这门课程，使学生了解国内外观赏植物应用发展状况，熟悉和掌握观赏植物的分类及生产技术要点。

全书设学习目标、关键词、单元提要、复习思考题、实训指导栏目，教材理论联系实际，把高等职业教育培养高素质技术应用型人才的任务落实到具体的课程教学中。建议教学课时 60～90 学时，不同地域学校可适当选择当地主要植物种类进行教学。

本书由苏州农业职业技术学院的金立敏、周玉珍担任主编，苏州农业职业技术学院的吕文涛、顾国海、汪成忠、张文婧、陈立人也参与编写。具体编写分工如下：第 1 单元、第 11 单元～第 13 单元由周玉珍编写；第 2 单元～第 5 单元由吕文涛编写；第 6 单元和第 7 单元由金立敏编写；第 8 单元由张文婧和陈立人编写；第 9 单元和第 10 单元由顾国海编写；第 14 单元和第 15 单元由汪成忠编写。本书实训部分得到陆桂梅、卫庆华的建议，同时蔡曾煜先生对本书进行了审阅并提出了许多宝贵修改意见，特此衷心感谢。本书在编写过程中得到了苏州农业职业技术学院园艺科技学院的全力支持，在此一并表示感谢。

由于编者水平有限，不足之处恳请读者批评指正。

目 录

第 1 篇 观赏植物概述

第 2 篇 室内盆栽花卉生产技术

第 3 篇　花坛、花境类植物生产技术

第 4 篇　切花类植物生产技术

第 5 篇　花木类植物生产技术

第 1 篇　观赏植物概述

第1单元　观赏植物的基础知识

学习目标

了解我国观赏植物生产概况、不同分类方法及生产方式，掌握观赏植物的概念及观赏植物的分类与依据。

关 键 词

观赏植物　商品特性分类

单元提要

观赏植物是指具有一定观赏价值和生态效应，可应用于花艺、园林、室内外环境布置和装饰、改善或美化环境的草本和木本植物的总称。根据农业农村部对我国花卉产业的统计，花卉产品分为鲜切花类（包括鲜切花、鲜切叶、鲜切枝）、盆栽植物类（包括盆栽植物、盆景、花坛植物）、观赏苗木、食用与药用花卉、工业及其他用途花卉、草坪、种子用花卉、种苗用花卉、种球用花卉，以及干燥花等十类。本课程所涉及的主要为盆栽观赏植物、花坛花卉、鲜切花和观赏苗木四类产品的生产与养护管理技术。

模块 1.1 观赏植物的生产概况

观赏植物产业是 21 世纪的朝阳产业，是我国现代农业的重要组成部分。跟随生态文明、美丽中国和农业现代化建设步伐，观赏植物的产业地位还将得到提升。具体表现在以下几个方面。

1.1.1 观赏植物种植面积及产值持续增长

根据农业农村部与观研天下数据统计显示，2017 年全国花卉生产总面积为 137.28 万公顷，比 2016 年的 133.04 万公顷增长 3.19%；2017 年全国花卉销售额为 1 473.65 亿元，比 2016 年的 1 389.70 亿元增长 6.04%。

2017 年花木种植面积排在前三位的仍是江苏、浙江、河南。江苏花木种植面积达 15.42 万公顷，同比增长 2.01%。江苏鲜切花类、盆栽植物类种植面积均有所减少，但盆景类、花坛植物、观赏苗木、食用与药用花卉种植面积均有一定幅度上升。2017 年花木种植面积排在前十位的仍是江苏、浙江、河南、山东、四川、云南、福建、湖南、广东、湖北，面积之和为 98.80 万公顷，占全国花卉种植总面积的 74.26%。

根据海关总署对进出口植物的分类，我国进出口花卉产品主要包括干切花、鲜切花、鲜切枝（叶）、种苗、种球、盆栽植物、苔藓地衣七大类别。统计数据显示，2017 年我国花卉进出口贸易总额为 5.6 亿美元。其中，进口额为 2.7 亿美元，比 2016 年增长 26.5%；出口总额为 2.9 亿美元，比 2016 年增长 0.67%。由此可以看出，我国花卉进出口贸易依然呈现上升发展之势。其中，种球依然是我国进口花卉产品中份额最大的品类。2017 年全国鲜切花类产品种植面积为 6.65 万公顷，比 2016 年的 6.46 万公顷增长 2.94%。其中，云南和湖北鲜切花类产品的种植面积超过 1 万公顷，分别为 1.39 万公顷和 1.20 万公顷。2017 年全国鲜切花类产品出口总额为 3.72 亿美元，比 2016 年的 3.52 亿美元增长了 5.68%。

1.1.2 观赏植物产品结构由单一向多样化发展

根据花卉的最终用途和生产特点，将花卉分为切花（切叶）、盆栽植物、观赏苗木、食用与药用花卉、工业及其他用途花卉、草坪、种子用花卉、种球用花卉和种苗用花卉。花卉行业本身也在积极调整品种结构、引入新品种、改变生产和管理思路等，目前我国花卉品种结构正在向高档化与多样化发展，我国消费者的目光逐渐从“花卉价格”转向“花卉品类”。近年来我国大量引进并生产优新品种，鲜切花如非洲菊、鹤望兰等；盆花如凤梨类、一品红、安祖花等，品种逐渐高档化，花色则多样、淡雅。我国花卉产品正向标准化、精品化、大规格苗木、新优品种、特色高端工程用苗多样化发展。我国花卉行业转型升级正在持续深入，“花卉+”理念打造出的花卉旅游、花卉深加工等在不断发展，使得花卉产品结构从单一向多样化发展，从而满足不同需求，服务不同对象。

1.1.3　区域化特色正在形成

我国观赏植物产业经过几十年的恢复和发展，已在全国逐步形成几个较为稳定的生产大区，初步形成了“西南有鲜切花、东南有苗木和盆花、西北冷凉地区有种球、东北有加工花卉”的生产布局。其中，山东、江苏、浙江及河南为中国四大花木种植地区，四个省的花卉种植面积合计约占全国一半比重，花卉种植地较为集中。

1.1.4　鲜花流通体系更加成熟

观赏植物是鲜活产品，一旦流通不畅，极易造成严重损失。因此高效的流通体系是实现观赏植物产品顺畅地从产地到达各类市场和消费者手中的渠道，也是市场经济在观赏植物产业化经营中最重要的反映之一。我国的观赏植物流通一直采用的是对手交易，即买卖双方面对面地议价交易，这是一种传统的产品交易方式。其特点是交易灵活，对产品质量没有统一的要求，但交易成本高，成交效率低。借鉴国外先进国家的理念和做法，从 20 世纪末开始，我国已先后在观赏植物集中产区建立花卉拍卖市场。目前，已经在昆明、北京、上海、广州、沈阳等地建立了花卉拍卖市场。此外，全国还建起了一批批发市场和零售市场。2017 年全国有 2 980 个花卉市场，比 2016 年略降 1.62%；花卉销售额 1 533.3 亿元，比 2016 年大幅增加 10.4%。互联网及配送体系的快速发展，使中国花卉电商市场规模也在不断扩大，2017 年已经达到 124.1 亿元，未来中国电商市场规模将进一步上升，互联网、电商和物流的不断发展，使得国内的鲜花流通网络已初步形成，各省市都有大型的鲜花批发市场，地方性的花卉市场也不断涌现。借助着互联网的推力，未来我国将建立更加成熟的鲜花流通体系。

1.1.5　教育和科研工作得到了恢复和发展

目前，全国已有 200 多个科研单位设立了观赏植物科研项目，有近百个专门从事观赏植物研究的研究所（室），有 200 多个教学单位开设与观赏植物有关的专业。经过广大科研、教育工作者的艰苦努力，在专业人才培养、观赏植物野生资源开发利用、传统名花的商品化生产、新品种选育、组织培养繁殖、设施栽培等新技术的研究与应用、花期控制、切花保鲜、运输等方面，都取得了许多新的成果，大大提高了观赏植物生产的技术水平。

模块 1.2　观赏植物的概念

观赏植物是指具有一定观赏价值和生态效应，可应用于花艺、园林及室内外环境布置和装饰、改善或美化环境的草本和木本植物的总称。我国在 20 世纪 50 年代后，曾习惯称其为园林植物，现与国际接轨，统称观赏植物。因此，其广义的概念与花卉、园林花卉、园林植物等相同或相近，因此在本书中，这些名称都有可能出现。观赏植物都是直接或间接由野生植物引种、驯化并改良而来的。随着科技的发展与社会的进步，观赏植物的范畴将不断扩大。

观赏植物具有防护、美化和生产三方面的功能。在防护功能方面，观赏植物可以调节空气温度与湿度、减少阳光辐射、防风、固沙、护坡、保持水土、滞尘、杀菌、抵抗并吸收有毒气体，从而净化大气，减弱噪声污染等。观赏植物的美化功能突出体现在韵、姿、色、香等方面，不但具有生趣盎然的自然美，在经过风景师、花艺师、盆景师等的艺术创作后，还能体现别具匠心的艺术美。有些观赏植物经人们赋予不同的“性格”（拟人化）和“语言”（花语），则更让人们赏心悦目。观赏植物还是商品价值较高的商品，实施适度规模生产后，可获得相对丰厚的经济效益。

我国驯化、栽培和利用观赏植物的历史悠久，具有种植资源、气候资源、劳动力资源、市场和花文化等多方面发展观赏植物生产的优势。观赏植物生产已经并将继续成为我国现代农业的重要组成部分。

模块 1.3　观赏植物的分类方法

观赏植物种类繁多，分布很广，为了方便研究与利用，人们根据不同的目的，采用不同的分类依据，形成了不同的分类方法。例如，依植物学系统分类，能帮助人们了解各种观赏植物的起源、亲缘关系；依自然分布分类，能帮助人们了解各种观赏植物的生态习性；依观赏植物的产品特性分类，能帮助人们了解观赏植物的商品属性；等等。不同时期的不同学者，也有不同的观赏植物分类方法。我国宋代陈景沂的《全芳备注》将观赏植物按实际用途与生长特性分为花部、果部、卉部、草部、木部等。清代陈淏子在《花镜》中，将观赏植物分列为花木、藤蔓、花草等三类。清代汪灏在《广群芳谱》中，则将观赏植物分为花、果、木、竹、卉、药等。至近代，有按植物学分类系统进行分类的，也有按生长类型、用途、栽培方式、观赏部位、地理分布、生态习性等进行分类的。了解观赏植物的分类方法，对观赏植物的生产与经营十分重要。

1.3.1 依植物分类系统分类

这是植物学家在全世界范围内统一的一种分类方法。此方法以观赏植物学上的形态特征为主要依据，按照界、门、纲（亚纲）、目（亚目）、科（亚科）、属（亚属）、种（亚种、变种、变型）等主要分类阶元来分类，并给予拉丁文学名。例如，碧桃属于植物界、被子植物门、双子叶植物纲、离瓣花亚纲、蔷薇目、蔷薇亚目、蔷薇科、李亚科、李属、桃亚属、桃、碧桃。

品种是栽培学上常用的名词，是指经人工选育而成，种性基本一致、遗传性比较稳定、具有人类需要的某些观赏性状和经济性状、作为特殊生产资料的植物群体。品种不是植物分类学的等级。

品系是源于一个共同的祖先而且具有特定基因型的动植物或微生物，也就是同一起源，但与原亲本或原品种性状有一定差异，尚未正式鉴定或命名为品种的过渡性变异类型。

依植物学分类系统进行分类的方法可以使人们清楚了解各种观赏植物彼此间在形态上或系统发育上的联系或亲缘关系，以及生物学特性的异同等，是采用栽培技术、决定轮作方式、进行病虫防治及育种的重要依据。但由于原产地不同，即使同科、同属甚至同种植物，形态与生物学特性也相差甚大。因此，这种分类方法与观赏植物生产的距离较大，实际应用中还需要其他分类方法予以补充。

1.3.2　依观赏部位分类

依观赏部位分类，观赏植物分为以下五类。

（1）观花类：是以观赏花朵为主的观赏植物，如荷花、菊花、百合、山茶、杜鹃等。

（2）观果类：是以观赏果实为主的观赏植物，如金柑、石榴、冬珊瑚、紫珠等。

（3）观茎类：是以观赏茎干为主的观赏植物，如仙人掌、光棍树、佛肚竹、卫矛等。

（4）观叶类：是以观赏叶片为主的观赏植物，如竹芋、变叶木、彩叶草、文竹、蕨类等。

（5）芳香类：是以闻其芳香为主的观赏植物，如米兰、茉莉、桂花、含笑、栀子花等。

以上按观赏部位分类也不是绝对的。有的观赏植物既可以观花又可以观果，如石榴等。有的观赏植物既可以闻其香味又可以观花，如栀子花等。

1.3.3　依开花季节分类

依开花季节分类，观赏植物分为以下四类。

（1）春花类：是指花期在 2～4 月的观赏植物，如杜鹃、茶花、玉兰、樱花、风信子、郁金香、荷色牡丹等。

（2）夏花类：是指花期在 5～7 月的观赏植物，如凤仙、茉莉、美人蕉、蜀葵、米兰、荷花、夹竹桃、姜花、石竹、半支莲、三色堇、花菱草、玉兰、麦秆菊、矮牵牛、一串红、风铃草、芍药、飞燕草、紫罗兰等。

（3）秋花类：是指花期在 8～10 月的观赏植物，如菊花、鸡冠花、桂花、白兰、米兰、九里香、含笑、千日红、凤仙、翠菊、长春花、紫茉莉等。

（4）冬花类：是指花期在 11 月至翌年 1 月的观赏植物，如蜡梅、梅、水仙、墨兰、茶花、一品红、龙吐珠、蟹爪兰、三角花等。

以上按花期分类并不是绝对的。因品种、栽培季节和地理条件不同，同一种观赏植物的花期也不相同。

1.3.4　以生物学特性为主的分类

按观赏植物的生长类型、生活史和生态习性进行综合分类，观赏植物分为以下十一类。

1）一二年生观赏植物

（1）一年生观赏植物是指在一个生长周期内完成其生活史的观赏植物。其多数种类原产于热带或亚热带，故不耐0℃以下的低温，常在春季播种，夏、秋季开花，冬季到来之前死亡，如百日草、鸡冠花、千日红、凤仙花、波斯菊等。

（2）二年生观赏植物是指在两个生长周期内完成其生活史的观赏植物。其多数种类原产于温带或寒冷地区，耐寒性较强，秋季播种，能在露地越冬或稍加覆盖防寒越冬，翌年春季开花，夏季到来时死亡，如三色堇、石竹、桂竹香、瓜叶菊、报春花等。

2）多年生观赏植物

多年生观赏植物是指可以在多个生长周期内生长开花的观赏植物。多数多年生观赏植物，以地下部分越冬或越夏，待自然条件达到适宜生长的温度后继续恢复生长。

（1）宿根观赏植物。越冬或越夏时，植株的地下部分（根或地下茎）不变态的，称为宿根观赏植物，如芍药、菊花、香石竹、荷兰菊、蜀葵、文竹等。

（2）球根观赏植物。越冬或越夏时，植株的地下部分（根或地下茎）发生膨大等变态的，称为球根观赏植物，如水仙、百合、郁金香、风信子、小苍兰、番红花、君子兰、百子莲等。根据植株地下部分变态器官的来源和形态，球根花卉又分为鳞茎（如百合、贝母、朱顶红等）、球茎（如唐菖蒲等）、块茎（如仙客来等）、根茎（如美人蕉等）和块根（如大丽花等）。

3）水生观赏植物

水生观赏植物是指常年生活在水中，或在其生命周期内有一段时间生活在水中的观赏植物，如荷花、睡莲、王莲、菱等。

4）仙人掌类及多浆观赏植物

仙人掌类及多浆观赏植物是指仙人掌科与其他科中具肥厚多浆肉质器官（茎、叶或根）的植物总称，如仙人掌、令箭荷花、芦荟、落地生根、玉树等。

5）兰科观赏植物

兰科观赏植物是指兰科中具有较高观赏价值的植物的总称，如春兰、建兰、墨兰、蝴蝶兰、大花蕙兰等。

6）食虫植物

食虫植物是指具有特殊构造的营养器官（如筒状叶、腺毛或囊），能引诱、捕捉并消化吸收昆虫和小动物作为补充营养的植物，如捕蝇草、猪笼草等。

7）地被观赏植物

地被观赏植物是指株丛紧密、低矮（50cm以下），用以覆盖景观地面的植物。草坪也属于地被植物的范畴。地被植物以草本植物为主，也包括少量低矮的灌木或匍匐类的藤本，如沿阶草、高羊茅、偃柏等。

8）乔木类

乔木类主干明显而直立，分枝多，树干与树冠有明显区分，如白玉兰、广玉兰、樱树、桂树、雪松、圆柏等。

9）灌木类

灌木类无明显主干，一般植株较矮小，近地面处生出许多枝条，呈丛生状，如月季、迎春、杜鹃、山茶、黄杨、茉莉等。

10）藤木类

藤木类茎木质化，长而细软，不能直立，需要缠绕或攀缘其他物体才能向上生长，如紫藤、凌霄、葡萄等。

11）观赏竹类

观赏竹类是指以观赏其形、姿、色、韵为主的竹类，如佛肚竹、斑竹、紫竹等。

1.3.5 依产品的商品特性分类

根据农业农村部对我国花卉产业的统计，花卉产品分为鲜切花类（包括鲜切花、鲜切叶、鲜切枝）、盆栽植物类（包括盆栽植物、盆景、花坛植物）、观赏苗木、食用与药用花卉、工业及其他用途花卉、草坪、种子用花卉、种苗用花卉、种球用花卉，以及干燥花等十类。

1. 鲜切花类

1）鲜切花

鲜切花是指自活体植株上剪切下来，以花为主要观赏对象的花卉产品。鲜切花可以是一朵花，如月季，也可以是一个花序，如唐菖蒲。月季、百合、唐菖蒲和菊花是世界四大切花。鲜切花是世界花卉贸易中占比最大的产品类型，约占60%。鲜切花以丰富的花形与色彩，成为花卉装饰中的主角。

2）鲜切叶

鲜切叶是指自活体植株上剪切下来，以植物的叶片为主要观赏对象的花卉产品。用作鲜切叶的叶片往往具有奇特的叶形或色彩。常见的鲜切叶有龟背竹、绿萝、绣球松、针葵、肾蕨、变叶木等。鲜切叶在花卉装饰中，担当“绿叶”的角色。

3）鲜切枝

鲜切枝是指自活体植株上剪切下来，以植物的枝条为主要观赏对象的花卉产品。用作鲜切枝的枝条往往具有独特的形状与色彩。常见的鲜切枝有银芽柳、连翘、雪柳、绣线菊、红瑞木等。假如鲜切枝带果实切下，也被称为鲜切果，如佛手、乳茄、火棘等。鲜切枝在花卉装饰中，可以作为欣赏的主体，也可以作为配角。

2. 盆栽植物类

以 2017 年花卉统计数据为例，在我国花卉产业中，盆栽植物类的种植面积为118 805.4 公顷，销售额为 3 814 035.6 万元，出口额为 12 792.7 万美元，分别约占全国花卉总面积、总销售额、总出口额的 8.53%、24.87%和 21.32%。

1）盆栽植物

盆栽植物包括盆花和盆栽绿色植物（常简称为绿植）。

（1）盆花是以花作为主要观赏对象的盆栽植物。盆花既可以是一二年生盆栽植物，如一串红、矮牵牛、何氏凤仙等，也可以是多年生盆栽植物，如凤梨、红掌、兰科花卉、多肉类花卉等，还可以是盆栽花灌木，如月季、杜鹃、牡丹等。

（2）盆栽绿色植物是以绿色为主要观赏对象的盆栽植物，以木本植物为主，如橡皮树、绿萝、马拉巴栗、铁树等。

盆栽植物通常是在特定的条件下栽培，达到适于观赏的阶段移到被装饰的场所进行摆放，在失去最佳观赏效果或完成任务后就可移走。在花卉装饰中，盆栽植物既可以展示群体美，也可以展示个体美。盆栽植物的选择标准，除了观赏价值外，还有生态环保的价值。

2）盆景

盆景是以树木、山石等为素材，经过艺术处理和精心培养，在盆中再现大自然神貌的艺术品。盆景可分为树桩盆景、水石盆景、树石盆景、竹草盆景、微型组合盆景和异型盆景六大类。盆景是观赏植物生产的特殊产品，盆景的商品价值与盆景所用的素材、盆景表现出的意境，以及养护时间等因素有关。在花卉装饰中，盆景多作为欣赏的主体。

3）花坛植物

花坛植物是指以布置花坛为主要目的的观赏植物。花坛的种类不同，所选用的花坛植物也不同。花丛花坛常用的观赏植物有三色堇、雏菊、金盏菊、紫罗兰、矢车菊、飞燕草、石竹类、美女樱、鸡冠花、千日红等。毛毡花坛常用的观赏植物有五色苋、彩叶草、半枝莲等。

3. 观赏苗木

观赏苗木是指用于城镇绿化和生态园林的木本植物，包括乔木、灌木、藤本及竹类等观赏植物。观赏苗木在我国花卉产业中占有重要地位。以 2017 年花卉业统计数据为例，在我国花卉产业中，观赏苗木的种植面积为 800 559.9 公顷，销售额为 6 531 845.1 万元，出口额为 4 360.0 万美元，分别约占全国花卉总面积、总销售额、总出口额的 57.50%、42.60%和 7.27%。

4. 食用与药用花卉

食用与药用花卉是指植株的某一部分或全部可食用与药用的花卉。

5. 工业及其他用途花卉

工业及其他用途花卉是指植株的某一部分或全部可用作工业原料或其他用途的花卉。

6. 草坪

草坪，在园林上是指人工栽培的矮性草本植物，经一定的养护管理所形成的块状或片状密集似毡的植物景观。这里的“草坪”是指用以铺设草坪的植物总称。草坪植物属于地被植物的一部分。根据我国观赏植物产业的现状，“草坪”应该包括地被植物。

7. 种子用花卉

种子用花卉是指为观赏植物生产提供种子的花卉。种子是种子植物有性繁殖的器官，又是观赏植物生产的生产资料。大多数花卉，尤其是一二年生草本花卉，如一串红、瓜叶菊、羽衣甘蓝、姜女樱等，主要采用种子播种繁殖。由种子培育出的幼苗叫实生苗，它可以在短期内大量生产。种子的包装、储藏和运输比营养体要方便得多，由其培育出的植株具有长势旺盛、园艺性状强等优点，其中杂交种子往往表现得更为突出。所以，种子是观赏植物最主要的繁殖材料。

8. 种苗用花卉

种苗用花卉是指为观赏植物生产提供种苗的花卉。种苗不仅包括由种子培育出的实生苗，还包括由扦插繁殖的扦插苗、嫁接繁殖的嫁接苗、组织培养繁殖的组培苗等营养苗。伴随着观赏植物生产的现代化进程，种苗规模化、专业化生产的优越性日渐显现，已经成为观赏植物产业发展水平的重要指标。

9. 种球用花卉

种球用花卉是指为观赏植物生产提供种球的花卉。种球是指球根花卉地下部分（茎或根）变态、膨大并贮藏大量养分的无性繁殖器官，如朱顶红、郁金香、风信子、百合等的鳞茎，唐菖蒲的球茎，美人蕉的根状茎，仙客来的块茎和大丽花的块根等。世界观赏植物生产中，球根花卉约占整个产业的20%，种球已经成为世界观赏植物贸易中的重要商品。

种子用花卉、种苗用花卉和种球用花卉，在世界观赏植物界被合称为繁殖用材料。其在世界观赏植物贸易中所占的比重较小，却体现了一个国家或地区观赏植物产业的发展水平和实力。荷兰、美国、日本等观赏植物产业水平较先进的国家，都占有较大份额的繁殖材料的市场。

10. 干燥花

干燥花是指植株的某一部分或全部用于加工成干燥花的花卉。

模块 1.4 观赏植物的生产方式

观赏植物生产是观赏植物产业的基础，其生产方式随着经济社会的发展而不断进步。观赏植物的生产方式包括观赏植物的栽培方式、观赏植物的种植制度与观赏植物生产的组织方式等。

1.4.1 观赏植物的栽培方式

观赏植物的栽培方式是指在观赏植物栽培上因自然或人为条件不同而产生的不同

栽培形式，如露地栽培和保护地栽培；土壤栽培和无土栽培；地栽和盆栽；等等。

1. 露地栽培

露地栽培是指完全在自然气候条件下，不加任何保护的观赏植物栽培形式。一般植物的生长周期与露地自然条件的变化周期基本一致。露地栽培具有投入少、设备简单、生产程序简便等优点，是观赏植物生产、栽培中常用的方式。露地栽培的缺点是产量较低、抵抗自然灾害的能力弱。在露地栽培中，往往有在植物生长发育的某一阶段增加保护措施的做法。例如，露地栽培的观赏植物采用保护地育苗，有提早成熟的效果；盛夏进行遮阴，可以防止日灼，提高产品质量；露地栽培的切花，于晚秋至初冬进行覆盖，有延后栽培的作用等。

2. 保护地栽培

保护地栽培又称设施栽培，是指在有人工设施的保护下进行观赏植物栽培。保护地栽培具有一次性投入大、栽培技术要求高、可周年生产、单位面积产量和产值高等特点。人工设施有冷床、温床、塑料大棚、温室、遮阴棚等。现代温室多有调节温度、光照、空气湿度等的设施设备，可对温室内环境进行调控。保护设施主要具有两方面的作用：一是在不适于某一类观赏植物生长要求的地区进行栽培；二是在不适于观赏植物生长的季节进行栽培。

3. 土壤栽培

土壤栽培又称地栽，是指在自然土壤上进行观赏植物栽培。土壤栽培又分为露地栽培和设施栽培，以露地栽培最为常见。土壤栽培观赏植物受土壤的质地、肥力、酸碱度等因素的制约性大，产品的产量与产值不稳定。土壤栽培的技术相对于无土栽培而言要求不高，容易被接受和推广。土壤栽培的一次性投入少，在中等及以下生产水平时，其经济效益可接近无土栽培。

4. 无土栽培

无土栽培是指不使用土壤而用营养液和基质栽培观赏植物。无土栽培观赏植物一般都在设施内进行。无土栽培具有不受土壤条件限制、节省水分和养分、病虫害少、产品质量和产值高、适于自动化生产等优点。但无土栽培一次性投入大、栽培技术要求高。生产水平越高，无土栽培的生产潜力就越大。

1.4.2 观赏植物种植制度

种植制度是指在一定范围的土地上和一定时期，按照土地面积、生产季节及前后作的计划布局和安排，有计划地种植观赏植物的种类、品种的规定。一般的种植制度有休闲、连作、间作、套作和轮作等。观赏植物生产的特点是种类、品种繁多，生长习性相差悬殊，茬口复杂且每种植物的栽培面积又不大。另外，观赏植物种植制度还受到市场

规律的主导和设施设备的制约。所以，观赏植物种植制度也十分复杂。

建立种植制度，对于土壤栽培，尤其是保护地土壤栽培非常重要。一个合理的种植制度，不仅可以提高土地的利用率，还可以克服连作障碍，降低土壤消毒、洗盐、换土等的生产成本。

1. 苗圃种植制度

苗圃中大部分土壤用于观赏树木的生产。以长江下游地区的江浙沪为例，花灌木和落叶乔木，一般 2～3 年出圃；常绿乔木则需要 3～5 年。多数苗圃采用选优出圃，不能一次起苗，所以轮作周期要延长至 5～8 年。这样的土地可以实现间作，即在大规格苗木的行间或株间种植地被植物或生产花坛植物。

2. 露地切花种植制度

生育期比较短的切花，生长期约 3 个月，所以往往在一年内连作两次，然后再与其他观赏植物轮作。生育期比较长的切花，生长期约 7 个月，连续两年后，也需要与其他观赏植物轮作。

3. 保护地种植制度

由于设施内环境的特殊性，土壤连作障碍问题十分突出，应建立和严格实施轮作制度或休闲制度。在休闲期间，尽可能打开设施，让土壤在自然条件下接受雨水淋溶。

4. 露地与保护地交替种植制度

大多数塑料大棚，无加温等附属设施，拆装容易，可与露地栽培交替进行，即隔年或隔两年，将设施拆装到露地栽培的土地上，使原来的保护地栽培改为露地栽培。

1.4.3 观赏植物生产的组织方式

观赏植物生产的组织方式是指以观赏植物为生产对象，根据产品性质、生产方式或专业化程度所形成的生产组织的不同方式。世界观赏植物生产经营主体为公司或家庭农场（在我国现阶段为专业户）。

1. 农户式生产

农户式生产是以农户为单位，雇佣少量劳动力，自主生产经营。世界各国的观赏植物生产多以农户式（或家庭农场）生产为主。例如，日本观赏植物的生产农户约有 9 万多户，占生产主体的 99.5%。这种组织方式生产经营灵活，生产的产品种类单一。中国的观赏植物生产专业户，多数由大田作物生产转变而来。农户式生产的特点是规模小、投入不足、信息不通畅、普遍缺乏专业技术人员指导、产品档次低、生产经营时抗风险能力弱。

2. 合作式生产

合作式生产是由农户自发组织的，规模大小不一，少则几户，多则几百户。有按区域合作的，有按产品种类合作的，也有跨区域多品种合作的。有紧密型的，也有松散型的。这种组织方式按约定的制度开展生产经营，组织内部有分工，专业化程度较高，对外维护合作社成员的利益，抵御市场风险的能力较强。

3. “公司+农户”生产

“公司+农户”生产是将“大公司”与“小农户”联结起来，以企业为龙头，与农户在平等、自愿、互利的基础上签订经济合同，明确各自的权利和义务及违约责任，通过契约机制结成利益共同体，企业向农户提供产前、产中和产后服务，按合同规定收购农户生产的产品，建立稳定供销关系的合作模式。

4. 集团式生产

集团式生产是指有实力的企业收并其他企业，组成集团，参与观赏植物的育种、生产、销售和技术服务。这类组织方式，往往是强强联合，特色互补，具有旺盛的生命力，引导和左右着观赏植物产业的发展方向。

复习思考题

1．简述观赏植物的概念。

2．按观赏植物的商品特性分类，可以分成哪几类？本课程内容主要涉及哪几类观赏植物产品的生产与养护管理技术？

第 2 篇　室内盆栽花卉生产技术

第2单元　盆栽花卉生产概述

学习目标

了解盆栽花卉生产用基质与肥料的类型，掌握盆栽花卉生产技术与温度、光照、湿度管理措施。

关 键 词

盆栽花卉　基质　容器　温度　光照　湿度

单元提要

本单元主要介绍了盆栽花卉生产的类型和特点，盆栽花卉生产用基质的种类，盆栽花卉生产技术以及温度、光照、水肥管理，罗列了71种长三角地区市场常见的室内盆栽花卉。

模块 2.1 盆栽花卉生产的类型与特点

盆栽花卉生产根据用途及特点的不同分成以下四类。

1. 花坛用盆栽花卉生产

主要生产一二年生草花，用于室外花坛布置和摆放，一般生产数量大，可以采用简易的生产设施（如荫棚、塑料大棚、小拱棚）来进行生产，有些种类还可以直接在露地生产，管理相对比较粗放。

2. 温室盆栽花卉生产

主要生产中高档盆栽花卉，如一品红、仙客来、蝴蝶兰、大花蕙兰、安祖花、凤梨等，要进行规模化生产这些盆栽花卉，一般要求有设备较好的温室作为生产场地，同时要配备较好的生产设备，如通风降温设备、加温设备、供水排灌设备、施肥喷药设备和加光遮阴设备等，以期为盆栽花卉的栽培提供良好的环境条件。要根据盆栽花卉的种类和不同市场供应时间制订严格的生产计划并实施严格的技术措施进行生产。设施现代化的温室可使盆栽花卉按时上市，成为真正的商品。

3. 盆栽观叶植物生产

盆栽观叶植物原产于热带、亚热带，以赏叶为主，同时也兼赏茎、花、果的形态，如天南星科、竹芋科、棕榈科、凤梨科、秋海棠等属植物，生产环境要求较高的温度、湿度，要有遮阴设备。

4. 盆栽多肉类植物生产

盆栽多肉类植物原产于热带、亚热带干旱地区或森林中，植物的茎、叶具有发达的贮水组织，是呈现肥厚而多肉的变态植物，主要有仙人掌科、景天科、番杏科、龙舌兰科、百合科等。

模块 2.2 盆栽花卉生产的基质与容器

2.2.1 基质

由于盆栽花卉生产的种类不同，习性各异，盆栽花卉生产对基质的要求也不同。盆栽花卉生产过程中，栽培基质容积有限，花卉生长所需的大部分水分和营养物质是通过基质吸收的，因此，盆栽花卉生产所需的理想基质必须具备以下几个特点：质地疏松，透气性好；水分渗透性能良好，不积水；具有良好的保肥保水性能；酸碱度适合盆花的生态要求；无有害微生物和其他有害物质的滋生和混入。事实上，能完全满足以上要求的基质是不存在的，但根据花卉植物特性，利用现有的不同基质种类进行搭配，可以配制出适合某种盆栽花卉生产的基质，这是生产上常用的方法。以下是盆栽花卉生产中常用基质种类的介绍。

1. 腐叶土

腐叶土是由阔叶树的落叶长期堆积腐熟而成的基质。在阔叶林中自然堆积的腐叶土也属这一类土壤。腐叶土含有大量的有机质，土质疏松，透气性能好，保水保肥能力强，质地轻，是优良的盆栽用土。它常与其他土壤混合使用，适于栽培多数常见花卉。

2. 泥炭土

泥炭土又称黑土、草炭，系低温湿地的植物遗体经几千年堆积而成。通常，泥炭土又分为两类，即高位泥炭和低位泥炭。高位泥炭是由泥炭藓、羊胡子草等形成的，主要分布于高寒地区，在我国东北及西南高原很多。高位泥炭含有大量有机质，分解程度较差，氮及灰分含量较低，酸度高，pH 值为 3～3.5 或更低，使用时必须调节其酸碱度。低位泥炭是由生长在低洼处、季节性积水或常年积水的地方，需要无机盐养分较多的植物（如薹草属、芦苇属）和冲积下来的各种植物残枝落叶经多年积累而成。我国许多地方都有分布，其中以西南、华北及东北分布较多，南方高海拔山区亦有分布。它一般分解程度较高，酸度较高位泥炭低，灰分含量较高。

泥炭土含有大量的有机质，土质疏松，透水透气性能好，保水保肥能力较强，质地轻且无病害孢子和虫卵，是盆栽观叶植物常用的土壤基质。但是，泥炭土在形成过程中，经过长期的淋溶，本身的肥力有限，因此，在配制使用基质时可根据需要加入足够的氮、磷、钾和其他微量元素肥料。同时，配制后的泥炭土也可与珍珠岩、蛭石、河沙、园土等混合使用，是目前盆花生产中使用较多的基质之一。

3. 园土

园土是经过农作物耕作的土壤。它一般含有较多的有机质，保水保肥能力较强，但往往含有病害孢子和虫卵残留，使用时必须充分晒干，并将其敲成粒状，必要时进行土壤消毒。园土经常与其他基质混合使用。

4. 河沙

河沙是河床冲积后留下的。它几乎不含有机养分，通气排水性能好，且清洁卫生。河沙可以与其他较黏重土壤调配使用，以改善基质的排水通气性。

5. 泥炭藓、蕨根和蛇木

泥炭藓是苔藓类植物，系野生于高山多林湿地，经人工干燥后作为栽培基质。它质地轻，透气与保水性能极佳，在室内观叶植物的栽培中应用很好，它亦可作为包装材料。一些品种（如凤梨）单独用其种植效果很好，但它易腐烂，使用寿命短，一般 1～2 年即须更换新鲜的基质。

蕨根是指紫萁的根，呈黑褐色，不易腐烂。另外，桫椤的茎干和根也属这一类材料，常称作蛇木。桫椤干上长有黑褐色的气生根，呈网目状重叠的多孔质状态，质轻，经加工成板状或柱状，可作为蔓性或气根性室内观叶植物生长的材料，但这种材料不易获得。

泥炭藓、蕨根和蛇木作为室内观叶盆栽基质材料，既透气排水又保湿，但必须注意补充养分，以保证植物正常生长之需。

6. 树皮

主要是栎树皮、松树皮和其他厚而硬的树皮，树皮具有良好的物理性能，能够代替蕨根、苔藓、泥炭，作为附生性植物的栽培基质。使用时将其破碎成 0.2～2cm 的块粒状，按不同直径分筛成数种规格：小颗粒的可以与泥炭等混合，用于一般盆栽观叶植物种植；大规格的用于栽植附生性植物。

7. 椰糠、锯末和稻壳类

椰糠是椰子果实外皮加工过程中产生的粉状物。锯末和稻壳类是木材和稻谷在加工时留下的残留物。此类基质物理性能好，表现为质地轻、透气排水性能较好。可与泥炭、园土等混合后作为盆栽基质。但对于一些植物，使用这类基质时要经适当腐熟，以除去对植物生长不利的异物。

8. 珍珠岩

珍珠岩是粉碎的岩浆岩经高温处理、膨胀后形成的具有封闭结构的物质。它是无菌的白色小粒状材料，有特强的保水与排水性能，不含任何肥分，多用于改善土壤的物理性状。

9. 蛭石

蛭石是硅酸盐材料，系经高温处理后形成的一种无菌材料。它疏松透气，保水透水能力强，常用于土壤改良等。

10. 煤渣

煤渣系经燃烧的煤炭残体，它透气排水能力强，无病虫残留。作为盆栽基质时，要经过粉碎过筛，选用 25mm 的粒状物，并和其他培养土混合使用。

上述各种基质材料各有利弊，若使用时采用单一的基质栽培，对大部分品种来讲往往得不到最佳效果。因此，在应用时应根据各种植物的特性及不同的需要加以调配，以取长补短，发挥不同基质的性能优势。随着盆栽花卉生产越来越专业化和规模化，近年来基质生产厂也逐步专业化，加上进口的混合配方基质在国内的成功推广应用，种植者

开始表现出对混合配方基质前所未有的需求。采用进口泥炭或国产泥炭与珍珠岩、蛭石、松鳞、木屑、砻糠灰、椰糠等基质中的三种或四种混合，配成各类植物专用基质，如仙客来栽培基质、一品红栽培基质、凤梨栽培基质等已在盆栽花卉规模化生产中广泛应用。

2.2.2 容器

在选择盆栽花卉栽培的容器时，既要考虑盆具的大小，又要考虑花与盆具的协调性，同时还要考虑各种盆具的质地、性能及其用途。目前，常用的花盆有以下几类。

1. 塑胶盆

塑胶盆是盆栽花卉现代化规模生产常用的种植容器之一，可分为硬质塑胶盆和软质塑胶盆。目前，盆栽花卉生产用塑胶盆的规格齐全，具有重量轻、易储藏、便于运输等优点。硬质塑胶盆一般体积不大，轻便美观，色彩鲜艳，多用于观赏栽培；软质塑胶盆仅用于室内观叶植物的育苗，一般不作观赏栽培之用。有些花卉根系对光线较为敏感，选择的花盆以壁厚为宜，以手持花盆对光看不见手指为度，一般以褐色、棕色居多。

2. 素烧盆

素烧盆即泥瓦盆，是最常用的种植容器，可分为红盆和灰盆两种。有各种规格，最小的直径约 10cm，一般为 14～33cm，大的直径达 39～59cm。素烧盆通气排水性能良好，有利于植株生长，广泛用于小苗的培育与成苗的培养。这种花盆不足之处是质地粗糙，因此，培养成品苗时应尽量采用小一些的盆，以便在室内陈列装饰时放置于略大一点的套盆内，弥补其不足。素烧盆具有重量大、易损坏、搬运不便等缺点，且面临泥土资源不足的问题，不能适应现代化规模生产的需求。

3. 装饰盆

装饰盆主要用于花卉成品的展示和摆放，其种类和规格也多种多样。传统的有紫砂盆、釉盆、木盆等，目前塑料盆得到广泛应用，大小、形状各异的盆器层出不穷，还有悬挂式和挂壁式的花盆和花钵。此外，还有供装饰用的各种材料制作的套盆，如玻璃缸套盆，藤制品套具、不锈钢套具等，这类套盆美观大方，可增添华丽多彩的气氛。装饰盆仅供陈列用，不作栽培使用。

模块 2.3　盆栽花卉生产的基本技术

以下主要以设施内规模化生产的商品盆栽花卉为例，来介绍其生产环节中的栽培管理技术要点。

2.3.1 盆栽基质测试与消毒

盆栽花卉生产使用的基质在使用前一般要对其进行 pH 值和 EC 值测定。基质的 pH 值为 7 表示中性，小于 7 为酸性，大于 7 为碱性。基质 pH 值可以通过加石灰来调碱，混合酸性物质来调酸。盆栽花卉栽培基质的 pH 值一般为 5.4～6.8，中性偏酸为宜，特殊种类除外。基质 EC 值的标准（用 1 份基质与 2 份水按体积比充分混合，放置 20min 后测定其悬浮液）：0.25mS/cm 以下为养分含量太低，2.25mS/cm 以上为养分含量太高；0.25～0.75mS/cm 适合小苗生长；0.75～1.25mS/cm 适合大多数盆栽植物生长；1.25～1.75mS/cm 适合喜肥盆栽植物生长。红掌是以泥炭、珍珠岩、河沙按体积比 5∶3∶2 混合配制，用熟石灰将基质 pH 值调整到 5.5～6.0、EC 值 0.8～1.2mS/cm 为宜，或采用进口栽培红掌专用基质。

对基质要进行消毒，常用的消毒方法有甲醛熏蒸消毒法、线克熏蒸消毒法、高温蒸汽消毒法等。甲醛熏蒸消毒法用 40%甲醛（福尔马林）稀释 50 倍溶液均匀喷洒于基质上，充分拌匀后用薄膜密封，堆置 5 天后揭开薄膜摊开基质，每日翻动 1～2 次，使有毒的甲醛气体充分挥发，7 天后使用。线克熏蒸消毒法用 35%线克水剂（主要成分为威百亩）稀释 50 倍溶液均匀喷洒于基质表面，每喷洒一层药剂覆盖一层基质（药剂施用量为每平方米基质 200mL），基质层厚 5～10cm，同时用清水喷洒基质至湿润状态，然后用薄膜覆盖密封，堆置 7 天后揭开薄膜摊开基质，每日翻动 1～2 次，7 天后使用。高温蒸汽消毒法是目前最好的基质消毒方法。用专用耐高温薄膜密封已配制好的基质，通过管道把蒸汽输送到基质中心，至基质表面温度达到 60～80℃，保持 20～60min 即可。

2.3.2 选盆、上盆、换盆、转盆

1. 选盆

上盆前应根据花卉植株的大小选择花盆，太大或太小都不适合花卉生长，一般以花盆口径和盆高作为规格，商品盆栽花卉生产时，应考虑盆栽花卉成品后的包装运输成本。草花盆栽花卉一般选 12cm×12cm 规格的塑胶盆营养钵，中高档盆栽花卉如一品红、仙客来等选 14cm×14cm、16cm×16cm、18cm×18cm。

2. 上盆

上盆的方法是用左手执苗，将苗直立于盆内，右手加入配制好的基质，等花苗已经固定，根部已埋入土后，用手把花苗轻轻往上提一下，使花根舒展，避免弯曲。再轻轻摇晃一下花盆，使基质与花苗根部密切接合，同时用手把土稍加压紧。然后继续加土，填到距盆边 3～5cm 处，留下所谓“水口”作浇水用。栽完后充分浇水，这时基质随水下沉，栽植时，要注意深度，不能过深或过浅。人工装盆要注意基质装的量尽量一致，便于以后浇水施肥管理，使盆栽花卉生长状态一致。刚上盆的花，往往先放在阴处，待

缓苗后方可放阳光下进行养护管理。缓苗期一般为1～3天。

3. 换盆

当发现有根从排水孔伸出或自盆边缘向上生长时，就需要换盆。多年生盆栽花卉要在休眠期换盆，一般每年换一次；草花按生长情况随时换盆，每次换大一号盆。

4. 转盆

植物一般具有向阳性，枝叶往往向南面倾斜，必须经常调换方向，叫作转盆，以矫正植株的姿态，避免向一面倾斜。生长快的盆栽花卉，半月转盆一次；生长慢的1～2个月转盆一次。盆栽花卉在生长过程中，要经常及时搬动位置，以免过于拥挤闭塞而影响通风透光。

2.3.3 水肥管理

1. 盆栽花卉水分管理

用于盆栽花卉灌溉的水质必须清洁，不含有害物质。水的pH值应在5.5～7.0，可溶性钾浓度在120ppm（1ppm=10^{-6}）以下。许多情况下的水质达不到要求，因此要预先测定。

在规模化盆栽花卉生产中，浇水方式常以机械化浇水为主、人工补水为辅。机械化浇水方式主要有喷灌、滴灌等，但不同灌溉方式各有利弊。喷灌适合盆栽花卉苗期浇水，开花后大多数盆栽花卉需用滴灌或人工浇水，喷灌易使盆栽花卉花朵受损，严重时腐烂。

浇水应尽量在上午进行，有利于盆花植株在夜间干燥，可以降低病虫危害。浇水量要根据不同花卉习性和不同的生长阶段来调整。苗期一般要求有较高的湿度；刚上盆不久的植株，根系还未生长或新芽未萌动，一般要给予较多的水分；生长期的植株需要足够的水分，但不是不断连续浇水，而是以有利生长、不失水萎蔫为度。合理浇水是最佳的生长调节方式，可以有效调节植株生长开花。

2. 盆栽花卉施肥管理

传统栽培中，盆栽花卉施肥是在基质中加入有机肥作为基肥以供花卉生长，栽培过程中会出现缺肥或肥料过多的问题，没有量化的概念。在盆栽花卉的商品生产过程中，更多地采用化学肥料，因其元素成分清楚，应以液态肥料的形式通过灌溉水施入基质供植株吸收，施肥浓度一般为100～250ppm。也可以在基质中掺入缓释性颗粒肥，缓释性颗粒肥也可以在盆栽花卉上盆后洒在基质表面，浇水后缓慢释放。施肥量根据不同盆栽花卉种类和生长阶段进行。

3. 生长激素的应用

植株高度、基部分枝形态，株型等是衡量盆栽花卉质量的重要指标，在应用生长激素之前，主要通过栽培手段来完成对植株的株型控制，如摘心、控水、控肥等。在商品盆栽花卉的生产中广泛应用生长激素来控制株高、培养株型，但在使用过程中要注意如下几点：①尽量在植株生长早期使用，以有效控制其未来的生长。②只能用于有徒长现象的植株，不能对低矮的植株使用。③在叶面干燥时喷洒，喷后 24 小时内叶面不能浇水。目前，生产中常用的生长激素有 B-9、环丙嘧啶醇（A-Rest）、CCC、多效唑（Bonzi），其中 B-9 应用最多。

生长激素应用的优点：控制株高、改善株型；叶色浓绿、叶质健壮；开花整齐、货架期长。

生长激素应用的缺点：选择性太强，即对不同花卉种类甚至同种类不同品种之间有不同反应，使用不当会推迟花期。

4. 温度、光照、湿度

商品盆栽花卉生产的场所主要是温室，温室环境条件的调控对盆栽花卉生产起主要的作用，主要包括温度、光照和湿度三方面，应根据不同盆栽花卉的要求和季节变化来进行调控。

1）温度

温室温度的高低主要是加温（包括日光辐射热加温和人工加温）、通风、雾化增湿和遮阴的综合结果。商品盆栽花卉生产中根据生产计划和盆栽花卉种类进行温室温度控制以达到盆栽花卉生长的最适温度。例如，红掌盆栽花卉生产中宜采用雾化降温设备来调控空气相对湿度，高温季节可通过打开活动遮光网遮阴、开启天窗通风或启动循环通风扇、雾化降温机、水帘风机等降温设备降低室内温度。冬季，当气温下降到 15℃时，要进行保温，当温度进一步下降时，宜使用加温机加温。室内的温度与季节、光照强度有直接关系，应充分合理利用设备设施进行科学调控。

2）光照

遮阴是调节光照强度的一个措施，兼有调节温度的效果，一般盆栽花卉生产在夏季要求遮光 30%～50%，冬季则需要阳光充足，不用遮阴。各类盆栽花卉生产对光照强度和光照时间有不同要求。例如，凤梨光照不够会导致植株生长不整齐、质量低，但晴天需要进行 80%的遮阴。花毛茛为喜长日照的植物，长日照条件能促进花芽分化，提前开花，营养生长停止并开始形成块根，短日照条件下，分生组织活性较高，能促进侧芽形成多发棵，使冠幅增大，花量增多，有利于提高盆栽花卉品质，但花期会推迟。一品红喜充足的光照，对光强要求较高，要尽可能地给予充足的光照，要求光照强度为 20 000～60 000lx，只要温度在可控制的最适范围内，光照较强为好。

3）湿度

温室湿度过大，对盆栽花卉生长不利，尤其是在冬季易引发病害，夏季可以采取通风措施来降湿，冬季须加温与通风同时进行。对要求相对湿度较高的盆栽花卉来说，可以通过设置自动喷雾装置来调节相对湿度。

不同盆栽花卉生产所需的环境条件如表 2-1 所示。

表 2-1　不同盆栽花卉生产所需的环境条件

种类	最适生长温度/℃	光照强度/lx	相对湿度/%	引用资料
凤梨	花期：20～22	18 000～30 000，品种间有差异	60～80	安祖公司凤梨盆花生产指南，中国花卉园艺 2003/03/15 第 6 期
红掌	日温：25～28 夜温：19～21	17 000～25 000	70～80	广州红掌盆花生产技术规范，中国花卉园艺 2006/06/15 第 12 期
花毛茛	日温：10～15 夜温：5～10 花期：13～15	喜半阴条件，长日照条件能促进花芽分化	—	花毛茛的繁殖及盆花生产栽培技术，北方园艺 2007/01
一品红	日温：26～29 夜温：16～21	上盆种植期：25 000～35 000 营养生长期：35 000～60 000	60～90	广东省一品红盆花生产技术，中国花卉园艺 2006/07/15 第 14 期
新几内亚凤仙	日温：22～26 夜温：20～26	4 000～4 500	—	新几内亚凤仙工厂化生产，中国花卉园艺 2002/11
四季海棠	日温：20～28 夜温：16～18	25 000～50 000	40～70	四季海棠盆花生产，中国花卉园艺 2006/01/15 第 2 期
高山杜鹃	15～20	喜爱半阴环境	—	Bioplant 公司高山杜鹃盆花生产技术，中国花卉园艺 2005/03/15 第 6 期

模块 2.4　常见的盆栽花卉简表

常见的室内盆栽植物种类繁多，应用广泛。表 2-2 列出 71 种常见的盆栽植物。

表 2-2　常见盆花科属及分类

序号	种名	学名	科名	属名	观赏类型	生长习性分类
1	建兰	*Cymbidium ensifolium*	兰科	兰属	观花	多年生草本
2	墨兰	*Cymbidium sinense*	兰科	兰属	观花	多年生草本
3	万代兰	*Vanda tesselata*	兰科	万代兰属	观花	多年生草本
4	君子兰	*Clivia miniata*	石蒜科	君子兰属	观花	多年生草本
5	水仙	*Narcissus tazetta*	石蒜科	水仙属	观花	多年生草本
6	茉莉花	*Jasminum sambac*	木犀科	素馨属	观花	直立或攀缘灌木
7	白兰花	*Michelia alba*	木兰科	含笑属	观花	乔木
8	扶桑	*Hibiscus rosasinensis*	锦葵科	木槿属	观花	灌木
9	鹤望兰	*Strelitzia reginae*	芭蕉科	鹤望兰属	观花、观叶	多年生草本
10	天竺葵	*Pelargonium hortorum*	牻牛儿苗科	天竺葵属	观花、观叶	多年生肉质、亚灌木、灌木
11	米仔兰	*Aglaia odorata*	楝科	米仔兰属	观花、观叶	灌木/乔木
12	花叶蔓长春	*Vinca major*	夹竹桃科	蔓长春花属	观花、观叶	常绿亚灌木
13	苏铁	*Cycas revolute*	苏铁科	苏铁属	观叶	灌木

续表

序号	种名	学名	科名	属名	观赏类型	生长习性分类
14	凤尾蕨	*Pteris cretica* var. *nervosa*	凤尾蕨科	凤尾蕨属	观叶	蕨类
15	狼尾蕨	*Dauallia bullata*	骨碎补科	骨碎补属	观叶	蕨类
16	肾蕨	*Nephrolepis auriculata*	肾蕨科	肾蕨属	观叶	蕨类
17	鸟巢蕨	*Asplenium nidus*	铁角蕨科	巢蕨属	观叶	蕨类
18	铁线蕨	*Adiantum capillus-veneris*	铁线蕨科	铁线蕨属	观叶	蕨类
19	广东万年青	*Aglaonema modestum*	天南星科	广东万年青属	观叶	多年生草本
20	花叶万年青	*Dieffenbachia picta*	天南星科	花叶万年青属	观叶	多年生草本
21	龟背竹	*Monstera deliciosa*	天南星科	龟背竹属	观叶	攀缘灌木
22	海芋	*Alocasia macrorrhiza*	天南星科	海芋属	观叶	多年生草本
23	合果芋	*Syngonium podophyllum*	天南星科	合果芋属	观叶	多年生草本
24	白掌	*Spathiphyllum kochii*	天南星科	苞叶芋属	观花、观叶	多年生草本
25	绿萝	*Epipremnum aureum*	天南星科	麒麟叶属	观叶	多年生草本
26	春羽	*Philodendron triparitum*	天南星科	喜林芋属	观叶	多年生草本
27	红苞喜林芋	*Philodendron erubescens*	天南星科	喜林芋属	观叶	多年生草本
28	吊兰	*Chlorophytum comosum*	百合科	吊兰属	观叶	多年生草本
29	百合竹	*Dracaena reflexa*	百合科	龙血树属	观叶	灌木
30	金边富贵竹	*Dracaena sanderiana* 'Golden edge'	龙舌兰科	龙血树属	观叶	灌木
31	香龙血树	*Dracaena fragrans*	天门冬科	龙血树属	观叶	灌木/乔木
32	文竹	*Asparagus setaceus*	天门冬科	天门冬属	观叶	攀缘植物
33	天门冬	*Asparagus cochinchinensis*	百合科	天门冬属	观叶	攀缘植物
34	一叶兰	*Aspidistra elatior*	百合科	蜘蛛抱蛋属	观叶	多年生草本
35	朱蕉	*Cordyline fruticosa*	百合科	朱蕉属	观叶	常绿灌木
36	散尾葵	*Chrysalidocarpus lutescens*	棕榈科	散尾葵属	观叶	灌木/乔木
37	袖珍椰	*Chamaedorea elegans.*	棕榈科	竹棕属	观叶	常绿小灌木
38	棕榈	*Trachycarpus fortune*	棕榈科	棕榈属	观叶	乔木
39	棕竹	*Rhapis excelsa*	棕榈科	棕竹属	观叶	灌木
40	彩虹竹芋	*Calathea roseopicta*	竹芋科	肖竹芋属	观叶	多年生草本
41	箭羽竹芋	*Calathea insignis*	竹芋科	肖竹芋属	观叶	多年生草本
42	孔雀竹芋	*Calatnea makoyana*	竹芋科	肖竹芋属	观叶	多年生草本
43	白脉竹芋	*Maranta leuconeura*	竹芋科	竹芋属	观叶	多年生草本
44	鹅掌柴	*Schefflera octophylla*	五加科	鹅掌柴属	观叶	灌木
45	昆士兰伞木	*Schefflera microphylla*	五加科	鹅掌柴属	观叶	乔木
46	孔雀木	*Dizygotheca elegantissima*	五加科	孔雀木属	观叶	灌木/乔木
47	榕树	*Ficus microcarpa*	桑科	榕属	观叶	乔木
48	橡皮树	*Ficus elastic*	桑科	榕属	观叶	乔木
49	变叶木	*Codiaeum variegatum*	大戟科	变叶木属	观叶	灌木
50	红网纹草	*Fittonia verschaffeltii*	爵床科	网纹草属	观叶	多年生草本

续表

序号	种名	学名	科名	属名	观赏类型	生长习性分类
51	千叶兰	*Muehlewbeckia complera*	蓼科	千叶兰属	观叶	多年生藤本
52	竹柏	*Podocarpus nagi*	罗汉松科	竹柏属	观叶	乔木
53	发财树	*Pachira aquatica*	木棉科	瓜栗属	观叶	乔木
54	兰屿肉桂	*Cinnamomum kotoense*	樟科	樟属	观叶	乔木
55	幸福树	*Radermachera sinica*	紫葳科	菜豆树属	观叶	乔木
56	吊竹梅	*Tradescantia zebrina*	鸭跖草科	吊竹梅属	观叶	多年生草本
57	金琥	*Echinocactus grusonii*	仙人掌科	金琥属	多肉植物	多年生草本
58	仙人掌	*Opuntia Stricta* var. *dillenii*	仙人掌科	仙人掌属	多肉植物	多年生草本
59	昙花	*Epiphyllum oxgpetalum*	仙人掌科	昙花属	多肉植物	肉质灌木
60	蟹爪兰	*Zygocactus truncactus*	仙人掌科	蟹爪兰属	多肉植物	多年生草本
61	虎尾兰	*Sansevieria trifasciata*	百合科	虎尾兰属	多肉植物	多年生草本
62	龙舌兰	*Agave americana*	石蒜科	龙舌兰属	多肉植物	多年生草木
63	芦荟	*Aloe vera*	百合科	芦荟属	多肉植物	多年生草本
64	酒瓶兰	*Beaucarnea recurvate*	龙舌兰科	酒瓶兰属	观叶、观茎	乔木
65	长寿花	*Kalanchoe blossfeldiana*	景天科	伽蓝菜属	观花、观叶、多肉植物	肉质灌木
66	金鱼藤	*Columnea sanguinea*	苦苣苔科	鲸鱼花属	观花、观叶、多肉植物	多年生草本
67	露草	*Mesembryanthemum cordifolium*	番杏科	日中花属	观花、观叶、多肉植物	多年生草本
68	生石花	*Lithops pseudotruncatella*	番杏科	生石花属	多肉植物	多年生草本
69	柠檬	*Citus limon*	芸香科	柑橘属	观果	乔木
70	金橘	*Fortunella margarita*	芸香科	金橘属	观果	灌木
71	红凉伞	*Ardisia crenata*	紫金牛科	紫金牛属	观果	灌木

复习思考题

1. 盆栽花卉类型有哪些？
2. 盆栽花卉生产中如何选择容器？
3. 盆栽花卉生产常用的基质种类有哪些？
4. 盆栽花卉有哪些浇水方法？浇水要掌握什么原则？
5. 盆栽花卉施肥的方法有哪些？要注意哪些方面？

实 训 指 导

实训指导 1　温室花卉管理（上盆、换盆）技术

一、目的与要求

使学生熟悉上盆、换盆的技术要领，掌握上盆、换盆的技术。

二、材料与用具

花苗、盆栽花卉、花盆、营养钵、培养土、花铲、修枝剪、喷壶。

三、实训内容

1. 上盆

（1）选盆。选择与花苗大小相称的花盆或营养钵，过大或过小都不相宜。

（2）起苗。将需要上盆的花苗从播种盆或扦插苗床挖起待植。

（3）栽植。先在盆底装入少量大粒培养土，然后将花苗放在盆口中央深浅适宜的位置，继续填培养土于苗根周围，直到培养土近满盆。轻轻蹾几下花盆，再用手轻压植株周围的培养土，使根系与培养土密接，压实后土离盆沿 3cm 左右。

（4）浇水。栽植完毕后，用喷壶浇透水，以盆底排水孔水流全部渗出，不再吸收为宜。待花苗恢复生长后，逐渐放于光照充足处。

2. 换盆

（1）脱盆。选取需换盆的花卉植株，分开左手手指，放置于盆面植株基部，将盆提起倒置，右手轻叩盆边，植株即可脱出。

（2）修根。脱盆后对部分老根、枯根、卷曲根进行修剪。

（3）栽植。先在盆底装入少量大粒培养土，然后将带土球的花卉放入盆口中央深浅适宜的位置，继续填培养土于土球周围，直到培养土近满盆。轻轻蹾几下花盆，再用手轻压植株周围的培养土，使根系与培养土密接，压实后土离盆沿 3～5cm。

（4）浇水。栽植完毕后，用喷壶浇透水，以盆底排水孔水流全部渗出，不再吸收为宜。浇水过多易引起根部腐烂。要待新根生长后，再逐渐增加灌水量。换盆后置遮阴处缓苗数日。

四、实训报告

以组为单位，记录上盆、换盆的操作过程，比较上盆、换盆的不同之处，完成实训报告。

实训指导2　温室盆花复合肥的配制与测定

一、目的与要求

使学生了解温室花卉生产中常用的肥料、种类与配制操作的注意事项。

二、材料与用具

肥料、pH/EC计、电子天平、量筒、量杯、玻璃棒、硫酸纸、洗瓶、卷纸。

三、实训内容

教师讲解各肥料的类型、特性、配制方法及注意事项，并做以下示范操作，学生以小组为单位进行操作练习。

1. 肥料浓度计算

肥料的质量（mg）＝肥料浓度（mg/L）÷有效成分×溶液体积（L）

2. 肥料配制方法

（1）电子天平使用操作规程：调电子天平—插电源—打开电源开关—取下天平罩—放称量硫酸纸—置零—取称量品放于称量纸上—称量读数—记录读数—取出称量品—关闭电源开关—拔下电源—盖上天平罩。

（2）配制肥料：计算所需称量的复合肥重量—称取复合肥—溶解—搅拌—定容。

3．肥料pH/EC值测定

移去盖子并按下 ON/OFF 键打开仪器—使用前用清水清洗电极—将电极浸没入样品中约2cm深—搅动并使读数稳定—读取度数，若想锁定度数，请按HOLD/CON键，再次按下则解除锁定—用洗瓶将电极冲洗干净，用卷纸擦干，按下ON/OFF键关机，盖上盖子。

4. 操作的注意事项

（1）肥料计算要准确，注意单位换算。

（2）称量前要先放上硫酸纸置零，再放肥料称量。

（3）pH/EC计要先用去离子水洗净，防止有误差。

（4）读取数据时，视线与液体凹液面相平。

（5）操作完毕后要整理干净，清洗容器，放回肥料。

四、实训作业

以组为单位，完成实践操作练习并完成实训报告。

第 3 单元　观花盆栽植物生产

学习目标

掌握观赏凤梨、一品红、红掌等盆栽花卉生产技术和花期调控措施。

关 键 词

观花盆栽　生产管理　花期控制

单元提要

本章主要介绍观赏凤梨、一品红、红掌、仙客来、蝴蝶兰和大花蕙兰的种类、形态特征、繁殖方法、栽培管理和花期控制措施。

模块 3.1 观赏凤梨

观赏凤梨（*Ornativa pineapple*）为凤梨科多年生草本植物，原产于中、南美洲雨林区及美国南部的佛罗里达州一带，种类繁多，有 50 余属 2500 余种。叶多为基生，叶丛中心形成“叶杯”用以贮水。株型美丽多变，花期长达 2～6 个月之久，已成为当前盆栽观赏植物市场的主打产品。

3.1.1 种类与品种

目前国内常见的观赏凤梨有 5 个属：果子蔓属、莺歌属、珊瑚凤梨属、铁兰属和彩叶凤梨属。目前主要栽培的是果子蔓属和莺歌属，主栽品种有果子蔓属的‘丹尼斯’、‘火炬’、‘平头红’、‘小红星’、‘吉利红星’、‘大擎天’、‘橙擎天’、‘黄擎天’、‘紫擎天’等；莺歌属的‘红剑’、‘红莺歌’、‘黄边莺歌’、‘彩苞莺歌’等。另外，还有珊瑚凤梨属的‘粉凤梨’，铁兰属的‘紫花凤梨’等。

3.1.2 生产管理

1. 栽培基质

保证基质中同时含有排水性好的粗糙大颗粒及持水性好、利于营养均匀分布的细小颗粒是很重要的。通常适宜的栽培基质中应含有 60%～70% 的粗糙大颗粒和 30%～40% 的细小颗粒。粗糙大颗粒的基质包括进口草炭、树皮、粗糙草炭，细小颗粒的基质有珍珠岩、草泥和细小树皮。总之，栽培基质中需要包括 50%的固体、25%的水，以及 25%的空气，栽培基质不应含有过量的尘土，因为这样将会导致大量细小的尘土接触盆底，沉积在那里，不利于排水，易造成盆底堵塞。由于栽培时期较长，要尽量保证基质不会很快地降解。除了选择用于盆栽的基质之外，保证良好的排水性也同样重要，一般最好不要使盆的下部区域积水时间过长。

2. 盆器与栽植密度

接收到的植株材料可能很小而不适于立即上盆到大尺寸（直径大于 10cm）的盆器中，这种情况下，最好先将植株置于穴盘或较小尺寸（直径为 7～9cm）的盆中，尽可能缩短植株复壮前生长停滞的时间。在生长过程中，一旦遇到盆内或栽植的土壤空间不适合植株生长需要的情况，就应该给植株提供更大的生长空间，即换大尺寸盆或扩大生长空间。表 3-1 以果子蔓属凤梨为例列出了几种栽植空间标准。通常植株需要有额外 30%的空间进行生长，以为叶片的伸长提供空间。

表 3-1 果子蔓属凤梨栽植距离与生长时间

<table>
<tr><th>盆规格/cm</th><th>栽培措施</th><th>盆/m²</th><th>生长时间/周</th></tr>
<tr><td rowspan="4">9</td><td rowspan="2">上盆</td><td>110</td><td>20～22</td></tr>
<tr><td>75</td><td>18</td></tr>
<tr><td rowspan="2">增加栽培空间</td><td>110→50</td><td>18～20</td></tr>
<tr><td>75→40</td><td>18～20</td></tr>
<tr><td rowspan="2">14</td><td>上盆</td><td>40～50</td><td>20～22</td></tr>
<tr><td>增加栽培空间</td><td>20～25</td><td>18～20</td></tr>
</table>

注：9cm 盆中栽培时间 38～42 周；14cm 盆中栽培时间 38～42 周。

3. 浇水

凤梨是通过其叶筒的细胞组织来进行营养吸收的，因此要保证浇水时，水要从植株的顶部浇下，可以使用洒水和喷水的装置。所使用的水最好不要含有化学物质及可见污染物，所用水中钠和氯元素的含量不可超过 50mg/L，并且不可含有过量的碳酸氢盐。如果没有高质量的用水，那么使用反渗透过滤的纯净水也可。植株浇水量根据气候、栽培基质及植株所处的生长时期而定，水应该浇透，直至所有叶筒充满水而溢出。

4. 施肥

凤梨科植物的栽培可以使用复合肥，利用单独的槽或者使用注肥泵来混合肥料，一般建议用槽来混合肥料。不同的凤梨种类对于肥料的需求也不同，应该注意对碳酸盐、硼、锌及铜元素的使用。若施肥浓度过高将会导致叶焦病，会阻碍植株的生长，甚至造成植株枯萎，另外一些农药及杀虫剂中已经含有铜和锌元素，当在泥炭基质中使用基肥时，应该保证所使用的复合肥不可过量（$<2\sim3kg/m^3$）。另外，凤梨专用复合肥（12-14-24）$0.5kg/m^3$ 已经足够，这将使基质的 pH 值大概为 5.5，而 EC 值为 0.5mS/cm。营养液的 EC 值应该处于 0.8～1.0mS/cm，随后要用较低 EC 值的水冲洗。铁兰属和丽穗凤梨属的植物对于营养液中过量的盐分抵抗力很低，pH 值可以在 5.2～6.2 波动。凤梨科植物对于 CO_2 的需求较低，因此不需要再额外补充 CO_2。

5. 温度、湿度、光照

凤梨是亚热带植物，因此栽培温度应不低于 14℃，不高于 35℃，最适生长温度应保持在 18～20℃。相对湿度过低将会阻碍光合作用的效率，而过高的相对湿度又有增加霉菌滋生的危险。在光照过强时，保持空气湿度是很重要的。在那些具有较高相对湿度的地区，栽培凤梨时可以利用较高的日温和光照强度，应尽量使相对湿度保持在 60%～80%。一般由于温度较高，相对湿度会很低，这就需要配置一些增湿的设备。例如，在温室的上空进行高压增湿或在盆底部进行喷灌等都可增加湿度。过度的光照会导致植株的叶片及花色变浅，也可能会使叶片发红（依品种而定）甚至灼伤。光照不足会导致植株生长不整齐、质量低；若光照过强，则需要进行 80%的遮阴，可以通过使用遮阴网来达到遮

阴效果。下面介绍几种凤梨类植物所需的光照强度：光萼荷属 30 000lx；果子蔓属 18 000～22 000lx；彩叶凤梨属 25 000lx；铁兰属 25 000～30 000lx；丽穗凤梨属 18 000～20 000lx。在热带地区进行栽培时，需要使用遮阴网进行 80%的遮阴，建议使用两种遮阴网，一种是可以提供 60%遮阴的固定遮阴网，另一种是可以进行 50%遮阴的可移动遮阴网。这种可移动的遮阴网在晴天时可以使用，还可以根据需要进行关闭，可以避免光照的高峰期。

6. 生长调节剂的使用

乙烯气体可以使凤梨类植物根据需要，保证花期一致。一旦植株生长出足够的叶片，营养生长达到一定的程度时就可以进行花期调控。生产中通常使用乙炔（C_2H_2）气体对凤梨进行花期调控，效果较好。人工催花装置示意图如图 3-1 所示。具体的方法是通过减压阀在 0.5Pa 的压力下直接把乙炔气罐中的气体通入 100L 的水中，持续 30min，使气体在水中达到饱和。在装水的容器上盖上盖，让气体溶在水里，然后用此溶液注入空的植株叶筒中。理想的水温是 20℃左右，因为这个温度可以在处理时溶解足够的气体而对于植株来说又不会温度过低。处理要在早上进行，因为植株在接受处理后需要足够的光照，这样可以保证植株在一天中都可以吸收气体，而且早晨的温度较低，可以减少在进行处理后第一个小时内的气体蒸发。在光照足够的条件下进行两次处理，否则要想达到理想的效果就需要进行 2～3 次的处理。若想达到良好的成花诱导效果，应该在进行催花处理前减少施肥。因此，在适当时期停止施肥是十分重要的，而且在以后重新施肥是为了保持花朵的颜色。对于铁兰属凤梨可进行乙烯利的处理，绿色叶的丽穗凤梨属植物也可选择使用此方法。但是，如果在使用乙烯利时不加小心很有可能造成较大的损害。

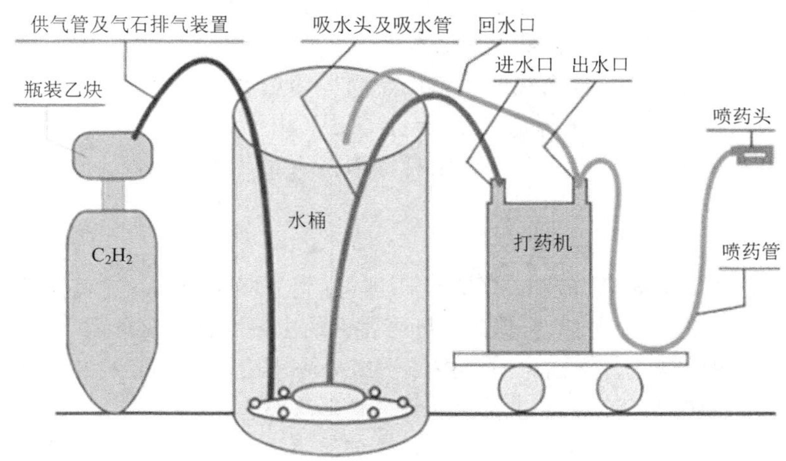

图 3-1 人工催花装置示意图

3.1.3 生理障碍及病虫害防治

凤梨类植物抗性较强，在栽培环境适宜、植株生长良好的情况下，很少发生生理障碍及病虫害，如果发生可用以下方法进行防治。

1. 生理障碍

生理障碍表征不一样，发生的原因和防治方法也不一样。叶片狭长软弱下垂、叶表面无光泽、花穗细短、花色不艳丽、容易倾斜弯曲的原因是过度遮阴、日照不足（任何时候光照强度应不低于 18 000lx）、氮肥使用量过多（氮、钾肥施用比例应为 1：2）或单位面积内摆盆密度过大等。叶片有棕褐色斑点、全株遍布黄斑或褐斑犹若麻脸的原因是喷水过多或基质排水不良，应适当控制浇水次数和每次的浇水量。遮阴不足、光照太强、高温强日照下不宜喷水或喷雾，以免引起烫伤。液肥或农药浓度太高，应严格控制肥液和药液的浓度。叶尖黄化褐变枯萎，轻微者叶尖约 1cm 黄褐化，严重者叶尖约 5cm 以上褐化。原因是水质不良，灌溉用水碱性太强，或含高钙、钠盐类。过度施肥或液肥喷施浓度过高，致使盐类累积于叶尖部，造成危害。基质排水不良造成烂根，植株体内水分无法充分供应至叶梢末端，造成干尾。天气高温干燥，易通风不良，应及时通风。

2. 病害

观赏凤梨是病害很少的植物，主要病害为心腐病和根腐病，都是由真菌侵染而引起的。心腐病的症状是被害植株心部嫩叶组织变软腐烂，呈褐色，与健全部位界限明显，心部用手指轻碰即脱离。根腐病的症状是被害植株根尖黑褐化腐烂，不长侧根，病株对水分及养分的吸收大受影响，植株生长势变弱，生长缓慢。导致心腐病与根腐病的环境原因是雨季阴雨连绵不断，高温、高湿、通风不良、基质排水不良或喷水过多，易使基质 pH 值高于 7 或水质含高钙、钠盐类。种苗堆积过久，移植后也容易引起心腐病。种苗包装后通气不良，定植后也容易引起心腐病。防治方法包括避免高温多湿的环境，改善基质的排水性，避免使用含高钙、钠盐的水质。可在幼苗期将种苗浸于 80% 福赛得（亚利特）可湿性粉剂 400 倍稀释液，10min 后取出，阴干再上盆。在生育期内以 80% 福赛得 200 倍稀释液或 75%代森锰锌 700 倍稀释液，每半月灌注心部，连续施用 3 次。

3. 虫害

介壳虫是观赏凤梨较为普遍的虫害之一，其发生的概率很大，尤其是雨季。危害特征是幼虫从土中出来，首先栖息于基部老叶背面，幼虫逐渐往上部爬移，刺吸叶片汁液，致使叶片产生黄褐色斑点，进而枯萎。虫体伤口分泌出蜜汁，诱使蚂蚁搬动虫体，再次扩大感染。因虫体伤口有汁液，也常致使黑斑病再次发作。

防治方法为每月任选速扑杀 1 000～1 500 倍稀释液、47%巴拉松乳剂 2 000 倍稀释液或 50%马拉松乳剂 800 倍稀释液等一种药剂喷施一次。喷施部位以叶背为主。

3.1.4 销售

当花朵发育到一定大小时，植株即可出售。例如，光萼荷属的植株在花序伸长到叶筒之上时即可出售，而果子蔓属和丽穗凤梨属的植株要到其花朵已经达到所需要的颜色时才可出售。当植株准备出售时，要将有损害的叶片去除，将叶筒中的水清空，并且要用袋子对植株进行包装。在运输过程中切记要保证温度不可低于 18℃。

模块 3.2 一 品 红

一品红（*Euphorbia pulcherrima*）又名圣诞花，为大戟科大戟属常绿灌木，原产墨西哥。茎直立，含乳汁；叶互生，卵状椭圆形，下部叶为绿色，上部叶苞片状，红色；花序顶生。喜温暖、湿润和阳光充足的环境。一品红在原产地露地能长到 3～4m 高，花时一片红艳，成为当地冬季的重要景观。

3.2.1 种类与品种

目前，一品红已成为我国国庆、圣诞、元旦及春节的重要消费花卉品种之一，近年来产销量突飞猛进。要生产出高品质的一品红盆花，应具备温室或类似的保护设施，在温室屋顶之上安装活动式遮光系统，在温室内配备增湿、通风设备。例如，要生产反季节一品红盆花，还应在温室内配备用黑布或黑色塑料薄膜等安装成的活动式黑暗系统。一品红最早被引入美国栽培，后传至欧亚。1926 年选育出血红色苞片的‘保罗•埃克小姐’（‘Mrs. PaulEcke’），1951 年培育出苞片卷曲的球状一品红‘Plenissima Ecke’、‘S Flaming Sphere’，1967 年育成三倍体品种‘埃克斯波英特 C-1’（‘Eckespoint C-1’）。一品红因其花期和摆放寿命长，色泽鲜艳而深受人们喜爱，至今，新品种不断涌现，在欧美市场经久不衰。我国广州、上海、南京、青岛、天津等城市，从 20 世纪 20 年代自欧美引种，已经培养出在圣诞节和春节开花的盆花，但生产量有限，到 80 年代后，逐渐批量生产。

可根据预期开花时间和当地的气候环境条件，选择植株健壮、株型紧凑、抗病性强、耐寒性好、耐热性好、易于管理、适应性广、苞片大、色彩鲜艳，适宜本地区气候栽培种植的品种进行生产栽培。

3.2.2 种苗繁殖

一品红种苗多用扦插繁殖。一般根据成品上市时间倒推扦插时间。具体扦插时间因品种和成品规格而不同。例如，产品在国庆节上市，其扦插时间应在 4～5 月，上盆种植不迟于 5 月；在圣诞节上市，其扦插时间应在 6～7 月，上盆种植不迟于 8 月；在春节上市，其扦插时间应在 7～8 月，上盆种植不迟于 9 月。因栽培品种、栽培形式和栽培气候环境的差异，扦插、定植时间应适当调整，株型越大时间越要提前。扦插繁殖时切取长 4～6cm 顶芽作插条，保留顶端 3～4 片嫩叶，待插条切口稍晾干后，基部用 500mg/L 的吲哚丁酸溶液快蘸 5s 进行生根处理，促根效果较好。用穴盘作扦插容器，将筛选过经消毒的细泥炭填入穴盘内，浇透水后打孔插入插条，深度以不超过 2.5cm 为宜。扦插后采用间歇喷雾法喷雾，需要遮阴，初期光照控制在 10 000～20 000lx，之后光照逐渐加强至 20 000～30 000lx，并保持适当通风。在插条生根前，控制基质含水量保持在 60%～70%，空气相对湿度 85%以上，夜温不低于 21℃，日温不高于 28℃。扦插通常在春夏季节进行，可用控制光强度的方法帮助控温。扦插后，依品种差异，在 10～20 天完成发根，21～28 天后种苗达到上盆种植的标准。

3.2.3 生产管理

1. 基质制备

一品红盆花栽培基质应质轻、通透性好，通常用泥炭、珍珠岩、河沙等按体积比为 10 : 2 : 2 的比例混合而成，并用熟石灰调整 pH 值为 5.5～6.5。 配制好的基质经消毒之后才可使用。常用的消毒方法有高温消毒法、甲醛消毒法和必速灭消毒法。其中，高温消毒法是较为理想的消毒方法。无论采用哪一种药物消毒，均需要等待药物散失干净后才可用于生产。

2. 上盆

挑选优质种苗上盆种植，其标准是生长好，无病虫害，根系多，发育良好，苗高适中、健壮，叶片完整平展。因一品红根系对光线较为敏感，应选用壁较厚、颜色较深、不透光的盆具，其大小应按所栽培植株的高度和株型大小要求而定。种植时先在花盆底部填充 1/4 盆高的粗基质，再填放 1/5 盆高的栽培基质，将种苗放在盆土中央，填充栽培基质，使根系与基质充分接触，以刚覆盖原根团、浇水后不裸露根系为标准，盆土高度应低于盆口 2～3cm，便于日后浇水与施肥。

3. 摆放

苗期由于株型较小，可采用盆靠盆并列摆放。进入中苗以后，植株生长较快，应及时增大株行距，摆放的密度应以植株间的叶片不相互交接为标准。

4. 苗期管理

种植后应及时浇透定根水，并适当遮阴，光照强度控制在 25 000lx 左右，温度控制在 20～25℃，空气相对湿度控制在 60%～70%。高温季节一天浇两次水，保持基质湿润。7～10 天后恢复正常生长，应加强水肥管理，并调节室内光照强度在 25 000～35 000lx，以促进植株健壮快速生长。

5. 光照

一品红喜温暖的气候及充足的光照，对光强要求较高，应尽可能给予充足光照。只要温度在适宜的范围内，光照以较强为好，其要求的光照强度为 20 000～60 000lx，不同生育期一品红的适宜光照强度如表 3-2 所示。光照强度可通过开关活动遮光网来调控。

表 3-2　不同生育期一品红的适宜光照强度

生育期	适宜光照强度/lx	生育期	适宜光照强度/lx
母株采穗期	45 000～60 000	摘心期	40 000～50 000
扦插初期	10 000～20 000	营养生长期	35 000～60 000
扦插驯化期	25 000～35 000	生殖生长期	35 000～60 000
上盆种植期	25 000～35 000	出货期	30 000～60 000

6. 温湿度调控

一品红生长适宜温度为16～29℃（白天26～29℃，夜间16～21℃）。温度过低会延缓生长并引起褪绿症状；温度过高或光照不足，会引起枝条徒长；苞片着色后，温度应降至白天20℃、夜间15℃左右为宜；一品红生长适宜的空气相对湿度为60%～90%，可通过开启雾化降温机增加湿度，通过打开温室天窗、侧窗，启动循环通风扇降低湿度。

7. 水分

一品红用水的酸碱度要求pH值为6.0～7.0。一品红生长快，需水量大，但忌积水，一般1/3基质表面干了就应浇水，要防止过度浇水引起植株生长不良，甚至产生病害。高温季节一天浇两次水，保持基质湿润即可。

8. 施肥

一品红生长所需的氮肥中，铵态氮含量应不超过30%。用无土基质栽培的一品红，对微量元素的要求较高，微量元素包括锰、锌、钼、钴、铁、硼等。一品红元素缺乏症状如表3-3所示。根据一品红生长特性配制的完全液肥，具有养分齐全、使用方便、吸收快的特点。在一品红不同生长阶段液肥供应分两种：营养生长期用肥和生殖生长期用肥。生产者可以从专业的肥料供应商处购买类似的专用肥料。一品红从种苗长新根到短日照临界点前一周为营养生长期。营养生长期液肥中大量元素比例为 $N:P_2O_5:K_2O:CaO:MgO=5.5:2.0:1.7:0.3:0.1$，也应添加适量的Mn、Zn、Mo、Co、Fe、B等微量元素。一品红从短日照临界点前一周到开花为生殖生长期。生殖生长期液肥中大量元素比例为 $N:P_2O_5:K_2O:CaO:MgO=1.5:2.0:2.5:0.5:0.1$，亦应添加适量的Mn、Zn、Mo、Co，Fe、B等微量元素。配制营养液时要注意将含 Ca^{2+} 的盐肥与含 HPO_4^{2-}、$H_2PO_4^{-}$、PO_4^{3-} 的盐肥分开配制，将各成分按比例配成100～200倍的母液，施用时将母液稀释至EC值为1.1～1.5mS/cm，调节pH值至6.5～6.6后使用，可作根际施肥或根外追肥使用。

使用一品红液肥时必须严格掌握定期定量施用的原则，根据植株大小、生长状况和盆的大小来确定施肥周期和施肥量，配制液肥时必须严格掌握母液的稀释浓度，必须专人操作。不能随意加大或减少用量，避免在施肥过程中出现肥害现象。

表 3-3 一品红元素缺乏症状

元素	缺乏元素的症状
氮（N）	生长趋缓，叶片均匀黄化，由下往上落叶
磷（P）	叶面积减少，上位叶叶色深绿，成熟叶坏死
钾（K）	下位叶叶缘黄化、焦枯，由叶缘向脉间坏死
钙（Ca）	叶变暗绿色，柔软，扭曲变形，坏死
镁（Mg）	下位叶多，叶脉间黄化
铁（Fe）	幼叶均匀变浅绿色
锰（Mn）	幼叶变淡绿色，叶脉保持绿色
锌（Zn）	植株矮化，新叶黄化
硼（B）	植株矮化，生长停顿
钼（Mo）	成熟叶黄化，上位叶叶缘内卷且焦枯

9. 株型控制

通过摘心、生长调节剂处理等方法可控制一品红的株型。

1）摘心

一品红为顶芽花芽分化型，一支成熟的枝条，将来都可形成一花序。要生产多花的株型，需要借助摘心以促进侧芽生长，形成多的分枝，从而得到多花型产品。摘心的方式可分为强摘心、中度摘心、弱摘心及弱摘心加除幼叶四种。强摘心为摘至完全展开叶为止，一般摘去 6～7cm，摘下之芽可供再扦插之用。中度摘心为摘至完全展开叶上两叶为止，一般摘去 3～4cm。弱摘心则仅摘去顶芽心部为止，一般在 2cm 以内。随着摘心强度增加所得到的株型会较开张，且枝条长度会较整齐，弱摘心则上位枝条较长而造成较高株型。弱摘心加除幼叶，可使枝条数较多，株型也较紧密圆满，可用在时间最紧迫而要求较饱满的株型生产上。摘心次数多少会影响花朵数之多寡，大盆径的产品为求花多，摘心次数通常在两次以上。种植后第一次摘心应在植株已长出 6 片叶时进行，每株可长出侧芽 3～6 个，第二次摘心时，只需有 2 片叶片就可以进行。每次摘心需要 4～5 个星期的时间恢复生长，摘心的时间和次数要根据所控制的株型和预期开花时间确定。在圣诞节开花的一品红最后一次摘心时间应不迟于 9 月中旬，否则无法达到理想的株型。生产上，控制每盆一品红的花序数对品质有较大的影响，如 40cm 的冠幅，控制在 3～5 朵花序最理想，花序数太多，会造成花小且质量也不好。

2）生长调节剂处理

在栽培中，通过生长调节剂处理也能使一品红达到理想株型。在摘心之后，当侧芽长到 3～4cm 时，用矮壮素（CCC）、B-9、多效唑（PP_{333}）等矮化剂进行处理，其使用浓度因栽培品种、处理时间、处理时的温度而有差别，各品种在使用前应作药效试验，表 3-4 为利用矮化剂控制一品红株高的处理方法。

表 3-4 利用矮化剂控制一品红株高的处理方法

处理方法	矮化剂		
	矮壮素（CCC）	B-9	多效唑（PP_{333}）
喷施浓度/（mg/L）	1 500～2 000	2 500	5～50
灌根浓度/（mg/L）	3 000	—	0.1～0.5/（mg/盆）
特征及注意事项	喷施叶片易有短暂药害，应施两次以上	应施两次以上	药效较佳、较长，但浓度高易使叶片、苞片皱缩

注：施用矮化剂应避免在气温高于 28℃的情况下使用，最好选择阴天或傍晚太阳下山前使用，花芽分化前六周建议不使用矮化剂处理一品红，以免影响开花质量。

10. 花期控制

一品红是短日照植物，即一品红在长日（短夜）的条件下进行营养生长，在短日（长夜）的条件下，花芽开始分化，进入生殖生长的阶段。当夜温低于 21℃时，一品红花芽分化所需的临界光周期是 12～12.5 小时/天。在短日条件下，夜温高于 24℃，会阻碍花芽分化。短日条件在北半球大约是由 9 月 21 日起，因此，自然条件下一品红都是在秋天开始花芽分化，但因个别环境的差别也略有不同。长夜（暗期）受到中断，也会影响或中断花芽分化发育。只要植株周围有 100lx 以上的光强度，就能中断花芽分化发育。黑幕也可用于长日条件下花期的调节。黑幕遮光时间，每日 13～15 小时。不同品种对短日照感应时间不同，因此分为早花、中花和晚花品种。早花品种短日照感应时间为 6～7 周、自然花期 11 月中旬；中花品种短日照感应时间为 8～9 周、自然花期 11 月下旬至 12 月上旬；晚花品种短日照感应时间为 9～10 周、自然花期 12 月上旬。应根据需要选择合适品种。要使一品红在国庆节期间开花，必须选择耐热性好的早花品种，并进行人工遮光处理。人工遮光处理采用不透光黑色薄膜或黑幕进行遮光，遮光时间从当天的 17:00 至次日的 8:00，每天遮光 15 小时。遮光处理日期为 7 月中旬至 9 月上旬，遮光控制需要一个多月的时间。由于 7～9 月气温较高，生产的成品质量较差，遮光处理时要注意通风。生产春节开花的一品红，应选择迟熟品种，并进行补光处理，方法是：9 月上旬开始，每天晚上 10:00 至第二天早上 2:00 用白炽灯加光，光照强度在 110～130lx，至 10 月中下旬停止。

3.2.4 病虫害防治

1. 细菌性软腐病

细菌性软腐病主要发生在一品红的扦插繁殖期，插条在扦插 3～7 天内从基部开始出现软腐。目前对这种病害尚未有特效的杀菌剂，若发现病株，应立即清除。预防措施是在扦插繁育期间，温度要保持在 32℃以下，避免扦插基质水分过多。生长期也有细菌性病害发生，应避免伤口及叶片的互相摩擦，降低湿度可以防止其发生。

2. 根、茎腐病

根、茎腐病主要由丝核菌或腐霉菌引起。控制措施是应及时清除受感染的植株，用杀菌剂如瑞毒霉 800 倍液进行根际灌施。预防措施为避免高温高湿环境的产生。

3. 灰霉病

灰霉病是一品红栽培中最常见的病害。在一品红整个生长季节都可能出现，低温高湿下易发生，且植株的各个部分都可能感染。被侵染的组织最初是水渍状棕黄至棕色的病斑。在潮湿的环境条件下，病斑处会形成由菌丝体和孢子组成的灰色有毛的病菌，有黑色的菌核出现。幼嫩植株有时会在栽培基质表面附近染病。在比较成熟的植株的茎上会出现棕黄色的环形溃疡，并导致叶片萎蔫。当侵染苞片时，红色苞片会变成紫色。预防措施是首先要控制环境，保持空气流通，特别是在夜间；植株不要摆放过密，使空气可以穿过植株冠部流通；避免植株受到机械损伤；夜晚加温及通风降低湿度，并避免将水溅到叶片及苞片上；尽可能将温度保持在 16℃以上，及时清除病叶、死株。发病时喷施亿力、灰霉速克等杀菌剂。

4. 白粉病

白粉病的孢子极易随植株移动，并在空气中传播。该病在一品红整个生长季节都可能发生，其中春季或深秋是其高发季节。在冷凉、高湿及昼夜温差较大的环境下，白粉病极易流行。感染初期，叶片和苞片出现类似杀虫剂残留物的斑点。而后，白粉病迅速蔓延，植物的表面出现典型的白色霉状物，受感染的组织坏死。白粉病的症状最先发生于叶片的背面，而叶片的表面则常出现绿色斑块。防治措施是控制温室环境并定期喷施杀菌剂。

5. 白粉虱

控制白粉虱的关键在于避免大量族群的发生。可采取一些方法监测粉虱族群的发生趋势，如利用菊黄色塑料板，上涂凡士林，置于略高于一品红处，人工轻轻摇动植株，粉虱成虫会为亮黄色所吸引，达到诱杀的目的，又可起到监测的作用。若发现应及时除去有大量白粉虱卵和带有若虫的下层叶子，并用 2.5%溴氰菊酯乳油 1 500 倍液，每 7～10 天喷 1 次，喷药时间在早上 6:00～10:00 为好，连续喷 3～5 次，即可杀灭幼虫。也可用速扑杀、乐斯本、粉虱治等药剂 1 000 倍液微雾喷施。

6. 红蜘蛛

红蜘蛛主要通过喷施杀虫剂进行防治，常用的杀虫剂有 10%虫螨杀 1 000 倍液等。此外，应及时清除生长在一品红周围的杂草和青苔，以减少各种病虫害的发生。

3.2.5 销售前管理

出货前一个月适当控制施肥量，不使用影响花苞和叶片观赏效果的药剂和肥料，以免降低一品红的观赏价值。销售期间须维持 25 000～50 000lx 的光照强度，以避免落花。夜温升高，加上基质过分干燥时，易造成未成熟花芽掉落。在植株由产地运至零售商的过程中，常因肥料浓度高而引起未熟叶片的掉落，这种现象在市场或室内观赏上常有发生。所以，在生产最后阶段时，应停止或减少肥料的供给量，但肥料的停止供给，不能早于起运前两星期，以避免黄叶的出现。一品红对低温（13℃以下）非常敏感。温度太低，红色的苞片容易转变成青色或蓝色，最后变为银白色。但若温度太高，则易导致未熟叶片、苞片及花朵的掉落。运输时的温度最好维持在 13～18℃，时间以不超过 3 天为好。

模块 3.3　红　掌

红掌（*Anthurium andreanum*）又名花烛、安祖花，是常绿宿根花卉，为天南星科花烛属，原产哥伦比亚。叶片革质，心形，颜色青翠，佛焰苞片直立开展，革质，除红色外，还有粉、白等色，色彩鲜艳，花苞亮丽，这种色彩从花期开始可维持三个多月。花期多在春、夏季，若条件适合，也可终年开花不断。红掌有许多园艺品种，在我国一些地区已开始大面积商品生产。

3.3.1 基质

盆栽红掌宜选用排水良好的基质，规模化生产用泥炭、珍珠岩、河沙的复合基质，其组成以泥炭、珍珠岩、河沙按体积比 5：3：2 混合配制较好，用熟石灰将基质 pH 值调整到 5.5～6.5、EC 值 0.8～1.2mS/cm 为宜，或采用进口栽培红掌专用基质。栽培基质必须具有保水保肥能力强、通透性好、不积水、不含有毒物质并能固定植株等性能。种植前，基质还必须经彻底的消毒处理，以消灭病虫害，保证其正常生长。

3.3.2 花盆规格

不同阶段对花盆的规格要求不同，小苗阶段一般已在育苗公司完成，生产时所购买的红掌苗均是中苗（双叶距为 15cm 左右）以上。所以在上盆种植时，可选择一次性使用的 160mm×150mm 的红色塑胶盆种植。

3.3.3 上盆种植

红掌是喜阴植物，种植时需要有 75%遮光能力的遮光网，以防止过强的光照。采用双株种植优于单株种植，上盆种植时很重要的一点是使植株心部的生长点露出基质的水平面，同时应尽量避免植株沾染基质。上盆时先在盆下部填充 4～5cm 颗粒状的碎石物，然后加培养土 2～3cm，同时将植株正放于盆中央，使根系充分展开，最后填充培养土，低于盆面 2～3cm 即可，但应露出植株中心的生长点及基部的小叶。种植后必须及时喷施菌剂，以防止疫霉病和腐霉病的发生。

3.3.4 生产管理

1. 温度

红掌对生长温度的要求主要取决于其他的气候条件。温度与光照之间的关系是非常重要的。一般而言，阴天温度需要维持在18～20℃，湿度在70%～80%。晴天，温度需要维持在20～28℃，湿度在70%左右。总之，温度应维持在30℃以下，湿度要在50%以上。

在高温季节，光照越强，室内气温越高，这时可通过喷淋系统或雾化系统来增加温室内空气的相对湿度，但须保持夜间植株不会太湿，以减少病害发生；也可通过开启通风设备来降低室内湿度，以避免因高温而造成花芽败育或畸变。在寒冷的冬季，当室内昼夜温度低于15℃时，要进行加温；当温度低于13℃时更需要用加温机进行加温保暖，防止冻害发生，使植株安全越冬。

2. 光照

红掌是按照“叶→花→叶→花”循环生长的，花序是在每片叶腋中形成的，这就导致了花与叶的产量应相同。若花与叶的产量有差别，那最重要的因素是光照，如果光照太少，在光合作用的影响下植株所产生的同化物也很少；当光照过强时，植株的部分叶片就会变暖，有可能造成叶片变色、灼伤或焦枯现象。因此，光照管理的成功与否，直接影响红掌产生同化物的多少和后期的产品质量。

为防止花苞变色或灼伤，必须有遮阴保护。温室内红掌获得的光照可通过活动遮光网来调控。在晴天时遮掉75%的光照，温室最理想的光照是20 000lx左右，最大光照强度不可长期超过25 000lx，早晨、傍晚或阴雨天则不用遮光。

红掌在不同生长阶段对光照要求各有差异。例如，营养生长阶段（平时摘去花蕾）对光照要求较高，可适当增加光照，促使其生长；开花期间对光照要求较低，可用活动遮光网调至10 000～15 000lx，以防止花苞变色，影响观赏。

3. 水分

红掌属于对盐分较敏感的花卉品种，因此，应尽量把基质pH值控制在5.2～6.1，这是最适于红掌生长的。如果pH值过低，花茎变短，就会降低观赏价值。自来水适宜栽植红掌，但成本较高；天然雨水是红掌栽培中最好的水源。

盆栽红掌在不同生长发育阶段对水分要求不同。幼苗期由于植株根系弱小，在基质中分布较浅，不耐干旱，栽后应每天喷水2～3次，要经常保持基质湿润，促使其早发多抽新根，并注意盆面基质的干湿度；中、大苗期植株生长快，需水量较多，水分供应必须充足；开花期应适当减少浇水次数，增施磷、钾肥，以促开花。

规模化栽培红掌成功的关键是保持相对高的空气湿度。尤其是在高温季节，可通过喷淋系统、雾化系统来增加温室内的空气相对湿度。当气温在20℃以下时，保持室内的自然环境即可；当气温达到28℃以上时，必须使用喷淋系统或雾化系统来增加室内空气相对湿度，以营造红掌高温高湿的生长环境。但要注意傍晚不要喷雾叶面，一定要保证红掌叶面夜间没有水珠。在浇水过程中一定要干湿交替进行，切勿在植株发生缺水严重的情况下浇水，这样会影响其正常生长发育。在高温季节通常2～3天浇一次水，中午还要利用喷淋系统向叶面喷水，以增加室内的空气相对湿度。寒冷季节浇水应在9:00～16:00进行，以免冻伤根系。

红掌生长需要比较高的温度和相当高的湿度，所以，高温高湿有利于红掌生长。温度与湿度甚为相关，但在冬季即使温室的气温较高也不宜过多降温保湿，因为夜间植株叶片过湿反而降低其御寒能力，使其容易冻伤，不利于安全越冬。

4. 施肥

根据荷兰的栽培经验，对红掌进行根部施肥比叶面追肥效果要好得多。因为红掌的叶片表面有一层蜡质，不能对肥料进行很好的吸收。

液肥施用要掌握定期定量的原则，秋季一般3～4天为一个周期，如气温高，可以视盆内基质干湿程度2～3天浇肥水一次；夏季可2天浇肥水一次，气温高时可多浇一次水。

施肥时间因气候环境而异，一般情况下，在8:00～17:00施用；冬季或初春在9:00～16:00进行。每次施肥必须由专人操作，并严格把握液肥（母液）的稀释浓度和施用量。稀释后的液肥应控制pH值为5.7、EC值为1.2 mS/cm左右时再施用。

此外，在液肥施用两小时后，用喷淋系统向植株叶面喷水，冲洗残留在叶片上的肥料，以保持叶面清洁，避免藻类滋生。

5. 病虫害防治

1）根腐病、茎腐病

一般在栽培基质过湿时易发生，多从底部根系开始腐烂变褐，叶边变黄下垂。疫霉菌引起的根腐可使茎部和叶片受害，根和茎部呈褐色。防治措施是在发病初期，在植株周围用70%甲基托布津800倍液浇灌，或用25%瑞毒霉可湿性粉剂2g/L水或45%代森铵水剂2.5g/L水或50%多菌灵2g/L水浇灌，或用30%的恶霉灵800倍液或64%卡霉通1 000倍液喷施。5～7天用药一次，连用同一种药剂2～3次后应换用另一种药剂。

2）叶斑病

病斑始于叶尖或叶缘，形状不规则，由小逐渐扩大，病斑褐色，边缘淡黄色，严重时可扩展至整片叶，叶片干枯。防治措施是每隔两周轮换不同药剂，连续喷药3～4次。适宜的药剂有75%百菌清600～800倍液、70%甲基托布津800倍液、70%代森锌800倍液或雷多米尔500～800倍液。

3）炭疽病

多于叶尖或叶缘发病，病斑呈圆形或半圆形。发病初期，病斑部位的叶片褪绿黄化，边缘褐色，中间灰白色，轮纹有或无，发病后期，病斑上有许多小黑点，湿度过大时，上有淡黄或黄色黏液出现；此病也会引起花腐，在肉穗花序上形成黑色坏死斑点。高湿是发生此病的主要原因，病原菌是盘长孢属或刺盘孢属真菌。防治措施是药剂防治并加强栽培管理，要经常通风透光，及时摘除病叶。在发病初期，连续喷2～3次药剂，每隔两周轮换使用不同药剂。适宜的药剂有10%石膏水分散颗粒剂2 500～3 000倍液、75%百菌清600～800倍液、炭疽净800～1 000倍液或敌克松500～800倍液。

4）蚜虫

叶片失绿，严重时叶片卷曲、皱缩，易引起煤污病而影响光合作用。防治措施是每隔两周轮换使用以下药剂，每 5 天喷药一次。用 30%蚜虱绝 800～1 000 倍液、10%的吡虫啉可湿性粉剂 2 000～4 000 倍液、50%抗蚜威 1 000～1 200 倍液或氧化乐果 500～600 倍液喷施。

5）斜纹夜蛾

斜纹夜蛾主要危害叶片，以嫩叶为主，造成叶片缺刻状损伤，多夜间危害。防治措施是每隔 1～2 周轮换喷施下列药剂，4～5 天喷药一次。用 48%乐斯本 1 000 倍液、速扑杀 1 200～1 500 倍液、锐劲特 1 200～1 500 倍液或 90%敌百虫 800 倍液喷施。

6）红蜘蛛

红蜘蛛主要危害嫩叶和叶芽，使嫩叶和芽枯萎，老叶变黄，花上出现褐色斑点。防治措施是危害初期可喷药防治，每隔 1～2 周轮换喷施下列药剂，连续喷 3～4 次。喷施时注意将叶面、叶背和叶基全部喷施，以免有残留的红蜘蛛继续繁殖危害。用 20%三氯杀螨醇 1 000 倍液、10%虫螨杀 1 000 倍液或 50%除螨灵 500～600 倍液喷施。

7）蓟马

蓟马主要危害幼嫩的叶片、叶柄和佛焰苞片，危害后叶片和花上出现褐色条纹，严重时花和叶皱缩或畸形。防治措施是用 10%的吡虫啉可湿性粉剂 2 000～4 000 倍液、1.8%阿维菌素 2 000～3 000 倍液、蓟马灵 800～1 000 倍液、蓟虱灵 800～1 000 倍液或莫比朗 3 000～5 000 倍液喷施，4～5 天喷药一次，每种药剂连续使用不宜超过 3 次。

6. 摘芽与定期测定

红掌经过一段时间的栽培管理，基质会产生生物降解和盐渍化现象，使其基质 pH 值降低、EC 值增大，从而影响植株根系对肥水的吸收能力。因此，基质的 pH 值和 EC 值必须定期测定，并依测定数据来调整各营养元素的比例，以促进植株对肥水的吸收。

另外，大多红掌会在根部自然地萌发许多小吸芽，争夺母株营养，而使植株保持幼龄状态，影响株形。摘去吸芽可从早期开始，以减少对母株的伤害。

模块 3.4 仙 客 来

仙客来（*Cyclamen persicum*），别名兔子花、萝卜海棠、一品冠、兔耳花，为报春花科仙客来属植物，原产地中海沿岸。花朵整齐，色彩丰富，花期从 9 月一直持续到翌年 5 月，观赏期长。在国内外园艺工作者的努力下，已培育出数百个栽培品种，奇异的花姿赢得了世界各国人民的喜爱，是全世界重要的年宵花之一。由于适应性强，便于销售，深受消费者欢迎。

3.4.1 品种选择

目前，市场上较受欢迎的仙客来种子是法国种子和日本种子。它们的特点是生产周期短，一般为 8～12 个月，商品株形标准化，植株丰满健壮，冠径 35～40cm，花梗挺拔，多花，颜色丰富。高度适中，种子出苗率和一级品率高。对气候适应性广，抗逆性强，室内观赏期长。

3.4.2 基质消毒

仙客来的栽培基质一般用草炭土、珍珠岩、蛭石或草炭土、细炉灰渣混合，里面往往有许多有害的病菌、害虫及杂草种子，对仙客来的生长极为不利，如果不进行基质消毒，将对仙客来的生长发育带来极大危害。基质消毒有化学消毒和物理消毒两种，常用的消毒方法有蒸汽消毒、干热消毒、福尔马林熏蒸、高锰酸钾液喷洒、日光暴晒、熏硫法等。

3.4.3 选种及播种处理

仙客来种子发芽一般需要 30～50 天，比一般草花种子发芽时间长得多。因此，发芽阶段太长是整个栽培周期延长的原因之一，而选择优质仙客来种子及进行适当处理能够有效缩短发芽时间。要选择颗粒饱满、色泽红褐色、成熟度好的种子。

根据仙客来品种及预计开花期选择适宜的播种时间。为了使种子充分吸水提早萌动出芽，可在 30℃温水中浸泡 3 小时，再用凉水浸种 24 小时进行种子催芽。经上述处理的种子可比不浸种提前出苗 10 天左右。在催芽后要进行种子消毒，杀灭种子所带病菌，可用多菌灵或 0.1%硫酸铜溶液浸泡半小时或用 1/5 000 高锰酸钾液等消毒。消毒后将种子捞出晾干，即可进行播种。仙客来种子发芽需要在黑暗条件下，发芽前要进行遮光覆盖。仙客来种子发芽的适宜温度为 15～20℃，以不超过 20℃为好，温度过低或过高都会使种子发芽时间延长。播种时一般用 288 穴盘或 200 穴盘。

3.4.4 苗期管理

一般仙客来种子经过 25 天左右出苗，开始有少量露出土面。这时一定要保证土面湿度，过干幼叶会带“帽”露出土面，从而影响新叶的展开，出苗后中午、晴天一定要用遮阳网遮阴，防止小苗在阳光下暴晒。同时防止夜间温度过低，否则小苗易感染病菌，并每隔 15～20 天喷洒一遍百菌清、甲基托布津等广谱性药剂。在经过 3～4 个月，长有 3～5 片真叶时，就要进行移苗。移苗的基质选用草炭土、粗蛭石、珍珠岩或选用草炭土、细炉渣、珍珠岩以 5∶3∶2 的体积比混合。基质必须经过消毒，装入 50 孔的穴盘或直径 8cm 的营养钵。起苗时尽量不要伤根，栽后要及时浇透水，浇水后仙客来小球茎 1/3 要露出土面，适当遮阴一周，施肥以氮、磷、钾比例为 1∶0.5∶1 为主，浓度为 2 000～3 000 倍。

3.4.5 生产管理

1. 换盆

当第一次移栽 2～3 个月后，幼苗长到 8～10 片真叶，根系已盘满盆里边，白根长出盆底孔时，应及时换盆。换盆采用基质为草炭土、粗蛭石、珍珠岩（或草炭土、细炉渣、珍珠岩）比例 6∶3∶2，大小为 15cm×15cm 塑料盆即可。换盆最好选择在温度适宜的晴天进行，高温不利于幼苗的恢复。基质装盆时，每盆基质量要均等，高度离盆沿口 1cm 左右，留出浇水空间。基质要松紧适宜，压得过实会很明显地影响根系生长。幼苗要栽在盆口中央，种球露出基质表面 1/2 或 1/3。栽好后及时浇透水一次，头一周内给予适当遮阴。

2. 越夏前管理

越夏前的管理是指换盆后至夏季持续高温来临前，一般指从 4 月中旬至 6 月中旬这段时间的管理。这时平均气温在 18～25℃，比较适合仙客来生长，是仙客来的第一个生长高峰期，其叶片可以从 8 片生长到 30 片左右。这阶段的管理目标是既要抓住时机让仙客来球茎快速生长，达到一定的株型和叶片数，又要通过水肥、光照、温度等因子的调节，增强植株自身的抗逆性，为仙客来的顺利越夏做准备。仙客来上盆后施肥一般在上盆 10～15 天后结合浇水进行。前一个月可用 1∶0.5∶1 的液肥，浓度为 2 000 倍，以后视植株长势适当增加浓度。到 5 月，植株有一定株形后改用 1∶0.7∶2 的液肥进行浇灌。如条件允许，每次施肥时，最好能测定盆底流出肥料的 EC 值和 pH 值。

3. 越夏管理

夏季高温，植株蒸发量大，是仙客来需水量最大的一个季节，每 1～2 天浇水一次，浇水一定要在上午 10:00 之前完成，不能等到基质干了再浇水。施肥掌握薄肥勤施，可用 1∶0.7∶2 的 1 500～3 000 倍液肥，7～10 天浇施一次。越夏时期，温度偏高，为使仙客来健康生长，必须遮盖两层 60%的遮阳网，上午 8:00～9:00 先遮一层，温度上升再遮一层。下午温度下降时先去掉一层，然后再收一层。同时注意也不能遮阴太多，否则会导致植株徒长，影响植株的抗性和株型。

4. 高温后的管理

一般是指 8 月下旬到 10 月初这段时间，天气逐渐转凉，仙客来又进入一个生长高峰期。仙客来快速生长前有一个恢复和调整的过程，不能马上提高施肥浓度，用 1∶0.5∶1 或 1∶0.7∶2 液肥在 2～3 周内从 2 000 倍提高到 1 500 倍。仙客来进入正常生长后基质的 EC 值应保持在 1.2～1.8。这一时期注意株型整理，及时清理枯叶、病叶，调整叶片层次，均衡植株光照，使植株均匀生长，增强植株整体的观赏效果。

5. 开花期管理

10 月温度明显下降，要提早检查温室的密封性，并且开始加温。出花期间，保持最低 10℃的温度，如果要催花，则要保持 15℃的最低温度，等达到要求后再慢慢降至 10℃，这样可延长花期。由于温室密闭，湿度大，灰霉病会时有发生，除常规药剂管理外，要注意加强通风以降低湿度。到了 11 月后，仙客来将陆续开花，但盛花期一般在元旦前后。这时要特别注意培养良好的株型、叶色、花色。加强植株锻炼，提高商品性。

6. 病虫害防治

1）萎凋病

防治萎凋病的关键是合理浇水，并用 2 000 倍苯菌灵或代森锰锌灌根。

2）细菌性软腐病

多发生在夏季高温多湿期，可在发病初期喷洒或涂抹 4 000 倍链霉素或新植霉素，并浇透营养土。

3）螨类

多发生在高温干旱的秋季，可用 40%三氯杀螨醇 1 000～1 500 倍液喷雾。

4）蚜虫

可用 80%敌敌畏乳剂 1 000 倍液或 20%灭扫利乳油 1 000 倍液或 10%蚜虱净可湿性粉剂 3 000 倍液喷杀。

5）蛞蝓

应抓住其日伏夜出的习性，于幼龄期用 20%广杀灵 1 000 倍液或 20%灭扫利乳油 1 000 倍液喷杀，再结合人工捕杀效果更好。

模块 3.5 蝴蝶兰

蝴蝶兰（*Phalaenopsis aphrodite*）又名蝶兰，是商品洋兰中最受欢迎、消费最多的一个强势族群。目前栽培有盆栽与切花两大生产类型。经登录的杂交园艺种已超过 2.4 万个。主要花期在 12 月至翌年 2 月。近年又选育出一种小花品种，花期长达 4 个月，其植株图如图 3-2 所示。

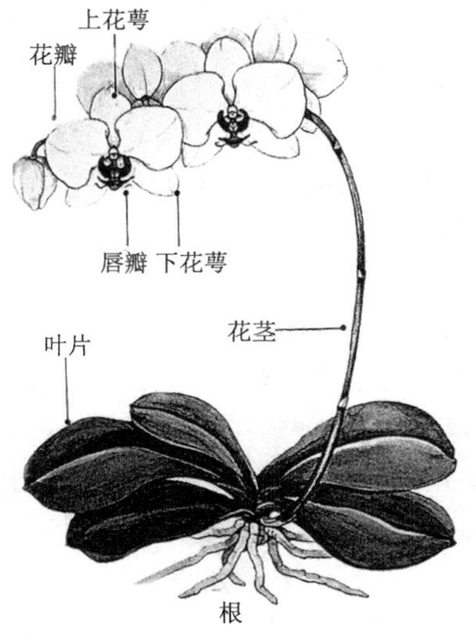

图 3-2 蝴蝶兰植株图

蝴蝶兰大多数产于湿热的亚洲地区，主要分布在泰国、菲律宾、马来西亚、印度尼西亚及中国，最早原种在1750年被发现，至今已发现70多个原生种。

3.5.1 形态特征与生物学特性

蝴蝶兰为多年生附生草本植物。根发生在茎节部位，扁平，长可达50cm。裸露的根有时呈绿色，具有光合作用功能。在干旱季节，叶片脱落，常依靠根系合成养分。茎短而肥厚，单轴生长，每年生长期从茎顶部长出新叶，下部老叶发黄脱落。叶肥厚、多肉，呈倒卵形。花序在茎间的叶腋间抽出，位于花茎下部的节位，开花后能萌芽形成小株，可分割繁殖。花蝶状，圆锥花序，单茎着花数朵至数十朵。

蝴蝶兰性喜高温多湿、半阴通风环境，生长适温为15～28℃，夏季不耐阳光直射，遮阴度60%，相对湿度70%。

3.5.2 繁殖

商品生产的蝴蝶兰主要通过组织培养的方法来繁殖栽培。组织培养的外植体主要为花茎腋芽或花茎节间与试管小苗的叶片。利用花茎腋芽培养，使用MS+6-BA（3～5mg/L）培养基，在28℃条件下，可以诱导出丛生的营养芽，营养芽出现后，去除花茎，并分置于相同的培养基上诱导分生原球茎，也可切取营养芽的叶片置于MS+KT（10mg/L）＋NAA（5mg/L）＋10%椰乳（或苹果汁）+蔗糖（20g/L）培养基上诱导原球茎。

健壮的试管苗在瓶内植株叶片光亮厚实，没有黄化叶，根系发育旺盛。试管苗成苗后，从瓶内移出，苗株用湿水苔包根，分级栽入穴盘。小株用120格穴盘，大株种入5cm小盆，移入30格穴盘。育苗室温度20～25℃，空气相对湿度不低于80%，光照前期控制在10 000lx以下，后期控制在15 000lx的正常光度。

3.5.3 栽培管理

1. 组培苗出瓶后的管理

蝴蝶兰从组培苗出瓶到开花一般需要17.5～20个月，其中经过小苗、中苗、大苗、催花4个阶段。

1）出瓶苗分级

试管苗出瓶按双叶距（两叶展开的宽度）分级。双叶距4～5cm的为一级苗，移栽到口径5cm塑盆，双叶距2～3cm的为二级苗，移入3cm穴盘式小盆。

2）第一次小苗转盆

小苗在5cm盆中，种植3.5～4.5个月后，植株双叶距达12cm以上成为中苗时，转到8cm塑盆。

3）第二次中苗转盆

中苗经4个月栽培双叶距达到18cm以上成为大苗时，转到12cm塑盆。

4）大苗管理

大苗经 6～7 个月强化栽培后进行催花处理，催花处理 4～5 个月，在开花时，即作商品出售。

现用蝴蝶兰盆栽基质主要是水苔，在应用时也可用树皮块、椰子壳块、蛭石等排水保水、通气良好的其他基质替代。苗期生长过程中，转盆时也有建议从 5cm 盆直接转入 12cm 盆，这样既可减少人工成本，又能降低转盆时对植株的损伤与病虫害发生率。

2. 栽培环境管理

1）温度

蝴蝶兰的最适栽培温度是白天 25～28℃，晚间 18～20℃。当温度低于 15℃时，蝴蝶兰根部停止吸水，生长停止，甚至出现叶片冻伤、叶面出现锈斑、落蕾等状况。蝴蝶兰花芽分化需要一定的昼夜温差，白天 25℃，夜间 18℃持续 3～6 周，有利于花芽分化。

2）光照

蝴蝶兰忌阳光直射，生长期需要遮光，小苗期的光强调控在 10 000～12 000lx，中苗期与大苗期为 12 000～20 000lx，催花期为 20 000～30 000lx。温室栽培夏秋用两层遮阳网，遮光 75%～85%，冬春遮光 40%～50%。

3）水分

蝴蝶兰栽培要求保持环境湿润，一般春季每 2～3 天喷水一次，夏季每天喷水 1～2 次，冬季要防止叶片积水，导致冻伤。通常浇水应在 10:00～15:00 进行。浇水后要视情况进行通风，以使叶面积水散失，减少病害发生。

4）通风

蝴蝶兰喜通风良好的环境，忌闷热，通风不良易引起植株腐烂。冬季气温低时可在中午进行 10～15min 的短期通风。

3. 养分管理

在蝴蝶兰的生长期，肥料 N、P、K 的配比一般为 30∶10∶10，生殖期要减少氮肥含量，提高磷、钾肥成分，N、P、K 配比可调整为 10∶30∶20。催花处理前喷施 KH_2PO_4 有利于花芽形成与发育。施用液体肥浓度应为 0.05%～0.1%，每 7～10 天施肥一次，基质的 EC 值小苗期保持在 0.5～0.6mS/cm，大苗期控制在 0.6～0.7mS/cm。

蝴蝶兰在养分管理中，缺氮时表现为叶片数减少，落叶增加，叶面积大幅度降低，植株干重下降；缺磷时表现为落叶增加，新叶变短，老叶呈紫红色，叶片扭曲，叶尖卷曲，基部叶叶尖转黄并蔓延全叶，新出叶减少，植株生长延缓，干重下降，无新根产生，花茎产生受抑制；缺钾时表现为叶片变小、变狭，叶面积下降，导致花茎提早发育；缺镁会推迟蝴蝶兰花茎的发育。

4. 花期调节

蝴蝶兰正常花期在 3～5 月，商品花的花期要赶在元旦至春节的年宵花市，需要通过低温处理等方法促进其提早开花。

1）开花习性

蝴蝶兰每片叶的茎部有2个以上腋芽，呈上下排列，其中一个为主芽，其余为副芽。当环境条件适宜时，从最上面展开的第一叶向下数，第三、四片叶的主芽能分化为花芽，其他副芽仍处休眠状态，当主芽受到破坏时，副芽可能萌发为营养芽，蝴蝶兰温度保持18℃以上，一年约长4片叶，同时也形成花芽。

2）环境对开花影响

蝴蝶兰花芽形成主要受温度影响，短日照及提早停止施肥也有助于花茎的出现。在栽培条件下保持温度20℃以上、25℃以下2个月，以后将夜温降到18℃左右，约一个半月，花芽即可形成。花芽形成后，夜间温度保持在18～20℃，经3～4个月就能开花。

蝴蝶兰花芽的形成与昼夜温差相关，昼夜温差在8～10℃有利于花芽形成。在24小时中，低温处理的时间长，成花率高，一般处理18小时花茎出现率可达到100%，而处理5小时则花茎出现率只有10%。低温处理的时间，应该在花茎抽出10cm左右时结束，低温处理的时间过长反而会延迟花期。

蝴蝶兰的花芽分化与光照强度也有相应关联，一般在不灼伤叶片的前提下，将光照强度提高到15 000～30 000lx，可促进花芽分化，提高开花率。

3）年宵花催花

要获得优质开花植株，常选用2年以上株龄、具6～8片叶的植株，在进行低温处理后，花茎育花数可达8～10朵。蝴蝶兰栽培温室通常设高温温室与低温温室两类，高温温室的室温控制在25～30℃，作为蝴蝶兰营养生长温室；低温温室室温控制在18～25℃，作为蝴蝶兰生殖生长温室。年宵花的低温处理一般在8月底至9月初进行，进入低温温室后，要控制好夜间温度，特别要重视使昼夜温差拉大，在花茎出现后，室温可略提高，使夜温保持在18～20℃。

5. 成年株管理

蝴蝶兰的单株寿命可达5～15年，若栽培管理得好，寿命可更长些。一般用水苔作为基质的盆栽蝴蝶兰，需要每年换一次盆。基质老化，苔藓腐烂，透气差，根系盆外生长，会引起植株严重衰退死亡。换盆最佳时期为春末夏初，气温在20℃以上，花期刚过，新根开始生长时进行。

6. 主要病虫害

蝴蝶兰栽培中常见病害有真菌性的疫病、炭疽病、煤烟病、黄叶病、细菌性软腐病等，管理中要重视温室通风透气，及时清除老叶、腐叶，控制介壳虫、蚜虫、粉虱等危害，并每隔10～15天喷洒杀菌剂防治。危害蝴蝶兰的害虫主要有蓟马、介壳虫、蚜虫、粉虱与叶螨，必须严格检查，及时防治。

7. 产品分级

蝴蝶兰盆花分级标准如下：①特级：花朵 11 朵以上；②一级花：花朵 8～10 朵；③二级花：花朵 6～7 朵；④三级花：花朵 5 朵以下。

模块 3.6　大花蕙兰

大花蕙兰（*Cymbidium hybrid*）是一个商品名称，是指兰属植物中，以一部分大花附生兰为亲本，经过多代杂交，培育出的园艺种群。其中，有些杂种已经过 4 代以上的杂交，具有 20 个以上原种基因。最早进行的杂交工作是在 1889 年，在英国用原产于中国的独占春与碧玉兰进行杂交获得杂种。在 20 世纪 40～50 年代，大花蕙兰在欧美得到快速发展，1966 年世界第一届兰花展，大花蕙兰获得 40 枚奖牌。目前经登录的园艺栽培种已有 1.1 万个，并出现了垂花型品种、小花型品种与具有浓郁香味的品种。1998 年大花蕙兰作为商品盆花开始在我国花卉市场上出现，并受到人们的青睐。近年国内生产量猛增，并在育种工作上已取得进展。大花蕙兰已成为重要的年宵花生产品种，图 3-3 为大花蕙兰植株图。

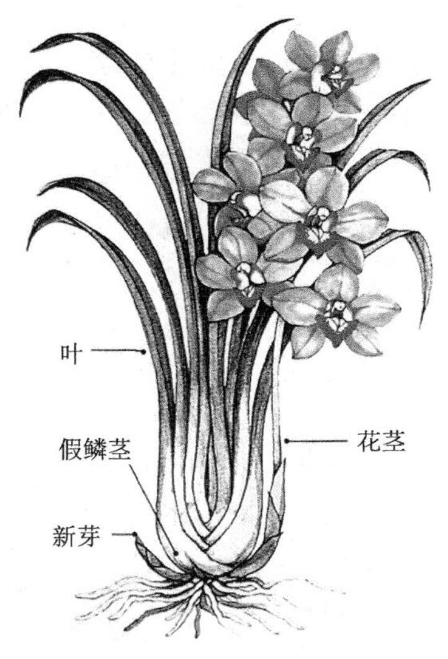

图 3-3　大花蕙兰植株图

大花蕙兰又称虎头兰、蝉兰、西姆比兰、东亚兰，是兰科兰属植物中，属于喜马拉雅附生大花种群的园艺栽培种，它的原始亲本具有花大、花多、色艳的特点。大多分布在海拔较高的山区，均为兰属中的附生类。近代新的育种工作，又注意将一些地生兰的基因引入大花蕙兰的一些品种，从而增加了其耐热、耐寒和芳香的优点。

3.6.1 生物学特性

1. 形态特征

大花蕙兰的形态具有兰属植物的一般特征。茎短缩肥大成球状，俗称假鳞茎，可贮水、耐干旱。假鳞茎有节，上部节位，每节着生 1 片叶，单茎长叶 6～12 枚，叶片生长结束后，假鳞茎顶芽不再有新生叶发生。在假鳞茎上长叶的节位以下 2～3 节为花芽发生区，营养条件成熟抽出花芽。花芽以下的节位能萌发叶芽，形成新株。假鳞茎一般寿命为 3 年，因此，在假鳞茎上每年发生新株，形成祖孙三代同堂的生长格局。

大花蕙兰的花芽大多着生在当年新生的假鳞茎上，少数在上一年假鳞茎上发生。每个假鳞茎一般产花 1～2 枝，有时能产 3 枝。通常 6 月花芽开始分化，9 月陆续抽出花芽，自 12 月到翌年 5 月开花。单串花可维持 50～80 天，花序为总状花序，一般着花 10～20 朵。

大花蕙兰在假鳞茎基部的节位，能发生粗壮的肉质不定根，新根自春至夏生长，有 2 年的生命周期。

2. 生育特性

大花蕙兰是洋兰中比较耐寒的种类，适宜生长的温度为 10～25℃，冬季能耐 3℃低温，栽培要求冬无严寒，夏无酷暑，最高温度不要超过 30℃，越冬温度保持 15℃左右。生长期喜光怕阴，除盛夏期须遮阴 50%～60%外，其他季节可接受自然光照，过阴使植株生长纤弱、影响花芽形成。大花蕙兰因原生种是附生兰，根部常裸露空中，喜较高的空气湿度。

3.6.2 繁殖

1. 组培繁殖

大花蕙兰组培繁殖是商品生产的主要繁殖手段，通常在春季 2～4 月新芽发生季节，切取芽的茎尖作组培外植体，为防止组培苗的变异，要求每个茎尖的繁殖量控制在 10 000 苗以内。大花蕙兰组培苗的培养基选用 MS＋NAA（0.01～0.05mg/L）促进分殖。当培养基 NAA 浓度提高到 0.1～0.2mg/L 时，能促进原球茎形成与发根，初代培养的培养基选用激素时，尽量不用或少用 2,4-D。

试管苗出瓶后，将小苗分级，以水苔作基质，种入穴盘或栽植盆进行炼苗，这些苗通常称为 CP 苗，一般用 50cm×25cm×5cm 的育苗盘，可种植 200 株，直径 10cm 的浅盆种 20～25 株。组培苗的炼苗期为 3～6 个月，培育适宜温度为 20℃。大花蕙兰组培苗的出瓶期有很强的季节性，通常每年 10～12 月是试管苗的出瓶期，培养 3～6 个月后即可供春季栽植。一般大花蕙兰组培苗种植 3 年以上就能开花。

2. 分株繁殖

大花蕙兰的分株繁殖主要适用于家庭栽培，也可用于商品栽培的补充。

大花蕙兰每年春季从一年生的假鳞茎基部长出 1～2 个新芽，新芽生长到秋季，在基部形成新的假鳞茎，成为新株。通常经过 2～3 年开花的植株，新株不断发生，会使盆苗过于密集，影响生长发育，需要分植，更换新盆。

分植除生长旺期外，全年均可进行，较适宜的时期是在兰花的休眠期，即在兰花停止生长后到新芽尚未伸长之前进行分植。

分植时，每一株丛必须保留相连的 3 个假鳞茎，即根据植株的年龄，每丛应保持祖孙三代同堂，或至少母子二代相连。栽培基质必须疏松、透气、保湿、清洁，常用的基质有水苔（苔藓的干制品）、树皮块、草质泥炭、陶粒等。

3.6.3 栽培管理

1. 幼苗盆栽

大花蕙兰在商品栽培中，在取得经过炼苗的组培苗后，先种植在直径 8～10cm 的软塑盆中，种植深度以幼苗发根部位以上 1～1.5cm 处为宜，栽植过浅幼苗根系不易固定，且新根露根易使幼苗干枯，栽后在半遮阴处放置 1～2 周，待生长恢复后进行正常管理。幼苗在小盆中生长 5～6 个月后，根系满盆可换 19～20cm 的大盆直至开花出售。

2. 施肥、浇水

大花蕙兰施用的有机肥料主要有豆饼、菜籽饼、棉籽饼、芝麻饼等饼肥。饼肥须经加水发酵后才能应用，夏季发酵约 30 天时间，应用时须加水 10～20 倍稀释。化肥应用要注意氮、磷、钾及微量元素的配比，应用浓度为 0.05%～0.1%。大花蕙兰植株生长迅速，需肥量较多，从幼苗起直到开花都需要不断补充，一般除休眠期与开花期停止施肥外，平时可每 7～10 天补充一次追肥。在春季新芽生长到夏季旺盛生长期，追肥的含氮量应较多，配合适当钾肥，可提高氮的利用率，使植株生长更健壮。夏末秋初，植株逐渐成熟可增加钾肥施用量，降低氮的比例，花芽形成期，要增加磷肥的施用，以利于花芽分化与生长。

大花蕙兰需要保持一定的基质湿度，但应防止积水，通常 1～2 年生幼苗绝不能缺水。成年植株的一些品种在 6 月花芽形成前后，需要适当减少浇水量，以促进花芽分化。

3. 温度调控

大花蕙兰适宜生长温度为 10～25℃。组培苗栽植期适宜温度为 15～25℃，夜间最低温度 15℃，白天 25℃，夜间温度低于 10℃会生长不良。要保持昼夜温差，更应重视避免夜温等于或高于日温，出现这种情况会使幼苗生长不良，继而腐烂死亡。

成熟健壮的大花蕙兰花芽分化大约在 6 月，花芽分化主要受温度影响，在花芽形成初期需要较高温度，但花芽发育与成熟需要适当低温，特别是需要夜间的低温。夏秋季大花蕙兰的栽培温度白天要保持在 30℃以下，夜间用 20～25℃低温处理，花芽发生比较集中，营养芽萌发较少。

大花蕙兰 2～3 年生大苗，耐低温能力较强，多数大花品种，夜间最低温度在 5℃左右不会受害，甚至能耐短期 0℃低温，在-2～0℃时新芽全部冻死，故大苗越冬最低温度要保持在 5℃以上。正常的冬季管理要求夜间温度不低于 10℃，白天温度为 25℃。

大花蕙兰的商品销售，要求花期提前在元旦到春节期间，因此在预期花期前 45～65 天要调整栽培温度，使夜间温度维持在 10～15℃，白天温度在 15～25℃，昼夜温差保持在 8～10℃，有利于开花。

大花蕙兰在商品栽培中为促进开花，解决夏季高温影响，也有采取高山栽培的管理方式。即在 6～8 月花芽分化后，将盆栽植株转移到海拔 800～1 000m 的高山栽培，高山区夜温低，昼夜温差大，光照强，有利于花芽正常发育。

4. 遮光

大花蕙兰比其他洋兰喜光，但也不宜阳光直射，遮阴过度会使植株生长纤弱，叶片很难直立。光照不足，还影响养分合成与花芽形成，开花显著减少。一般大花蕙兰栽培时，幼苗期遮光率为 50%，通常出瓶后的幼苗期光强控制在 10 000～15 000lx，中苗期 30 000lx，大苗期 40 000lx，花葶抽出后 50 000lx。

5. 赤霉素处理

有实验证明，当大花蕙兰花芽伸长到 2.5～7.5cm 时，用赤霉素（GA_3）500mg/L 处理，能提早一个月开花，而且能够增大花径。

6. 成年植株掰芽

大花蕙兰栽培时，若对已经开花的植株任其自由分蘖生长，会出现生长茂密，着花率低，花品质下降等弊病。通过掰芽的措施，选留壮芽，掰除过多的营养芽，可以帮助新生假鳞茎发育充实，形成花芽。

大花蕙兰的花芽，大部分着生在当年生新形成的假鳞茎上。一般在 6 月前后，新芽最顶部的一片叶尚未完全展开，第三、四片叶叶片生长完成时，在鳞茎有叶节位下部的芽形成花芽。花芽形成与环境因素（养分、光照、温度等）相关，氮肥过多，过度遮阴均不利于花芽形成，在假鳞茎上如果叶芽发生过多，也会直接影响花芽的形成与发育。

大花蕙兰的假鳞茎，一般有 12～14 个节，每个节都有隐芽。对幼苗的掰芽工作，是在植盆后先让其旺盛生长，直到当年 11～12 月，掰除 11 月前发生的全部侧芽，保留 11～12 月出生的 1～2 枚侧芽，此时试管苗基部假鳞茎粗达 2cm 以上，体内已蓄积充足养分，开春后能供给新侧芽生长。

对已经开花的成年植株，开春后剪除花梗，在着花假鳞茎上，会发生新的侧芽，一般一个假鳞茎，当年能萌发 4 个以上芽，这些芽大多是叶芽，春季萌发 1～2 个，其他至秋季时会陆续发生。成年植株掰芽是对春发侧芽留一去一，对后期的萌芽则全部掰除，以保证养分集中，养育留下的新芽，使成株健壮，孕育花芽。掰芽应选在晴天进行，掰后 24 小时不浇水，不喷水，以利于伤口愈合，防止染病腐烂。对少数强健植株可适当留 2 个芽。9 月后的掰芽要分清叶芽与花芽，防止误将花芽掰除。

7. 支柱设立

大花蕙兰为防止花茎侧弯或下垂，通常要给每一枝花茎树立支柱。为防止花茎的折断，支柱应随花茎伸长，逐步分 2～3 次调整角度，最后使花茎竖直。

8. 生理病害预防

大花蕙兰在栽培过程中会出现一些生理病害，主要是由管理不当所引起的，常见的有以下几种情况。

（1）烂头萎缩，叶片变黄：由于水分过多、养分不足、吸收不良引起。应定期薄施叶面肥，保持足够空气相对湿度。

（2）叶片焦尾或灼伤：由于阳光过强、施肥过浓、基质酸碱度不适引起。

（3）叶片黄化：在强光下暴露过久，缺氧或缺微量元素铁与镁引起。

（4）叶片皱缩：叶片与花芽快速皱缩，是水分过多导致的，可剪去烂根，消毒、晾根后重新种植。叶片逐渐皱缩，是缺少养分、空气不流通所致。

（5）根皱缩：越冬时浇水，水温过低、施肥过浓或基质过干等原因引起。

（6）花蕾变黄早枯：栽培环境闷热，通风不良，缺水，或经过低温贮藏，突然大量浇水引起。

（7）花朵提早凋谢：一般大花蕙兰花期有 2～3 个月。花朵提早凋谢是因空气不流通、闷热或空气中乙烯含量增加所致。

复习思考题

1. 举出 3 种观花花卉，并说明其观赏应用特点。
2. 简述观赏凤梨的栽培管理要点。
3. 简述红掌的栽培管理要点。
4. 简述蝴蝶兰与大花蕙兰的异同点。
5. 简述大花蕙兰的形态特征和生育特性。

实 训 指 导

实训指导 3　水仙雕刻

一、目的与要求

了解水仙花的形态特征、内部解剖构造及演替途径等。掌握蟹爪水仙雕刻的基本技法。

二、材料与用具

水仙球、水仙刀。

三、实训内容

1. 清理种球

先将鳞茎外表干枯的鳞片剥掉并刮去老根，然后雕刻。

2. 开盖

雕刻时先看芽体长势，将弯势作为雕刻面；再用水仙刀在离鳞茎盘 2cm 处，从左至右轻轻横切一条线，再在左右两侧各切一条竖线，然后逐层剥去横竖线范围内的鳞片，雕刻水仙球前半面。

3. 雕刻

继续用水仙刀挖去各芽体之间的鳞片，直至花苞露出；同时用水仙刀雕刻花苞前面的苞片直至淡黄色花芽露出，花葶生长发生改变，往伤口一侧弯曲，形成蟹爪造型。

4. 水养

经雕刻造型的水仙头要及时放入水中浸泡，伤口面朝下，以清除伤口分泌出的黏液，每天换水，浸泡 2～3 天，待黏液清除干净，便可取出并用脱脂棉盖住鳞盘（根盘）。

5. 养护

取出水仙球放入水仙盆中，加水放在阴凉处养护；每天换水一次，保持水质干净，待鳞盘长出 1cm 左右时，将水仙盆放在阳光处养护；室温 20℃左右，约 50 天就能培养出花姿飘香、姿态优美的水仙。

四、实训成绩说明

（1）水仙雕刻过程中能将花苞完全剥出而不伤到花芽，雕刻叶芽流畅、快速为优秀，可得 90 分以上。

（2）能将花苞剥出，但有个别花芽伤到，不影响开花，可得 80 分以上。

（3）能将花苞剥出，但个别花芽伤害严重，影响开花，但整体仍具有可观赏性，可得 70 分以上。

（4）不能按时完成水仙球的雕刻或雕刻过程中花芽全部伤到，为不及格。

第 4 单元　观叶盆栽植物生产

学习目标☞

识别常见的室内观叶植物 20 种，掌握观叶植物形态特征、生长习性、繁殖方法和栽培管理技术。

关 键 词☞

天南星科　竹芋科　百合科　棕榈科　蕨类植物　形态特征　生长习性　栽培管理

单元提要☞

本章主要介绍了天南星科、竹芋科、百合科、棕榈科的观叶植物和蕨类植物，主要包括常见的室内观叶植物的种类、形态特征、生长习性、繁殖方法、栽培管理技术。

观叶植物是以欣赏叶形、大小、颜色、模样为目的而栽培的植物。进一步讲，观叶植物一方面具有栽培的乐趣，同时也有欣赏植物本身的魅力，而且也可摆在室内作为布置居住空间的道具，可利用从窗户透进的日光充分生长，这是观叶植物的重要特点。据说观叶植物的栽培是在英国、法国作为宫廷园艺发展起来的。在日本江户时代，棕榈竹、观音竹的栽培就已开始流行。从广义上说，目前栽培较多的龙舌兰、芦荟等多肉植物也能称为观叶植物，但是一般所说的观叶植物多指原产于热带、亚热带的珍奇常绿植物及以此为本培育的园艺品种，其中以天南星科、竹芋科、百合科、棕榈科等植物具有较高的市场占有率。

模块 4.1 天南星科观叶植物

天南星科（*Araceae Juss*）植物有 115 个属，2 000 多种，广泛分布于全世界热带、亚热带地区，我国有 35 属，206 种，大多数种类分布于华南和西南地区。本科植物是观叶花卉中的大家族，其中常见栽培的有 20 个属，我国近年来也从国外大量引种作为室内观赏花卉。

4.1.1 形态特征

植株多为蔓性草本，地上部茎节处极易产生气生根。具有块茎或伸长的根茎，有时茎变厚而木质，直立、平卧或用小根攀附于他物上，少数浮水，常有草酸钙等成分的乳状液汁，对皮肤有强烈的刺激，扦插繁殖时要特别小心。叶通常基生，如茎生则互生，呈两列或螺旋状排列，形状颜色各样，平行脉或网状脉，全缘或分裂。常具有一个变态的苞叶或佛焰苞，内有肉穗花序，充满无数的小花，花两性或单性，辐射对称，雌花分布于下半部，雄花在上半部，果实为浆果。

4.1.2 生长习性

喜高温高湿、遮阴环境，可在低光照条件下生长，多数种在 8 000lx 光强即达光合作用的光补偿点，超过 20 000lx 易引起灼伤。多数种的生长适温在 18～25℃，不耐寒，低于 12℃停止生长，低于 5℃易引起伤害，10℃以上可安全越冬，开花需要在 15℃以上。喜肥沃、湿润、疏松土壤，不耐干旱。

4.1.3 种类与品种

本科是用于观叶栽培种类最多的一个科，并培育有大量的各类品种，在观叶植物生产中占有极为重要的地位。我国近年也引进大量品种，广泛栽培。目前我国栽培的种类与品种主要有以下几类。

（1）广东万年青（*Aglaoenma modestum*）：广东万年青属或亮丝草属。直立草本，多分枝，株高 50～60cm，茎纤细。叶片卵状披针形，先端尾状尖，叶绿色，有光泽。传统种类，极耐阴，可水插。

（2）银皇帝亮丝草（*Aglaonemax modestum* ‘Silver King’）：杂交种。直立草本，多萌株，株高 30～40cm。叶窄卵状披针形，长 20～30cm，宽 6～8cm，叶基卵圆形。叶面有大面积银白色斑块，脉间及叶缘间有浅绿色斑纹。

（3）银皇后亮丝草（*Aglaonema commulatum* ‘Silver Queen’）：与上种近似，叶片较窄，叶基楔形，叶面色斑浅灰色。

（4）斑马万年青（*Dieffenbachia seguine* ‘Tropic Snow’）：花叶万年青属。直立草本，株高可达 2m，茎粗壮，有明显的节。叶茎生，叶片卵状椭圆形，长 30～40cm，宽 15～

25cm，叶面绿色有光泽，侧脉间有乳白色碎斑。佛焰花序粗壮，生叶腋。

（5）大王斑马万年青（*Dieffenbachia segyube* 'Exotra'）：与上种近似，但叶片上色斑淡黄色，靠中央偏下连成大片斑块。

（6）乳肋万年青（*Dieffenbachia amoena* 'Camilla'）：直立草本，株高达60cm，茎丛生状。叶卵状椭圆形，先端小，叶片乳白色，仅边缘约1cm绿色。

（7）红宝石（*Philodendron imbe*）：喜林芋属（蔓绿绒属），又称红柄喜林芋。根附性藤本。新芽红褐色，叶心状披针形，长约20cm，宽约10cm，新叶、叶柄、叶背褐色，老叶表面绿色。作桩柱式栽培。

（8）绿宝石（*Philodendron erubescens* 'Green Emerald'）：藤本。叶箭头状披针形，长30cm，基部三角状心形，叶绿色，有光泽。作桩柱式栽培。

（9）琴叶蔓绿绒（*Philodendron panduraeforme*）：藤本。叶戟形，长15～20cm，宽10～12cm，叶基圆形，叶片绿色，有光泽。较耐寒。

（10）圆叶蔓绿绒（*Philodendron gloriosum*）：藤本。叶卵圆形，基部心形，先端短尾状尖。

（11）青苹果（*Philodendron eandena*）：藤本。叶片矩状卵圆形，如对半切开的苹果截面，先端急尖，叶绿色。

（12）红苹果（*Philodendron peppigii* 'Red Wine'）：藤本。叶形与上种近似，叶片红褐色。

（13）大帝王（*Philodendron melinonii*）：又称明脉、箭叶蔓绿绒。半直立性。叶呈箭头状披针形，长可达60cm，宽达30cm，侧脉明显。

（14）红帝王（*Philodendron hybrida* 'Imperial Red'）：直立性草本。叶卵状披针形，叶面呈波状，叶片、叶柄红褐色。

（15）绿帝王（*Phiodendron hybrid* 'Imperiai Green'）：直立草本。叶宽卵形，先端尖，翠绿色。

（16）绿萝（*Epipremnum aureum*）：藤芋属。根附性藤本，茎贴物一面长不定根。叶卵形，大小随环境变化大。叶片有不规则黄斑。

（17）白掌（*Spathiphyllum kochii*）：白掌属，又称一帆风顺。直立，丛生草本，高30～40cm。叶基生，披针形，长20～25cm，宽6～8cm，先端尾状尖。佛焰花序具长柄，佛焰苞白色，卵形。极耐阴。

（18）大白掌（*Spathiphyllum kochii* 'Viscount'）：株高达60cm。叶片较大，长25～35cm，叶柄顶端具明显关节，侧脉明显。花序柄长，花序高出叶面之上，总苞白色，卵状，宽达12cm。

（19）绿巨人（*Spathiphyllum floribundum*）：杂交种。直立性，单生，叶基生，叶片大型，长40～50cm，宽20～30cm，椭圆形，表面侧脉凹陷，叶柄粗壮，鞘状。

（20）观音莲（*Sempervivum tectorum*）：海芋属。草本，有块状茎。叶基生，叶片盾状着生，箭头形，叶柄细长柔弱，叶面墨绿色，叶脉三叉状，放射形，网脉白色，形成鲜明对比，极为美观。叶背紫黑色。不耐冷，10℃以下枯叶，以块茎越冬。

4.1.4 种苗繁殖

有直立茎或藤本植物，多数用扦插繁殖，插穗只要有 2 个节即可，在 4～9 月均可扦插。由于本科植物多有乳汁，插穗切口应晾干或粘少许草木灰或滑石粉后，再行扦插，极易成活。当温度低于 15℃时，不宜扦插。丛生种类可用分株法繁殖，在生长季节进行分株为好，低温时不能分株。近年也有通过组织培养方法快速繁殖种苗，特别是对于难以获得种子、无性繁殖困难的种类，是一种很好的方法，如绿巨人、红帝王、绿帝王、白掌、花烛等种类已广泛使用组织培养方法。

4.1.5 生产管理

本科植物的栽培成功的关键是要调节好光照、温度、湿度。因多数种类源自热带雨林，适应低光照、高湿度及较小温度变幅的环境。因此，首先要创造一个好的环境条件，全年都应遮光栽培，夏季可用 80%～90%遮光，其他季节用 60%～70%遮光，冬季温度要保持在 10℃以上，使之安全越冬，以免叶片损伤，降低观赏价值。本科植物的栽培，可分为两类：一类是直立性种类，采用常规栽培，可用泥炭土、河沙或泥炭土、蛭石作为盆土，加河沙等疏松透水基质，不宜用黏重土壤。另一类是以气根或不定根攀附的藤本植物，作桩柱式栽培，方法是先用保湿材料包扎成桩柱，用高筒塑胶盆作容器，将扎好的桩柱垂直置于盆中央，加调制好的培养土至 6 成，然后将规格大小一致的种苗 4～6 株均匀地紧贴桩柱排列，加基质至盆高的 90%，压实基质，无须绑扎植株，浇透水即可归棚作常规管理。要注意，有些种类的茎有背腹面之分，要使腹面贴向桩柱。在日常管理中，每次淋水应连同桩柱淋透，高温季节很快就可以长出不定根围着桩柱向上生长，生长过程中要注意观察，发现有偏向的植株，要将苗扶正。本科植物较喜肥，在生长季节，每月薄施肥两次，有色斑品种用复合肥为好，无色斑品种可多施氮肥，如能结合有机肥使用，则生长更快，品质更高。本科植物形态优美，变化多样，耐阴性强，是室内观赏的好材料，只要护理得当，可长期置于室内观赏。

模块 4.2 竹芋科观叶植物

竹芋科（*Marantaceae*）植物约 31 属，550 种，原产于美洲、非洲和亚洲的热带地区。本科竹芋属和肖竹芋属的一些种类，叶子上有美丽的斑纹，常被栽培作室内植物观赏。

4.2.1 竹芋属（*Maranta*）

竹芋属为常绿宿根花卉。地下有块状根茎；叶长椭圆形，其上有褐色条斑，基生或茎生，叶柄基部鞘状，花对生于花梗，总状花序或二歧圆锥花序；花冠筒圆柱状，雄蕊退化，呈 2 花瓣状，子房 1 室，种子 1 枚。

原产美洲热带。性喜温暖湿润及半遮阴环境，生长适温为 15～25℃，冬季需要充足的光照，要求肥沃疏松的土壤。

本属有 20 种植物，主要有以下几类。

1. 竹芋（*Maranta arundinacea*）

根茎粗大，肉质白色，末端纺锤形，具宽三角状鳞片。地上茎细而分枝，丛生。叶具较长叶柄，叶表面有光泽，背面颜色暗淡，总状花序顶生，花白色。园艺变种有斑叶竹芋，叶绿色，主脉两侧有不规则的黄白色斑纹。

2. 白脉竹芋（*Maranta leuconeura*）

白脉竹芽又称条纹竹芋，茎短，无块状茎。叶尖钝尖或具很短的锐尖头；叶正面淡绿色，沿主脉和侧脉呈白色，边缘有暗绿色斑点，背面青绿色和稀红色，叶柄长 2cm。主要园艺变种有克氏白脉竹芋（*M. leuconeura* var. *kerchoveana*），茎不直立，叶铺散状，叶白绿色，主脉两侧有斜向的暗绿色斑，背面灰白色；马氏白脉竹芋（*M. leuconeura* var. *massangeana*），叶的大小、形态与克氏白脉竹芋相似，叶黑绿色，有天鹅绒状光泽，主脉及支脉白色，叶背及叶柄淡紫色。

3. 花叶竹芋（*Maranta bicolorker*）

花叶竹芽又名双色竹芋，无明显的根状茎。叶长椭圆形，缘稍具波状，叶面浅绿色，有光泽，沿主脉是深绿色条纹，两侧有紫红色斑纹，叶背、叶柄淡紫色，叶柄的 2/3 以上为鞘状。花小，白色。

竹芋属以分株繁殖为主，也可使用组培苗生产，可以结合换盆进行。如果自己配制基质，建议使用经过调整 pH 值的稳定酸碱度的基质，另加有湿润剂作用的加拿大纯草炭，配以国产大颗粒珍珠岩。生产竹芋用的基质应该有很好的保水能力，如以 3 份草炭、1 份珍珠岩的比例混合的基质很适合竹芋生长。其 pH 值应保持在 6.5；栽培基质渗出液的电导率应在 1000mS/cm，可通过仪器进行测值。

生长期间全营养供应，每 2～3 周浇施一次稀薄肥水，控释肥和水溶肥结合使用效果更佳。建议使用 2：1：2（N：P_2O_5：K_2O）的比例，高磷会导致叶斑及叶片褪色。常用水溶肥。据分析显示，高品质竹芋中含有 3%氮、0.5%磷、3%钾、0.5%镁和 0.1%钙。含有微量元素有铜、铁、锰及锌。提供给植物所需的微量元素可以保持良好的生长状态及较好的叶色。

湿度是竹芋叶片健康、干净、美观的另一基础。竹芋生长环境要保持 60%～80%的空气湿度。湿度过低会导致叶片干尖，叶色不新鲜。同时还要保持根系水分供应及时，维持基质湿润，生产用水水质要好。水的 pH 值不应高于 6.5，EC 值保持在 0.2mS/cm 以下。

竹芽生长需要适宜的光照条件，总体上需要的光照条件为 10 000～20 000lx。冬季的光照对于竹芋吸收营养、保持正常叶色很关键；夏季一定要遮阳，一般遮阳率在 70%～80%。虽然竹芋是热带观叶植物，很多种属原产热带雨林环境，但品种间对光照的要求差距很大。所以，种植竹芋应该将高光类和弱光类适当分开管理。光照过低或过高会导致叶边黄化甚至叶片上出现褪色斑。

竹芋的正常生长温度是 13～35℃，低于 13℃时植株只能维持生存，不再生长，低于 7℃出现死亡。因此要保证实现上市计划，就一定要有良好的设施条件。

夏季高温季节也是竹芋生产养护的重要时期，夏季在养护竹芋时一定要有遮阳，并要适当减少浇肥水的次数。大株型竹芋对夏季高温的承受力较差，小株型竹芋则往往可以承受 38℃的高温。但当小株型竹芋长大以后，超过 32℃的温度会降低竹芋质量，所以设施内要配置较好的降温设备。

4.2.2 肖竹芋属（*Calathea*）

肖竹芋属又名蓝花蕉属，为常绿宿根草本花卉。叶基生或茎生，叶上常有美丽的色彩，形态与竹芋相似，不同之处为子房 3，雄蕊退化为 1 枚花瓣状，短总状花序或球状花序，不分枝。原产于美洲热带和非洲。性喜高温多湿和半阴环境，生长适温为 25～30℃，要求疏松肥沃、通透性好的栽培基质。

本属主要品种有以下几类。

（1）披针叶竹芋（*Calathea insignis*）：叶披针形，长可达 50cm，形似长长的羽毛，叶面灰绿色，边缘稍深，与侧脉平行嵌入大小交替的深绿色斑纹，叶背棕色至紫色，叶缘波形起伏，花淡黄色。

（2）孔雀竹芋（*Calathea makoyana*）：株高 60cm，叶长可达 20cm，叶表密生的丝状深绿色斑纹从中心叶脉伸向叶缘，叶表灰绿色，叶背紫色，与叶表一样带有斑纹，叶柄深紫色。

（3）肖竹芋（*Calathea ornata*）：株高约 1m，叶椭圆形，长 10～16cm，宽 5～8cm，叶表黄绿色，有银白色或红色的斑纹，叶背暗红色，叶柄长 5～13cm。

（4）美丽竹芋（*Calathea Veitchiana*）：美丽竹芋是肖竹芋的一个变种。叶卵圆形至披针形，长 10～16cm，宽 5～8cm，侧脉之间有多对象牙形白斑，幼株的斑纹为粉红色，叶背为紫红色，叶柄很长。

（5）玫瑰竹芋（*Calathea roseopicta*）：植株矮生，约 20cm，叶长 15～20cm，叶片橄榄绿色，其上的玫瑰色斑纹与叶脉平行，叶背、叶柄暗紫色。

（6）斑纹竹芋（*Calathea zebrina*）：植株矮生，株高约 60cm，叶片较大，长圆形，具天鹅绒光泽，其上有浅绿和深绿交织的阔羽状条纹。叶背灰绿色，随后变为红色，花紫色。

（7）紫背肖竹芋（*Calathea insignis*）：株高 30～100cm，叶线状披针形，长 8～55cm，稍波状，叶表淡黄绿色，有深绿色羽状斑，叶背深紫红色，穗状花序长 10～15cm，花黄色。

（8）华彩肖竹芋（*Calathea splendida*）：株高约 60cm，叶长椭圆状披针形，长约 35cm，宽约 25cm，叶表光泽，暗绿色，有绿白色羽状斑纹，叶背紫红色。

（9）彩叶肖竹芋（*Calathea picata*）：株高 30～100cm。全株被天鹅绒状软毛。叶 4～

10 枚，长 15～38cm，宽 5～7cm，呈波状，表面为橄榄绿色，有天鹅绒光泽，中脉两侧为淡黄色羽状条纹，叶背深紫色，圆锥花序，花淡黄色略带堇色。

肖竹芋属分株和扦插繁殖皆可，扦插用插穗为植株的顶芽。栽培基质要求排水性能好，含氧量至少 20%，通常用草炭土 2 份、园土与沙土各 1 份混合，其 pH 值应保持在 4.7～5.3；栽培基质渗出液的电导值低于 0.5。影响生长的主要因素为空气湿度，要求空气湿度在 70%～80%，特别是新叶长出后，空气湿度不能低于 80%，因此春夏生长旺盛季节，浇水要及时，保持盆土湿润外，还应经常向叶面和地面喷水，以提高空气湿度，利于叶片展开。整个栽培期间注意防风，以免叶片卷曲。每 2 周浇施一次肥水，肥料选用 20-20-20 大量元素的复合肥。栽培过程中常使用遮阴网来防止高温及光照过强。在春季，当光照在 15 000lx 时应开始遮阴。因为植株在度过了较暗的冬季后，对强光照比较敏感，强光照会导致叶片发黄。在夏季，通常遮阴和涂白同时使用。秋冬季节相应减少浇水量，冬季温度维持在 13～16℃。每 2 年换盆一次。如果环境通风不良，容易受到介壳虫的危害，可以喷洒速介克等防治。

模块 4.3 百合科观叶植物

百合科（*Liliaceae*）是大而庞杂的科，广义的百合科包括 13 个亚科，约 230 属，3500 种，全球分布，但以温带和亚热带最为丰富。中国有 60 属，560 种，遍布全国，以西南地区最盛。

百合科植物通常为多年生草本，直立或攀缘，少亚灌木或乔木状。具根状茎、块茎或鳞茎。叶互生或基生，少对生或轮生，一般具弧形脉或平行脉，气孔器常为无规则型。花两性或很少单性。百合科观叶植物叶形变化大，部分为花叶共赏，常见栽培种有吊兰、文竹、朱蕉、天门冬、巴西木、花叶玉簪、一叶兰、虎尾兰、万年青等。

4.3.1 吊兰（*Chlorophytum comosum*）

吊兰，又名钓兰、吊竹兰、挂兰，为百合科吊兰属。原产南非，我国各地均有栽培。吊兰为多年生常绿草本植物。根茎短，肉质。叶基生，条状或长披针形，顶端渐尖，基部抱茎。花葶从叶腋抽出，长 30～60cm，常长成匍匐枝状并在先端长出小叶丛。花白色，花期在春夏季，冬季室温适宜也可开花。常见园艺品种如下。

（1）金边吊兰：叶缘黄白色。

（2）金心吊兰：叶片中心具黄白色纵纹。

（3）银边吊兰：叶缘白色。

（4）中斑吊兰：叶狭长，披针形，乳白色有绿色条纹和边缘。

（5）乳白吊兰：叶片主脉具白色纵纹。

吊兰喜温暖湿润的气候条件，不耐寒也不耐暑热。生长适温为 20～24℃，此时生长最快，也易抽生匍匐枝。30℃以上停止生长，叶片常常发黄干尖。冬季室温保持在 12℃

以上，植株可正常生长，抽叶开花；若温度过低，则生长迟缓或休眠；低于 5℃，则易发生寒害。

耐阴性强，通常置半阴处生长很好。夏季要避免强光直射，以免导致叶片枯焦，甚至死亡。秋末应入温室，置于光线较强的地方，防止因光照不足，叶片软且瘦弱，叶色变成淡绿色或黄绿色，使园艺品种的花纹不鲜明。

浇水应以盆土经常保持湿润为原则。盆土过干，则叶尖发黑；盆土长期过湿，易造成烂根脱叶。吊兰喜空气湿润，在空气干燥地区一年四季都需要经常用清水喷洒叶面，以保持叶面干净及增加周围空气湿度，利于光合作用的进行，对增加叶片和花葶生长均有明显效果。一般每周喷水 3～5 次，每次喷水以喷湿叶片为宜。如果冬季将吊兰莳养在有取暖设备的房间里，则应每隔 2～3 天用温水把枝叶喷洗一次，以保叶面湿润洁净。

生长旺季每 7～10 天施一次以氮肥为主的稀薄花肥或饼肥水，施肥宜淡不宜浓。施液肥时要把叶片撩起，以免液肥溅到叶面上，灼伤叶片。每次施肥后最好用清水喷洒清洗叶面。

盆土最好用保水力强的酸性腐叶土，可用腐叶土 3 份、园土 4 份、沙土 3 份混合的培养土，吊兰肉质根生长较快，每年应换盆一次，去除干枯腐烂及多余根系。每 4～5 年更新一次。

吊兰也可水养。将植株从盆中倒出，冲洗干净根部泥土，放入透明容器中固定，每周换水一次，溶液中可加入少量磷酸二氢钾。水养吊兰，既可观叶，又能赏根，一举两得。

可采用播种和分株繁殖。①播种繁殖：播种出苗快，温度为 15℃左右，约 15 天即能发芽，但小苗生长较缓慢。②分株繁殖：分株在温室中一年四季均可，常于春季结合换盆时进行。将栽植 2～3 年的老株，分成数丛，分别上盆；也可以从匍匐枝上剪取带气生根的幼株直接上盆。上盆时埋土不要过深，以一盆栽 3 株为好。先于阴处缓苗，待恢复生长后，移半阴处栽培。此法简便，成苗快，故常用。

吊兰的病虫害较少，主要有生理性病害，叶先端发黄，应加强肥水管理。经常检查，及时抹除叶上的介壳虫、粉虱等。

4.3.2 朱蕉（*Cordvline fruticosa*）

朱蕉又名红叶铁树、红竹、铁树、千年木，为百合科朱蕉属，原产于我国华南及印度、太平洋热带岛屿等地。同属常见的栽培品种和变种有如下几类。

（1）晶纹朱蕉（*Cordvline fruticosa* ‘Tricolour’）：又称三色朱蕉。叶上有绿、黄、红等色条纹，叶色鲜明艳丽。

（2）亮叶朱蕉（*Cordvline fruticosa* ‘Aichiaka’）：新叶鲜红色，成长叶有多种颜色，叶缘艳红色，非常美丽。

（3）五彩朱蕉（*Cordvline fruticosa* ‘Goshikiba’）：新叶淡绿色，间杂淡黄色。成长叶绿色底，杂以不规则红色斑，叶缘呈红色，为近年引进品种。

（4）织锦朱蕉（*Cordvline fruticosa* ‘Hakuba’）：新叶淡绿色底，杂以白色纹条斑，

成长叶浓绿色，杂以灰白色纵斑条，叶柄乳白色。

（5）红朱蕉（*Cordvline fruticosa* 'BabaTi'）：叶片短小，叶中部少量为绿色，大部分为红色，十分艳丽。

常绿灌木，高 3m，茎单干直立，少分枝。叶聚生茎顶，革质，呈 2 列状旋转，绿色或带紫红色、粉红等彩色条纹，叶端渐尖，叶基狭楔形，叶柄长 10～15cm，剑形或阔披针形至长椭圆形，长 30～50cm，中脉明显，侧脉羽状平行。圆锥花序生于上部叶腋，长 30～60cm，花淡红色至紫色，罕见黄色，几乎无梗，花被互靠合成花被管；浆果红色，球形。

栽培容易，全年可在室内半遮阴处培养，也可于春秋两季置室外养护，晴天中午稍加遮阴。忌阳光直射，否则易引起叶片灼伤。朱蕉不耐寒，越冬室温不得低于 10℃。

盆栽用土要求疏松、排水良好的沙质土壤，一般多用腐叶土或泥炭土，以酸性草炭土加 1/3 的松针土为好。也可用泥炭土、腐叶土加 1/4 河沙或珍珠岩。

北方室内栽培，春、夏、秋三季应遮去 50%～70%的阳光，如经烈日照射，叶片会干枯变色。冬季少遮光或不遮光。如果室内光线太弱，花叶品种色彩不鲜艳，叶片发白，而光线太强又易出现日灼病，最好置于明亮散射光处。

浇水掌握宁湿勿干的原则，平时最好用雨水浇灌。夏季除每天浇水外，还要向叶面和地面喷水 1～2 次。要求较高的空气湿度，以 50%～60%为宜，这样才能保证叶片滋润、艳丽。干燥、强通风的环境易使叶梢变成棕褐色，导致叶片脱落。空气干燥是叶片干尖和边缘枯黄的主要原因。

生长期每 1～2 周施 1 次以氮肥为主的薄肥水，则叶片鲜亮。肥料不足容易出现老叶脱落、新叶变小的现象。非生长季节不需要施肥。

适当修剪可促使发枝，使株型丰满，否则株形会过分瘦高。可用扦插、分株、播种法繁殖，以扦插为主。于 5～6 月剪取枝顶带有生长点的部分作插穗，去掉下部叶片，插入素沙土与草炭土混合的基质中，疏阴保温保湿管护，在 25～30℃温度条件下，约 30 天即可生根。

朱蕉的病害有叶斑病、叶枯病、灰霉病、炭疽病、褐斑病。朱蕉易感染病毒，因此，扦插时要注意工具消毒。虫害有螨、根粉蚧、粉蚧和介壳虫等危害。

朱蕉分枝力较弱，多年的植株往往形成较高的独干树形，下部的老叶脱落后株形显得相当单调，为促其多分枝，树形丰满，可于春天对老株实行截干更新。将其茎干自盆面向上约 10cm 剪截，更换基质重新栽植，可自剪口下萌发 4～5 个侧枝，使树形丰满，色泽清新。

模块 4.4　棕榈科观叶植物

棕榈科（*Palmae*）植物是单子叶植物中独具特色的具折叠叶的一个大类群。多数种的树形婆娑、洒脱，姿态妩媚、优雅，终年常青，通常不分枝，叶大，在优化人类生存与生活环境及其他经济利用方面具有较高的价值。近年来许多耐阴的种类越来越多地用于室内盆栽供观赏。

全世界棕榈科约有 210 属，2800 多种，分布中心在美洲、亚洲的热带地区，大洋洲，包括南太平洋群岛及非洲南、东南和西部大陆及附近岛屿，少数种分布到上述各洲的亚热带地区。原产中国的棕榈科植物有 28 属、100 多种。主要产于华南、西南至东南各省区，少数种分布到长江流域。

4.4.1 形态特征

棕榈科植物多为常绿树种，有乔木、灌木和藤本。茎干单立或蘖生，多不分枝，树干上常具宿存叶基或环状叶痕，呈圆柱形。叶大型，羽状或掌状分裂，通常集生于树干顶部；小叶或裂片针形、椭圆形、线形，叶片革质，全缘或具锯齿、细毛等。花小而多，雌雄同株或异株，圆锥状肉穗花序，具 1 至数枚大型佛焰苞；浆果、核果或坚果。形态各异，有的高达 60m，如安第斯拉椰；藤类则长达 100m，而有的茎极短，如象牙椰子；茎粗的可达 1m，如智利蜜椰，而细的不到 2cm，如袖珍椰子；果实大小因种类不同差异极大，直径为 1～50cm。

4.4.2 生长习性

棕榈科于植物一般分布在南北纬 40° 之间，但大部分分布于泛热带及暖亚热带，以海岛及滨海热带雨林为主，是典型的滨海热带植物。有些属、种在内陆、沙漠边缘以至温带都有分布，这些树种具有耐寒、耐贫瘠及耐干旱等特征。

热带棕榈科植物大多数具有耐阴性，尤其幼苗期需要较隐蔽的环境，也有不少乔木型树种为强阳性，成龄树需要阳光充足的环境。棕榈科植物对土壤环境的适应性很强，滨海地带的海岸、沼泽地、盐碱地、沙土地为酸性土壤及石灰质土壤，都有棕榈类植物分布。有的耐旱，有的喜湿；有的耐瘠，有的喜肥；大多数种类抗风性很强。一般来说，耐寒棕榈与热带棕榈栽培相似，只是耐寒棕榈的发芽时间较长，一般需要 1 年以上；另外，耐寒棕榈普遍不喜欢高温潮湿环境。

4.4.3 种类与品种

室内观赏棕榈类多见于棕榈科贝叶棕亚科、槟榔亚科、蜡材榈亚科和省藤亚科。根据叶的分裂方式，可分为如下两类。

（1）扇叶类（掌叶类）：叶掌状分裂，全形似扇，其中，乔木有棕榈、蒲葵等，灌木有棕竹等。

（2）羽叶类：叶羽状分裂如羽毛状，种类比扇叶类更多，其中，乔木有椰子、鱼尾葵、桄榔、槟榔、王棕、假槟榔、油棕等，灌木有山槟榔等，藤本有省藤、黄藤等。

4.4.4 种苗繁殖

播种繁殖是棕榈科植物的主要繁殖方式，皇后葵、三角椰子、大王椰子、蒲葵等单

茎干种，通常只能采用播种繁殖。棕榈科植物的种子发芽速度慢，一般要进行催芽处理，方法有沙藏催芽、加温催芽、低床木炭催芽、沙床谷壳催芽等，它们的催芽原理主要是保证恒定的温度和良好的通气状况，以促进萌发。

有丛生芽和茎干上具吸芽的棕榈科植物可进行分株，一株植株分株数不宜过多，丛生型种类分株时，每丛至少应具有 2 茎干或 1 茎干带 1 个芽。分株时应尽量多地保持原有的正常根系，已经腐烂的根系应剪去。分株后要浇透水并将其置于遮阴处恢复生长。

对于袖珍椰子等有气生根的种类可以进行扦插繁殖。扦插繁殖宜在夏初进行。操作时将有气生根的茎干带气生根剪下，切口涂草木灰，扦插于排水良好的介质中，扦插后浇透水并放在阴凉处，经常喷水保持较高的空气湿度和适宜的通风。

4.4.5 生产管理

棕榈科植物喜疏松、透水、富含有机质的微酸性土壤作栽培基质，室外栽培时可用冲积土或黏壤土，盆栽时一般用腐殖质土、泥炭土和沙土各 1 份充分混合配制。幼苗和成株用土应有所区别，幼苗的培养土以腐殖质土为主，加少量河沙。成年植株可用堆肥土 2 份、腐殖质土（或泥炭土）1 份、河沙 1 份混合而成的培养土。

大多数室内观赏棕榈类植物需要明亮而非直射的光照，生产栽培时可通过遮阴网、彩色或雾化玻璃来过滤直射的阳光，栽培室内为单侧光时，每隔一段时间，应将花盆旋转 180°，以免植株单侧生长而植株不匀称。棕竹、软叶刺葵、短穗鱼尾葵等种类可以忍耐极微弱的光，但如果长期光照太暗时生长也会受到影响。

绝大多数室内观赏棕榈科植物对温度要求比较严格，适宜生长温度在 22～30℃，低于 15℃进入休眠状态，高于 35℃时也不利于其生长。在亚热带和温带地区越冬时需要在室内采用加温设备，做好加温防冻工作，另外尽量选用抗寒性较强的种类进行栽培。

棕榈科植物一般需要较高的空气湿度，才能保持叶片鲜绿、光亮、健康。温带地区冬季栽培时，因普遍采用加温设备造成室内空气干燥，应经常在叶面喷水，绝对不能用增加浇水量来增加空气的湿度。棕榈科植物浇水应在基质稍干燥时一次性浇透，让水分彻底浸透土壤，不要天天浇一点水，也不要让植株浸泡在水中或让土壤积水。

施肥只能在气候温暖的生长期进行，对肥料种类没有特别的要求，尿素、各种复合肥都适用，最好使用缓效肥、液体肥。早春到夏末生长期，一般 1～2 周施肥 1 次，同时栽培基质也应浇透水。换盆时应在盆底施蹄片、角屑等有机肥作基肥以利生长。

棕榈科植物叶大型或巨大型，栽培一段时间后，叶片上会有一层灰尘，应定期用清水冲洗，既能除去灰尘，还可洗去叶片上生长的害虫，如介虫、螨类等，对于减少害虫在植株上集结很有效。

模块 4.5 蕨类观叶植物

蕨类植物是4亿年前泥盆纪的主要地球生物，当时动物世界以两栖类为主。蕨类植物旧称羊齿植物，世界现有12 000多种，我国产2 600多种。其中，许多种叶形奇特，千姿百态，叶色青翠碧绿，具有很高的观赏价值。蕨类植物是高等植物中较低级的一个类群，有根、茎、叶器官和原始的维管束，但无花器，有性生殖产生的合子有胚。

蕨类植物有明显的世代交替，孢子体和配子体都能独立生活。人们常见到的蕨类植物是它们的孢子体，当蕨类植物生长发育到一定时期，通常在背面产生孢子囊，其中生孢子，孢子很小，呈粉粒状。

大多数蕨类植物为耐阴植物，在半遮阴散光条件下生长良好，忌强光直射，适宜光照为 2 000～6 000lx。根据原产地的不同，蕨类植物的耐寒性分为耐寒、半耐寒、不耐寒三类。观赏蕨多数原产热带与亚热带，越冬温度要求在5～10℃。蕨类植物对水的要求可分为以下三类。

（1）水生蕨：生长在水中，如蘋、满江红等。

（2）湿生蕨：大部属此类，陆生，适宜非常潮湿环境。

（3）旱生蕨：耐强干旱，如卷柏等。

多数蕨类植物喜较高的空气湿度，一般要求相对湿度为60%～80%。

4.5.1 常见的科种

1. 鹿角蕨科（*Platyceriaceae*）

鹿角蕨（*Platycerium wallichii*），又名蝙蝠蕨，大型附生蕨。具裸叶与孢子叶两种叶型。裸叶圆盾形，紧密着生于树干，并贮水，老化后干枯褪色，不脱落。孢子叶直立伸展下垂，呈鹿角状多回分歧。成熟后在叶背分叉处着生孢子囊群。适于温暖、多湿、半遮阴环境，喜明亮散射光，忌阳光直射。越冬保持10℃以上。常用分离幼株繁殖。

2. 肾蕨科（*Nephrolepidaceae*）

肾蕨（*Nephrolepis auriculata*），又名蜈蚣草、篦子草、排草、圆羊齿，附生蕨或地生蕨。匍匐茎短枝上长出圆形块茎。喜温暖，越冬保持10℃以上。稍喜光，夏季遮阴，冬季向阳。常用于盆栽与切花配叶。

3. 骨碎补科（*Davalliaceae*）

狼尾蕨（*Davallia bullata*），又名兔脚蕨、龙爪蕨、骨碎补，常绿附生蕨。根茎肉质，表面贴伏鳞片与毛，裸露在外，似狼尾、兔脚。适宜温暖、半遮阴、湿润环境。春季取带 2～3 叶的根茎段浅埋、保湿，约 40 天生根。

4. 铁线蕨科(*Adiantaceae*)

铁线蕨（*Adiantum capillus-veneris*），又名铁丝草、铁线草，中小型陆生蕨，是著名的观赏蕨，适宜室内长年栽培。喜温暖，越冬保持 5℃以上。要求有明亮的散射光，夏季忌阳光直射。喜高湿，忌积水。

5. 铁角蕨科（*Aspleniaceae*）

鸟巢蕨（*Asplenium nidus*），又名巢蕨、山苏花、王冠蕨，大中型附生蕨，附生于雨林的树干或林下岩石上。喜温暖、半阴、湿润。越冬温度保持在 6℃以上。

4.5.2 繁殖

1. 营养繁殖法

分株通常在春季换盆时进行。

2. 孢子繁殖法

1）采孢子

蕨类的孢子大多在春夏间成熟，当叶背的孢子囊群变为褐色而孢子开始散出时，连叶片一同采下，装入纸袋中，使其自行干燥散出孢子，经 4～5 天后即可播种。

2）盆土配制

选用疏松、排水良好，无病虫、无其他孢子的土壤。

3）播种

盆孔→盖碎瓦片→粗沙→水藓→培养土→1mm 碎旧砖屑（避免土壤开裂）→播种→压平土壤→斜盖上玻璃→浸盆→放在有苔藓植物的大盆中→放在 20～30℃的阴湿处→3～4 周发芽。

孢子繁殖过程中的用具都要严格消毒。

孢子发芽可用以下方法：①原叶体、成片生长在盆面，可将原叶体一块一块分植于新的盆内；②原叶体上产生雌、雄配子，经受精发育成孢子体；③一般田播孢子到孢子体长出真叶须经 2～3 个月，到真叶 3～4 片时，即可上盆培养。管理上主要是保持湿度。

3. 蕨类植物的生活史

孢子→原叶体{雄配子体 / 雌配子体}受精发育→孢子体→分化→根茎叶→叶背产生孢子囊→孢子。

4.5.3 栽培管理

1. 栽培基质

附生性蕨类的基质，要求通透性良好，疏松、保水性好，有一定的养分，如木屑、泥炭藓、水苔或一些蕨类的根。附生性蕨类一般不用土，如果用土壤作基质，没有以上基质的效果好，关键是透气性问题。

2. 栽培方法

将基质用铁丝网网起来，将蕨类种进去，还可以将铁丝网的筐子吊起来，要注意根和基质是否紧密结合。

3. 水、肥、气、热的管理

（1）水分。大多数原产在热带或热带雨林，要求湿度大，每天浇水 1～2 次，天气干燥要多次浇水。每周要在水中浸泡 1～2 小时。

（2）光照。不要直射光，要散射光，以东西朝向的温室为好。

（3）温度。白天 25℃，晚上 15℃，冬天不低于 5℃。

（4）通气。从空气中吸收养分和水分。

（5）施肥。一年只要施一次肥。

（6）修剪。半年以后，要轻度地修剪和更新。

复习思考题

1. 常见的室内观叶植物有哪些？并说明其生态习性。
2. 简述室内观叶植物要求的光照条件。

实 训 指 导

实训指导 4　室内观叶植物种类识别

一、目的与要求

要求学生认识常见室内观叶植物 40～50 种。

二、材料与用具

室内盆栽观叶植物、记录本。

三、实训内容

（1）教师讲解室内观叶植物的种类、名称、形态特征、生态习性及繁殖方法等，指导学生进行实物观察、拍照并记录。

（2）学生分组进行记录室内观叶植物的形态特征、生态习性及繁殖方法，查阅资料总结归纳室内观叶植物的应用类型与识别要点。

四、实训作业

总结识别的观叶植物的种类名称、科属、形态特征、生态习性、繁殖方法等，小组合作完成1份室内观叶植物识别报告。

第5单元　观果及多肉类盆栽植物生产

学习目标

识别常见的室内观果植物和多肉植物 10 种，掌握其形态特征、生长习性、繁殖方法和栽培管理技术。

关 键 词

观果类　多肉类　形态特征　生长习性　栽培管理

单元提要

本章主要介绍了观果类中佛手、乳茄和多肉类中仙人掌科、长寿花的形态特征、生长习性、繁殖方法和栽培管理技术。

观果盆栽植物，顾名思义，就是以观赏果实为主的盆栽植物，是随着消费者对盆栽类观赏植物的需求日趋多样化而发展起来的。其特点是挂果期长、色彩鲜艳、外形美观，集观赏、食用、美化功能于一体，是盆栽市场的“新宠”。主栽种类有柑橘类、海棠类、茄果类等。

多肉植物又称多浆植物，是指植物的根、茎、叶三种营养器官中，至少有一种器官，具有发达的贮水组织，外形上植株显得肥厚而多肉多浆的植物。目前，种植的多肉植物，大多是园艺栽培种，有 1 万余种，分属于 60 余科。重要的科别有仙人掌科、景天科、番杏科、龙树科、大戟科、百合科、龙舌兰科、萝藦科等。

模块 5.1　佛　手

佛手（*Citrus medica*），又称五指柑、佛手柑，芸香科柑橘属植物，是枸橼的变种，一年开 3～4 次花，以夏季最盛，花色有白、紫之分。11～12 月果实成熟，，橙黄色，味芳香果实如拳的称佛拳、闭佛手、拳佛手；张开如指的称开佛手、佛手、真佛手。因周年常绿、四季开花，果实形如人手，芬芳清香，观赏价值极高，并具有药用价值，深受大众喜爱。盆栽佛手生产必须按其生长习性加以管理，才能达到预期效果，有关盆栽技术如下。

5.1.1 种苗繁殖

1. 扦插繁殖

因佛手的枝条茎段很容易生根且能短期内成功育苗，故广为采用。扦插时，采用 2～5 年生、粗 1cm 以上的木质化枝条，剪成 13～16cm 长的茎段，上部留 2 片叶，插入基质内 3/4 深度，上架塑料小棚以保持湿润，约半个月即可生根发芽，再转入正常养护管理。扦插时间以春季（5 月）和秋季（9 月）为好。若在温室内可四季扦插。

2. 空中压条

此方法比扦插更易成活，多在春季树液流动后进行。操作时，在母株上选 2～3 年健壮枝条，在选定生根的部位作环状剥皮，宽 1～2cm，用刀轻轻刮去形成层，防止上下部分再度愈合。然后用稍湿润泥炭、苔藓或土壤包裹在环剥口上，之后再用塑料薄膜将基质全部包住，上下两端用绳子扎紧，使基质保持湿润。30 天左右环剥处生根后，在下部扎口处剪下，去掉薄膜。保持基质完整植于盆中，浇透水，放遮阴处进行正常管理。

3. 幼果嫁接

此法事先把佛手苗或柠檬苗栽入盆内作砧木。经过 3～6 个月的培养，到 7 月进行嫁接。接穗选带有 100～300g 的青幼佛手果，带 15cm 长的果柄，按常规“插皮接”法操作。用嫁接刀在砧木边缘将皮层纵切一刀，深至形成层，切口长约 2.5cm，然后把带柄幼果的果柄一侧削成长约 2cm 的长斜面，另一侧削成长约 1cm 的小斜面，将果柄长斜面朝内插入挑开的砧木皮层和形成层之间，使接穗与砧木紧密接合。再用一条长 40cm、宽 2.5～3cm 的嫁接膜将伤口扎紧，固定接穗，防止水分蒸发。最后用一个透明的塑料袋，将幼果套住，以保持温度有利于成活。

嫁接时，根据砧木树形及枝条分布情况，选定嫁接的最佳部位及数量，一般嫁接 1～3 个不等。嫁接后放置遮阴处，经 7～10 天愈合，半个月后去掉套袋，转入正常管理。

5.1.2 栽培管理

1. 基质与上盆

佛手喜排水良好、肥沃而富含有机质的沙壤土，最忌盐碱土和黏土，pH 值为 5.5～7。盆栽基质配方为 6 份腐殖土、3 份河沙加 1 份泥炭土或炉灰渣等。上盆后要浇透定根水，以后见干浇水，并放在阴凉处养护过渡，10 天后转移到全光照条件下进行正常管理。盆栽佛手应选用透气性好的泥瓦盆或素陶盆。

2. 浇水与施肥

浇水的关键，是在生长旺盛期表土见干即浇水。高温季节除早晚浇水外，还要增加喷水，以增加空气湿度。开花及结果初期少浇水，防止落花落果。冬季休眠期少浇水，一般盆土 60%以上干燥时再行浇水。

施肥可促花结果。前期可用腐熟饼肥或氮、磷、钾复合肥稀释液喷施，半月追施 1 次，促快速生长。后期用氮、磷、钾复合肥，促花芽分化和开花结果。要淡肥勤施，防止肥害。

3. 修剪与整形

佛手萌芽力强，树形定型及结果植株换盆后，要经常进行修剪。春季温度达 20℃以上时，植株上的隐芽抽发成新梢，节间短而密。6～7 月抽发的夏梢，节间长，叶片大。9 月又抽出新梢，枝条呈三棱形。其中 4～6 月发育最快，在去年秋梢上多生单性花，当年春梢上多生两性花，而且花开得多，结果率也高。应及时摘去单性花，以减少营养消耗。为保证果实发育良好，每一短枝只留 1～2 朵两性花，其余摘去。此期间结的果叫伏果，果大味浓。秋天结的果叫秋果，此时温度低，果实发育不良，易形成拳头状果，故应把花和幼果除去。为了避免与果实竞争营养，须及时把干枝上的新芽抹去。立秋后萌发的梢枝粗壮，节间短，组织充实，叶厚又小，可留作来年的结果枝，以保证来年盆栽结果。

4. 病虫害防治

佛手根系对基质较为敏感，透气与渗水不佳、施肥不适均会造成根系腐烂，发霉变

黑，影响结果质量。故基质配制、浇水及施肥应严格操作规程，把握标准。

虫害主要有蚜虫、红蜘蛛、介壳虫、柑橘木虱、潜叶蛾幼虫、卷叶蛾幼虫等，应及时用药剂防治。

模块 5.2　乳　茄

乳茄（*Solanum mammosum*）俗称五代同堂、黄金果、五子拜寿，为茄科茄属常绿小灌木，原产中美洲等地，喜高温高湿的环境，忌涝忌旱忌连作，适宜大水大肥，在疏松肥沃的沙壤土上长势良好。可作 1～3 年生栽培。乳茄果实金黄色，形状奇特，夏秋挂果期长，尤其是入冬落叶后，其果实不变色、不干缩、别致诱人，是优良的观果类观赏植物。

5.2.1　种苗繁殖

乳茹采用营养钵播种育苗。春季将种子洗净，用温水浸种 24 小时，之后稍晾干，撒播于基质中，基质采用锯末、煤渣、农家肥，按 2∶1∶1 比例混合。要求温度为 22～30℃，保持土壤湿度，10 天左右可发芽，前期要遮阴，待幼苗长至 10cm 高，5～8 片真叶后可摘心，准备上盆定植。定植选择晴暖天气的上午进行，选用直径 30cm 以上的大盆，每盆 1 株。

5.2.2　栽培管理

1. 水肥管理

乳茄栽植入盆后立即浇透水，经 5～7 天遮阴缓苗后，在全光照下养护，盛夏不必遮阳。浇水坚持“见干见湿”原则，春天苗期保持根土半干半湿，不要浇水太勤，以免降低地温影响植株生长。生长期多浇水，保持基质湿润但不宜积水。植株见蕾后加强水分供给，坐果前控制浇水量，果实膨大期保持盆土湿润。

幼苗期以氮肥为主，每 10 天施 1 次稀薄的尿素溶液。孕蕾期间多施含磷、钾的复合肥，以促进花蕾形成及坐果。另外，乳茄落花严重，坐果困难，特别是在通风条件差、气温高的环境中，必须通过坐果灵处理才能正常结实。一般在上午 10 时以后用浸花方法处理效果较好，坐果灵浓度为 0.005%～0.01%。

2. 矮化、疏果

为使植株充分矮化以适合盆栽观赏，可在其茎枝长至 50cm 高时摘去顶芽，使植株不再长高，让侧芽生长。待侧芽长至适当高度，喷洒多效唑以抑制植株高度，并促其开花，直至果熟为止。结果后，如植株果实过多，应立支架，以防折断倒伏。可在不影响观赏的前提下适当疏果，以保证果实硕大。

3. 扭枝、摘叶、打杈

通过扭枝增加基本枝的承载能力，提高每盆乳茄的结果率，使其透光均匀，以促进果实成熟。扭枝作业应在晴天下午进行，切忌在阴雨或晴天早上进行。及时摘除基部的黄老叶和枝杈，以利于通风透光，减少养分消耗。打杈可以促进植株生长和果实膨大，以利于果实见光着色。

4. 病虫害防治

乳茄病虫较少，梅雨季节偶有立枯病发生，可用70%甲基托布津或25%多菌灵防治。干旱季节偶有红蜘蛛为害，可用相关药剂防治。

模块 5.3 仙人掌科多肉植物

仙人掌科（*Cactaceae*）花卉主要原产于美洲大陆的热带、亚热带干旱地区，少数原产于热带丛林中。由于生长环境的差异，这两者在外部特征和生长习性上也有不同。通常把原产于沙漠边缘和荒漠草原地带的种类称为陆生类型仙人掌，而将原产于热带丛林中的种类称为附生类型仙人掌。

5.3.1 形态特征

仙人掌科植物在长期适应干旱环境的过程中，植株变得肥厚多肉，大多数种类的叶片已经退化，形成了刺、棱、疣等特殊构造，但营养器官和繁殖器官与其他高等植物并没有本质上的差别。

1. 刺座

刺座，又称刺窝，是仙人掌科植物特有的器官。从本质上讲，刺座是一节极短缩的枝，其上不但能生出刺或毛，而且是花、子球和新枝生出的部位。

2. 刺

绝大多数仙人掌科植物具锐刺。按着生位置可分为中央刺和辐射刺（侧刺）。刺的颜色有红、黄、黑、褐、白等，形状有锥形、辐射形、弯钩形、针形、篦齿形、刚毛形和羽毛形等，强刺玉属刺面常有节状环纹。

3. 毛

生长于刺座间，有钩毛、丝状毛和绵毛等。

4. 棱

棱，又称肋或肋状凸起，多出现在球形、柱形种类肉质茎的表面，呈上下竖向贯通或螺旋状排列。棱对陆生类型仙人掌科植物适应干旱生态环境的意义重大，此结构能自如伸缩，在雨季，棱沟向外扩充，使株体膨胀，贮藏大量水分；在旱季，棱沟向内收缩，缩小表面积，防止水分过度蒸发。

5. 花

所有的仙人掌都能开花，花的颜色主要有白、黄、橙、红、紫等，形状有漏斗形、钟形、管形、长号形、铃形等，部分种类的花还能散发出芳香。

5.3.2 栽培关键技术

仙人掌科植物不需要复杂的栽培管理技术，但因为它们具有特殊的生态习性，所以又不同于一般的温室花卉植物。若温室栽培，室内温度冬季不得低于 5℃，夏季不得超过 37℃，常用加温及遮帘等方法控制室内湿度。生长季节要注意通风，夏季门窗全部打开，春、秋根据气温调节。一般仙人掌在春季 15℃以上气温时就已开始生长，在春、秋则要求昼夜温差大（这与原产地气候相仿），使植株充分发育。在上海地区，春、秋两季仙人掌科植物的生长要比持续高温的夏天快得多，而一部分品种在盛夏 35℃以上时则自行短期休眠，入秋以后再恢复生长。冬季休眠的情况下，维持 5℃左右就能安全过冬，盆土越干燥越耐寒。冬季稳定的低温对仙人掌类植物危害不大，但昼夜温差大则容易产生冻害。一旦植株受了冻害，应使它逐渐暖和，切不可立即放在阳光下暴晒。

仙人掌科植物大多喜阳光，尤其在冬季更需要充分光照。在夏天外界气温达 35℃以上时，有部分生于南美草原地带的属、种不喜强光，在温室内易受灼伤，应进行遮阴并喷水降温。一般高大柱形及扁平状的仙人掌科植物较耐强烈的光线，夏季可以放在室外而不需要遮阴。对于较小的球形种类和一般仙人掌科植物的实生幼苗，都应以半遮阴为宜，避免夏天阳光直射。

仙人掌培养土总的要求是以排水、透气，含石灰质，不积水与不过分肥沃，并不含过多的可溶性盐为原则。培养土配制的比例一般有两种：①3 份壤土，3 份腐殖质土，3 份粗沙，1 份草木灰与腐熟后的骨粉（呈石灰状），这种培养土适用于一般的盆栽。②7 份腐殖质土，3 份粗沙，骨粉和草木灰适量。以上两种培养土的配制比例，是一般常见的配土方法，在实际应用中还应根据仙人掌科植物的具体种类、气候条件、实际取材的可能等而变动。此外，培养土在使用之前最好先行蒸汽消毒，冷却后再用。

仙人掌科植物盆栽生产时，栽植上盆时要用透气良好的粗泥盆，不宜用瓷盆。栽植时间应在春季生长季节开始时，温度 15℃以上时进行。盆的大小以比植株本身稍大 1～2cm 为宜，不宜过大，如盆过于宽大，往往造成过湿，太小则根部发育受到限制。为了便于排水，上盆时应在盆底部填入瓦片、碎砖、贝壳等，排水物达盆的四分之一，然后再放一层培养土，将植株放在中央，不宜埋得过深。栽植时如发现根部已受伤，应切除损伤部分，切口涂撒木炭粉或硫黄粉，稍晾干后再种。在有条件的地方，可以在温室的栽植床内栽种仙人掌，则生长比盆栽更好，但必须注意土壤排水良好，可以用 50cm 厚的碎石砾促进排水。

仙人掌科植物较之其他观赏植物耐干旱，但是绝不能由此而片面地认为仙人掌科植物在任何时候都要求干燥的环境，而忽视了合理的浇水与喷水，从而引起植株的皱缩衰老。在华东地区栽培的仙人掌科植物，一般是在 11 月至翌年 3 月份休眠，在此时期应节制浇水，保持土壤不过分干燥就可，温度越低更应保持盆土干燥。通常在冬季每 1～2 周浇水一次，于晴天午前进行。随着气温的升高，植株休眠逐渐解除，可以逐步地增加浇水次数。在 4～10 月的生长季节内，应该充分浇水，气温越高，浇水量越大，在盆土排水良好的情况下，就是一天浇一次也无妨。浇水应掌握“不干不浇，干透再浇，不浇则已，浇则浇足”的原则。对某些顶部凹进的球形种类，浇水时注意不要将水倾注在凹处，以防造成生长点的腐烂，特别是在傍晚浇水时更为注意。此处，对一些有纤细长毛的种类，在浇水时不要将水溅到长毛上而影响美观。浇水的水质以不含有过多的氯化钠及其他盐碱类为宜。雨水、河水都可用，用自来水则应放水贮藏 1～2 天后再使用。

仙人掌花卉生长过程中多施一些肥料可以促使生长迅速。一般用的基肥有腐熟的禽肥及骨粉，可放在盆的底部或研细后混入土内。追肥可用腐熟的饼肥水和腐熟的鱼肥水交替使用。在生长期内，每隔两星期追肥一次，而有砧木的嫁接苗可以每星期一次。施肥不宜使用人粪尿，因氮肥过多会使球变形。对于昙花、令箭荷花等，在花蕾期间可多使用些液肥。多种仙人掌科植物在根部损伤尚未恢复时及休眠期间，切忌施肥，以免腐烂。

仙人掌科植物长期栽植后，盆土变坚实和酸化，易引起根部腐死。在条件许可的情况下，每年应换盆移植一次，盆可根据植株大小逐渐增大，以比植株稍大为原则。移植时间温室内可在 3～4 月，或 9～10 月。在移植前，必须停止浇水 2～3 天，待盆内培养土干燥后，小心将植株拔出，注意勿使根部掘断，除去旧土，将枯根、烂根剪除。在检查根部时，如发现根的内心有赤褐色，这是根部开始腐烂的象征，应立即将其剪除，保留其无赤褐色素部分。若植株生长良好，则不需要剪除整理，即可移植。经过剪除整理的植株，应放置一二天，等它稍微阴干再种。如植株的大根剪除整理，要经一星期左右的阴干，方可重新移植。移植后要保持盆土稍干燥 2～3 天再浇水，并将盆放在阴凉处，不宜日晒，移植后半个月内施肥。

仙人掌科植物常因浇水不当或排水不良而引起腐烂病，病症是在基部组织产生褐色软腐，以后向上蔓延，以至全株死亡。发现后，应及时用利刀切除腐烂组织，将上端无病部分另行嫁接或扦插。可在温室定期喷洒杀菌剂，消灭病菌，进行预防。当然，最根本的还是改善栽培管理技术和温室的通风条件。另外，如土壤过分贫瘠、施用氮肥过多、温度过大、光照不足等情况也可使植株发育不良，嫩茎早期脱落在茎节上产生锈斑、木栓质斑、暗绿色的半透明斑点等生理病症状，也应注意改善栽培条件，及早防治。

仙人掌科植物，有时还会感染煤病和铁锈病。煤病最初发生在植株的刺点上，附有黑色细嫩的小点，好似煤屑，然后逐渐传播到植株整体。发生此病时，可用消毒肥皂液清洗或用硫黄合剂防治。铁锈病使植株的顶部或枝叶尖端及绿色的外皮呈现赤褐色铁锈

颜色，不仅损害美观而且妨碍生长。铁锈病的产生以红蜘蛛寄生传播居多，可喷药除治。若植株体质柔弱，生长不良，也容易发生铁锈病，应及时施肥和改善环境条件。

模块 5.4　长　寿　花

长寿花（*Narcissus jonquilla*），又名寿星花、矮生伽蓝菜、圣诞伽蓝菜，为景天科伽兰菜属。

5.4.1　形态特征

长寿花为多年生常绿肉质花卉。植株光滑，直立。叶肉质，有光泽，绿色或带红色，交互对生，节间短，株高 10～15cm。于 11 月中下旬在各分支顶端抽出花序，花色有深玫瑰红、粉红、橙红、大红、黄及白色。聚伞花序，花冠具 4 片。冬春开花。

5.4.2　产地和生态习性

原产非洲马达加斯加岛，喜温暖稍湿润和阳光充足的环境。不耐寒，生长适温为 15～25℃，夏季高温超过 30℃，则生长受阻，冬季室内温度需要 12～15℃。长寿花耐干旱，对土壤要求不严，以肥沃的沙壤土为好。长寿花为短日照植物，对光周期反应比较敏感。生长发育好的植株，给予短日照（每天光照 8～9 小时）处理，3～4 周即可出现花蕾开花。

5.4.3　繁殖技术

常用扦插繁殖，通常在初夏或初秋进行枝插。剪取约 10cm 长的枝段，插于沙床，保持环境湿润即可。也可剪取带柄叶片进行叶插。

5.4.4　栽培管理要点

长寿花喜阳光充足的环境，一年四季都应放在有阳光直射的地方。夏季中午前后宜适当遮阳，如光照太强，易使叶色发黄。反之，若光照不足，不仅枝条瘦弱细长，叶面薄而株形不美，而且开花数量减少，花色不鲜艳，并会引起叶片大量脱落，失去观赏价值。

长寿花耐干旱，故不需要大量浇水，只要每隔 3～4 天浇透一次水，保持盆土略湿润即可。冬季低温时和雨季要控制浇水，以免烂根。

生长旺季可每隔 2～3 周施一次稀薄复合液肥，促其生长健壮，开花繁茂。11 月花芽形成后增施 1～2 次 0.2%磷酸二氢钾或 0.5%过磷酸钙液，则花多、色艳、花期长。

冬季需要注意防寒，室内温度 12～15℃适宜，低于 5℃，叶片发红，花期推迟。冬春开花期如室温超过 24℃，会抑制开花，如温度在 15℃左右，长寿花开花不断。长寿花具有向光性，因此生长期间应注意调换花盆的方向，调整光照，使植株受光均匀，促使枝条向四周各方匀称生长。

花谢后要及时剪掉残花，以免消耗养分，影响下一次开花数量。一般于每年春季花谢后换一次盆，盆土选用腐殖质土 4 份、园土 4 份、河沙 2 份，另加少量骨粉混合配制而成。

5.4.5 园林应用

长寿花植株小巧玲珑，株形紧凑，叶片翠绿，花朵密集，是冬春季理想的室内盆栽花卉。花期正逢圣诞、元旦和春节，用于布置窗台、书桌、案头，十分相宜，用于公共场所的花槽、橱窗和大厅等，其整体观赏效果极佳。由于名称长寿，故节日赠送亲朋好友长寿花，有大吉大利、长命百岁的寓意。

复习思考题

1. 常见的室内观果植物有哪些？
2. 北方适合养佛手吗？
3. 多肉植物有哪些肉质化器官？
4. 多肉植物虫害的家庭防治方法有哪些？

实 训 指 导

实训指导 5　多肉植物组合盆栽操作

一、目的与要求

通过对植物种类的选择、容器选择、基质的配制、色彩搭配、种植设计和点缀装饰材料的配置等环节的实践，加强学生的设计能力、动手能力及分析问题的能力。要求学生能够掌握多肉植物组合盆栽设计与操作。

二、材料与用具

多肉盆花、配件、容器、基质、小铲子、镊子、剪刀、毛刷、小喷壶、卷纸。

三、实训内容

1. 方案设计

（1）制订组合盆栽方案：查阅相关资料，研究组合盆栽的特点，构思组合盆栽方案。

（2）考虑组合盆栽的科学性：考虑植物的生物学习性，选择搭配植物的相互关系，确定植物种类构成。

（3）考虑组合盆栽的艺术性：考虑植物色彩搭配、体量（规格）及配置。

（4）考虑增加组合盆栽科学性和艺术性的辅助配置：研究盆具、装饰材料和置石等。

2. 操作流程

（1）确定主题植物。

（2）容器选择。

（3）基质配制。

（4）依次摆放植物。

（5）修饰和点缀。

（6）水肥管理。

四、实训作业

课后利用周围废旧物品，改造为组合盆栽的容器，进行任意组盆操作练习。

第 3 篇　花坛、花境类植物生产技术

第 6 单元　一二年生花坛植物生产

学习目标☞

通过本单元学习能够识别 40 种常见花坛、花境植物，掌握常见花坛、花境植物的生态习性、繁殖方法、栽培管理技术要点。

关 键 词☞

一年生花卉　二年生花卉　穴盘育苗

单元提要☞

本章介绍了常见的花坛、花境植物的生产栽培技术，主要以一二年生草花的繁殖技术与生产技术为主线。一二年生花卉主要介绍了矮牵牛、彩叶草、四季秋海棠、鸡冠花、三色堇、金盏菊、羽衣甘蓝、万寿菊、一串红等长三角地区常见的种类。

模块 6.1 花坛、花境植物生产的基本技术

花坛、花境常用的植物多为一二年生花卉、宿根花卉及球根花卉。一年生花卉是指在一年之内完成播种、开花、结实、枯死的整个生活史的植物，一年生花卉又称春播花卉。二年生花卉是指在两个生长季内完成生命周期的花卉，一般当年只生长营养器官，越年后开花、结实、死亡，这类花卉，一般秋天播种，次年春季开花。

6.1.1 播种繁殖

1. 种子的处理方法

草本植物种子处理相对木本植物要简单一些，一般较易发芽的种子可直接播种，对种皮较厚的种子可在播种前进行浸种。

浸种可分为冷水浸种和温水浸种(温度 40℃左右为佳)，浸水时间一般 24 小时为宜，浸泡时间过长养分容易遭受损失。浸过的种子不能播种在过分干燥的土壤中，因为干燥土壤会夺取种子水分，使发芽中止。

对于种壳坚硬、不透水和不透气的种子，可作挫伤种皮处理（注意不能挫伤种胚）。挫伤种皮法常用于美人蕉、荷花、黄花夹竹桃等种子，方法是在播种前用小刀刻伤种皮或磨去种皮的一部分，再用温水浸泡 24 小时。

对一些种皮坚硬的种子，也可进行药物处理，以改变其坚硬种皮的透性，使其迅速发芽。通常用 2%～3%的盐酸浸种，浸到种皮柔软后取出种子，用清水漂洗干净即可播种。鸢尾类的种子可采取此法。

2. 播种时间

一年生花卉（春播花卉）：原产亚热带和热带，耐寒力不强，陆地通常于春季晚霜终止后播种，我国南方一般在 2 月下旬至 3 月上旬播种，北方则在 4 月上中旬播种。

二年生花卉（秋播花卉）：华东地区可露地越冬，南方约于 9 月下旬至 10 月上旬播种，北方在 9 月上中旬播种。

注意：冬季特严寒地区，二年生花卉皆春播；一些露地二年生花卉可在冬季严寒来临之前、地面尚未封冻时播种。若在温室内可周年进行播种。

3. 穴盘育苗

穴盘育苗是运用智能化、工程化、机械化的育苗技术，摆脱自然条件的束缚和地域性限制，实现种苗的工厂化生产。

1）穴盘选择

育苗前，根据种子及植株大小确定穴盘孔穴的大小。一般矮牵牛、金鱼草、一串红、

万寿菊等可选用 128 孔穴盘，向日葵、羽扇豆、美人蕉、鸢尾、牵牛花等种子大的可选用 72 孔或 50 孔穴盘。

2）基质准备

一般草本花卉可选用草炭与蛭石 2：1 配制的基质，288 孔穴盘每 1 000 盘备用基质 $2.8m^3$，128 孔穴盘每 1 000 盘备用基质 $3.7m^3$，72 孔穴盘每 1 000 盘备用基质 $4.7m^3$。穴盘基质可不加基肥，幼苗 3 片真叶后，结合喷水进行 2～3 次叶面喷肥。穴盘播种深度应大于 1cm，128 孔穴盘和 288 孔穴盘播种深度为 0.5～1.0cm。浇水后各格室要清晰可见。

3）苗期管理

播种覆盖作业完毕后，将育苗盘喷透水。子叶展开至 2 叶 1 心，基质含水量保持在 70%～75%。3 叶 1 心至商品苗销售，基质水分含量为最大持水量 65%～70%。白天酌情通风，降低空气相对湿度。播种后根据品种不同，温度控制在 10～25℃。当温室夜温偏低时，可适当采用加温措施。不同品种的花卉出苗率不同，一般出苗率在 80%～95%。为此，对一次成苗的，应在第一片真叶展开时，将缺苗孔补齐。

6.1.2 扦插繁殖

扦插繁殖是指取植株营养器官的一部分，插入疏松润湿的基质中，利用其再生能力，使之生根发芽，长成新植株。按取用器官的不同，又有嫩枝插、叶插、根插和芽插之分。草本植物常用叶插和嫩枝插两种方法。扦插时期，因植物的种类和性质而异，一般草本植物对于插条繁殖的适应性较大；除冬季严寒或夏季干旱地区不能行露地扦插外，凡是温度合适及有温室或温床设备条件下，四季都可以扦插。

1. 叶插

草本植物的片叶插是将叶片分切成数段分别扦插。如龙舌兰科的虎尾兰，将壮实的叶片截成 7～10cm 的小段，略干燥后将下端插入基质。景天科的神刀也可以将叶片切成 3cm 左右的小段，平置在基质上也能生根并长出幼株。菊花采用全叶扦插，但扦插基质要求排水良好，以珍珠岩或沙为好。

2. 嫩枝插

取母体的当年生枝条作插穗，要求生长健旺、无病虫危害、节距适合、芽头饱满的枝条。将枝条剪成 5～10cm 的小段，每段含 2～3 个节，上剪口在顶上一枚叶片上 0.5cm 处平剪，下剪口在最下处叶片下方 0.5～1.0cm 处斜剪，剪口方向与叶片倾斜方向一致。将枝条 2/3 插入基质，插时注意上下不可颠倒。

6.1.3 分株繁殖

宿根花卉的繁殖还常采用分株方式。分株的时间，依开花期及耐寒力来决定。春季开花且耐寒力较强的可于秋季分株，秋季开花的宜在春季分株。石菖蒲、万年青等则春秋两季均可进行。分株时先把母株从花盆或土壤中挖出，抖掉外围泥土，用利刀或修枝剪把叶丛之间相连的地下茎断开，即可分成数株分开栽种。

6.1.4 栽培要点

1. 苗期管理

经播种或自播于花坛、花境的种子萌发后，仅施稀薄液肥，并及时灌水，但要控制水量，水多则根系发育不良并引起病害。苗期避免阳光直射，应适当遮阴，但不能引起黄化。为了培育壮苗，苗期还应进行多次间苗或移植，以防黄化和老化，移苗最好选在阴天进行。

2. 摘心及抹芽

为了使植株整齐，株型丰满，促进分枝或控制植株高度，常采用摘心的方法。例如，万寿菊、波斯菊生长期长，为了控制高度，于生长初期摘心。需要摘心的种类有一串红、矮牵牛、万寿菊、彩叶草、孔雀草、五色苋、金鱼草、石竹、金盏菊、柳穿鱼、千日红、百日草、银边翠等。摘心还有延迟花期的作用，有时则为了促使植株的高生长，减少花朵的数目，使营养供给顶花。摘除侧芽称为抹芽，如鸡冠花、观赏向日葵、独本菊等。

3. 支柱与绑扎

一二年生花卉中有些株型高大，上部枝叶花朵过于沉重，遇风易倒伏，还有一些蔓生性植物，均须进行支柱绑扎才利于观赏。

一般植株较高、花较大的花卉，如蜀葵、重瓣向日葵等可用竹竿等支撑。蔓生性植物如牵牛花、茑萝要进行搭架或让其攀缘在篱笆上。在生长高大花卉的周围插立支柱，并用绳索绑起来以扶持群体形态。

4. 剪除残花与花葶

对于连续开花且花期长的花卉，如一串红、矮牵牛、美丽月见草、金鱼草、石竹类等，花后应及时摘除残花，剪除花葶，不使其结实，同时加强水肥管理，以保持植株生长健壮，继续开花繁密，花大色艳，还有延长花期的作用。

5. 基肥与追肥

1）基肥

宿根花卉因为是多年生长，做花境时常是定植后两三年不再移栽，所以在定植前施入基肥。用作基肥的肥料以有机肥和缓效肥为宜。磷、钾肥一般作基肥与有机肥料一起使用。基肥用量一般占总用肥量的绝大部分，具体还应根据作物种类、土壤条件、总用肥量和肥料性质而定。

2）追肥

在花卉生长过程中，根据花卉生长生育阶段对养分需求的特点进行施肥。通常情况下以速效型的无机肥为主，生长周期长而基肥又不足的，可补施微生物菌肥，如果需要磷肥，应选择水溶性磷肥。一般种植密度较大，根系遍布整个耕作层，可撒施。也可以将肥料配制成一定浓度的溶液，喷洒在作物叶片上。该法适用范围广、肥料用量少、见效快、利用率高。

模块 6.2　常见一二年生花坛植物简表

矮牵牛、一串红、四季海棠、万寿菊、黑金菊等一二年生栽培的植物在花坛中起着十分重要的角色。表 6-1 中介绍了 50 种常见的一二年生草本植物的主要特征、花色、花期等植物特征，为花坛、花境设计提供参考。

表 6-1　常见一二年生花坛植物简表

序号	名称	学名	科	属	主要特征	花色、花期	繁殖方法	园林应用
1	雁来红	*Amaranthus tricolor*	苋科	苋属	一年生草本，株高80～100cm，茎直立，少分枝。叶互生，菱状卵形至披针形	叶片红色，花期 7～10 月	播种、扦插	花坛背景、篱垣或在路边丛植，也可大片种植于草坪之中，与各色花草组成绚丽的图案
2	矮牵牛	*Petunia hybrid*	茄科	碧冬茄属	多年生作一二年生栽培，高 20～45cm；茎匍地生长；叶卵形全缘，互生，上部叶对生；花单生，呈漏斗状，重瓣花，球形	各色，花期 4 月至降霜	播种	窗台美化、城市景观
3	矮雪轮	*Silene pendula*	石竹科	蝇子草属	一年生草本，全株具白色柔毛，多分枝；茎自基部有外倾性，呈半匍匐状；叶对生	花多色，花期 5～6 月	播种	花坛、花境
4	百日草	*Zinnia elegans*	菊科	百日菊属	一年生草本，茎直立，高 30～100cm，被糙毛或长硬毛	花多色，花期 6～9 月	播种、扦插	花坛、花境、花带，也常用于盆栽
5	雏菊	*Bellis perennis*	菊科	雏菊属	一年生草本，植株矮小，全株具毛，株高 7～15cm。叶基生，叶片呈匙形或生卵形，先端钝	白、粉、紫、红、洒金等色，筒状花具黄色。花期 3～6 月	播种	花坛、草坪边缘、盆栽
6	翠菊	*Callistephus chinensis*	菊科	翠菊属	一年生草本，高 30～100cm。茎直立，单生，有纵棱，被白色糙毛	红色、淡红色、蓝色、黄色或淡蓝紫色，花期 5～10 月	播种	盆栽、花坛观

续表

序号	名称	学名	科	属	主要特征	花色、花期	繁殖方法	园林应用
7	堆心菊	*Heleniun autumnale*	菊科	堆心菊属	一年生草本，叶阔披针形，头状花序生于茎顶	管状花黄绿色。花期 7～10 月，果熟期 9 月	播种	花坛镶边或布置花境
8	蛾蝶花	*Schizanthus pinnatus*	茄科	蛾蝶花属	一年生草本，全株疏生有微黏的腺毛，叶互生，1～2 回羽状全裂，圆锥花序，顶生	花瓣的基部为红色、紫色、堇色、白色。夏季开花	播种	切花或花境用花
9	二月兰	*Orychophragmus violaceus*	十字花科	诸葛菜属	全株光滑无毛，株高 30～60cm。叶两型，基部有叶耳，抱茎；基生叶为羽状分裂，茎生叶呈卵状长圆形，边缘有波状锯齿	紫色，花期 4～6 月	播种	林下地被
10	飞燕草	*Consolida ajacis*	毛茛科	飞燕草属	一年生草本，茎高约达 60cm，与花序均被多少弯曲的短柔毛，中部以上分枝	蓝色花期 8～9 月	播种、分株	从植或栽植花坛、花境
11	风铃草	*Campanula medium*	桔梗科	风铃草属	一年生草本，有的具细长而横走的根状茎，有的具短的茎基而根加粗，多少肉质。花冠钟状，漏斗状或管状钟形	白色、紫色，花期 6~9 月	播种	小庭园作花坛、花境材料，主要用作盆花
12	凤仙花	*Impatiens balsamina*	凤仙花科	凤仙花属	一年生草本，高 30～100cm	粉红、大红、紫、白黄、洒金色等，花期 7～10 月	播种	花坛、花境、丛植、群植和盆栽
13	高雪轮	*Silene armeria*	石竹科	蝇子草属	一年生草本，高 30～50cm，常带粉绿色。茎单生，直立，上部分枝，基生叶，叶片匙形，花期枯萎	紫色，花期 5～6 月	播种、扦插	切花或布置花境
14	古代稀	*Godetia amoena*	柳叶菜科	山子属	一年生草本，株高 30～60cm，叶互生，呈条形至披针形，形入柳叶树叶，有小叶簇叶腋	白、紫瓣白边、粉瓣红斑。春末夏初	播种	花坛、花境
15	桂竹香	*Cheiranthus cheiri*	十字花科	桂竹香属	一年生草本，茎直立或上升，具棱角，下部木质化，具分枝，基生叶莲座状	橘黄色或黄褐色，花期 4～5 月	播种	花坛、花境，盆花

续表

序号	名称	学名	科	属	主要特征	花色、花期	繁殖方法	园林应用
16	旱金莲	*Tropaeolum majus*	旱金莲科	旱金莲属	一年生草本，叶互生；叶片圆形，直径3～10cm，有主脉9条由叶柄着生处向四面放射，边缘为波浪形的浅缺刻	花黄色、紫色、橘红色或杂色，花期6～10月	播种	盆栽
17	黑心菊	*Rudbeckia hirta*	菊科	金光菊属	多年生作一二年生栽培，株高60～100cm，茎较粗壮，被软毛，稍分枝，具翼	黄色、褐紫色或具两色条纹，花期6～10月	播种、扦插、分株	花境材料，或布置草地边缘成自然式栽植
18	红叶甜菜	*Beta vulgaris*	藜科	甜菜属	观叶植物，多作2年生栽培。叶在根颈处丛生，叶片长圆状卵形，全绿、深红或红褐色，肥厚有光泽	暗紫红色，花、果期5～7月	播种	花坛或盆栽
19	花菱草	*Eschscholtzia californica*	罂粟属	花菱草属	一年生草本，茎直立，高30～60cm，明显具纵肋，分枝多，开展，呈二歧状	黄色，花期4～8月	播种	花境或草坪丛植
20	皇帝菊	*Melampodium paludosum*	菊科	蜡菊属	株高约在30～50公分，叶对生；顶生花序，花黄色，花形似雏菊	黄色，花期春至秋季	播种	花坛栽培、组合盆栽，亦是花境的好材料
21	鸡冠花	*Celosia cristata*	苋科	青葙属	一年生草本，株高20～80cm，茎直立粗壮，叶互生，长卵形或卵状披针形，肉穗状花序顶生	红色，花期7～12月	播种	树丛外缘，作切花、干花
22	角蒿	*Incarvillea sinensis*	紫葳科	角蒿属	一年生草本，具茎，分枝，高达80cm。叶互生，三回羽状细裂，长4～6cm，形态多变，小叶不规则细裂，呈线状披针形	绿色微红，花期5～9月	播种	盆栽观赏或植于庭园花坛
23	金鱼草	*Antirrhinem majus*	车前科	金鱼草属	可作一二年生栽培，茎基部木质化，株高20～90cm，微有绒毛。叶对生，上部互生，叶片呈披针形至阔披针形，全缘，光滑	粉色、红色、紫色、黄色、白色或复色，花期5～7月，果熟期7～8月	播种	花坛、花境

续表

序号	名称	学名	科	属	主要特征	花色、花期	繁殖方法	园林应用
24	金盏菊	*Chlendula officinalis*	菊科	金盏花属	二年生草本，株高30～60cm，全株具毛。叶互生，呈长圆至长圆状倒卵形，全缘或有不明显锯齿，基部稍抱茎	黄色，花期4～6月	播种	花坛布置、栽植
25	锦葵	*Malva Sinensis*	锦葵科	锦葵属	一年生草本，高50～90cm，分枝多，疏被粗毛。叶圆心形或肾形，具5～7圆齿状钝裂片，宽几相等基部近心形至圆形	花紫红色或白色，花期5～10月	播种	花境造景
26	蓝花鼠尾草	*Salvia farinacea*	唇形科	鼠尾草属	多年生作一二年生栽培，株高30～60cm，植株呈丛生状，植株被柔毛。茎为四角柱状，且有毛，下部略木质化，呈亚低木状。叶对生，长椭圆形	紫色，花期夏季	播种、扦插、分株	花坛、花境
27	硫华菊	*Cosmos sulphureus*	菊科	秋英属	多年生作一二年生栽培，多分枝，为对生的二回羽状复叶，深裂，裂片呈披针形，有短尖，叶缘粗糙，与大波斯菊相比叶片更宽	黄、金黄、橙色、红色，花期6～8月	播种、扦插	多株丛植或片植、花坛
28	麦秆菊	*Helichrysum bracteatum*	菊科	蜡菊属	株高50～100cm，长椭圆状披针形，全缘、短叶柄	白、粉、橙、红、黄等色，花期7～9月	播种、扦插	花坛、花境，还可在林缘丛植以及秋播
29	毛地黄	*Digitalis purpurea*	玄参科	毛地黄属	全体被灰白色短柔毛和腺毛，有时茎上几无毛，高60～120cm	紫、黄色，花期5～6月	播种、分株	适于盆栽
30	美女樱	*Verbena hybrida*	马鞭草科	马鞭草属	多年生作一二年生栽培，全株有细绒毛，植株丛生而铺覆地面，茎四棱；叶对生，深绿色；穗状花序顶生，密集呈伞房状，花小而密集	白色、粉色、红色、复色等，花期5～11月	播种	地被材料、花坛

续表

序号	名称	学名	科	属	主要特征	花色、花期	繁殖方法	园林应用
31	茑萝	*Quamoclit pennata*	旋花科	茑萝属	一年生柔弱缠绕草本，无毛	深红色，花期7月上旬～9月下旬	播种、扦插	庭院花架、花篱的优良植物
32	蒲包花	*Calceolaria crenatifloralav*	玄参科	蒲包花属	二年生草本，直立草本，高30～60cm或更高。茎圆柱形，带紫红色。叶片轮廓三角形	玫瑰色，紫红色至粉红色，稀白色，花期4~6月	播种	盆栽和切花，花境
33	千瓣葵	*Helianthus decapetalus*	菊科	向日葵属	株高30～50cm，叶互生、宽卵形，先端尖，基部心形，边缘具粗锯齿，两面被糙毛，有长柄	金黄色，花期7～9月	播种	庭院绿化、布置花坛，也可盆栽观赏
34	千鸟草	*Delphinium consolida*	毛茛科	飞燕草属	多年生作一二年生栽培，茎叶疏被柔毛、草叶互生，茎生叶无柄，基生叶具长柄	蓝色，花期4～6月	播种	花坛
35	千日红	*Gomphrena globosa*	苋科	千日红属	二年生草本，高30～60cm；茎直立，分枝，圆形，略具棱纹，无毛或嫩时被毛，节明显	紫红色，花期7～10月	播种、扦插	花坛、花境材料
36	波斯菊	*Cosmos bipinnata*	菊科	秋英属	高50～150cm，根纺锤状，多须根，或近茎基部有不定根。茎无毛或稍被柔毛	紫红色，花期6～8月	播种、扦插	树丛周围及路旁成片栽植作背景材料，颇有野趣
37	三色堇	*Viola tricolor*	堇菜课	堇菜属	二年生草本，株高15～30cm，茎多分枝。叶互生，排列紧密，呈圆心心脏形；叶缘具钝齿，托叶宿存	花色极具变化，有白色、黄色、紫色、红色以及复色，花期在4～6月	播种	冷凉季花坛、盆栽观赏、花境
38	石竹	*Dianthus chinensis*	石竹科	石竹属	多年生作一二年生栽培，石竹的茎硬，节处膨大。叶呈线状披针形，对生；花大，顶生	花色呈白色至粉红色，花期5～9月	播种、分株	花坛、花境和镶边布置
39	矢车菊	*Centaurea cyanus*	菊科	矢车菊属	高30～70cm或更高，直立，自中部分枝，极少不分枝	蓝色，花期2～8月	播种	花坛、草地镶边或盆花观赏
40	蜀葵	*Althaea rosea*	锦葵科	锦葵属	多年生作一二年生栽培，高达2米，茎枝密被刺毛。叶近圆心形，掌状5～7浅裂或波状棱角，裂片三角形或圆形	有紫、粉、红、白等色，花期6～8月	播种、分株	花坛

续表

序号	名称	学名	科	属	主要特征	花色、花期	繁殖方法	园林应用
41	天人菊	*Gaillardia pulchella*	菊科	天人菊属	多年生作一二年生栽培，基生莲座叶丛紧贴地面。株高约20～60cm，全株被柔毛。叶互生，披针形、矩圆形至匙形，全缘或基部叶羽裂	黄色，花期7～10月	播种、扦插、移栽	花坛、花丛的材料
42	五色菊	*Brachycome iberdifolia*	菊科	五色菊属	多年生作一二年生栽培，株高20～45cm，多分枝，叶互生，羽状分裂，裂片条形，头状花序，径约2.5cm，单生花葶顶端或叶腋	蓝色、白色等冷色系为主，花期5～6月	播种	于花坛边缘，亦可作盆花、切花
43	香豌豆	*Lathyrus odoratus*	豆科	山黧豆属	株高70～120m，茎有翼，被粗毛	通常为紫色，花期5～6月	播种	切花
44	香雪球	*Lobularia maritime*	十字花科	香雪球属	多年生作一二年生栽培，基生莲座叶丛紧贴地面。株高20～30cm，多分枝匍生。叶呈披针形或线形，叶互生，全缘	白色或淡紫色，花期3～6月，果熟期5～8月	播种	花卉、花坛、花境边缘
45	一串红	*Salvia splendens*	唇形科	鼠尾草属	多年生作一二年生栽培，茎钝四棱形，具浅槽，无毛。叶卵圆形或三角状卵圆形，先端渐尖，基部截形或圆形，稀钝，边缘具锯齿	红色，花期9～10月	播种、扦插	花坛
46	虞美人	*Papaver rhoeas*	罂粟属	罂粟属	全体被伸展的刚毛，稀无毛。茎直立，高25～90cm，具分枝。叶片轮廓披针形或狭卵形，羽状分裂，裂片披针形	紫红色，基部通常具深紫色斑点，花、果期3～8月	播种	花境或花丛
47	羽衣甘蓝	*Brassica oleracea*	十字花科	芸苔属	二年生草本，茎短缩，密生叶片。叶片肥厚，倒卵形，被有蜡粉，深度波状皱褶，呈鸟羽状，美观	紫红、粉红、白、牙黄，花期4月	播种	花坛、切花

续表

序号	名称	学名	科	属	主要特征	花色、花期	繁殖方法	园林应用
48	黄花月见草	*Oenothera glazioviana*	柳叶菜科	月见草属	多年生作一二年生栽培，基生莲座叶丛紧贴地面	黄色，花期6～9月	播种、分株	花坛、花境
49	醉蝶花	*Cleome spinosa*	山柑科	白花菜属	一年生草本，高50～120cm，全株被黏质腺毛，有特殊臭味，有托叶刺，刺长达4mm，尖利，外弯	粉红色，少见白色，花期夏末秋初	播种、扦插	盆栽、林下或建筑阴面观赏
50	地肤	*Kochia scoparia*	藜科	地肤属	一年生草本，高50～100cm。根略呈纺锤形。茎直立，圆柱状	观叶植物	播种	用于花坛，花丛，花境和花群

模块 6.3　矮　牵　牛

矮牵牛（*Petunia hybrid*）为茄科矮牵牛属，多年生草本。原产南美，现世界各地均有栽培。矮牵牛分枝多，植株矮小、饱满，开花多，花大，色艳，花期长，呈红、紫、蓝、白等色，有单瓣和重瓣种，另外有双色、星状和脉纹等，在气候温凉地区可终年开花不断。矮牵牛是园林绿化、美化的重要草花，适宜花坛、花境栽培，在北方主要作春、夏盆栽花卉。大花重瓣品种可作切花用。目前市场上比较流行的品种有海市蜃楼、梦幻、梅林等系列。

1. 生长习性

矮牵牛性喜温暖、湿润的环境，喜光，不耐寒，也不耐酷暑，要求通风良好、喜疏松、排水良好的微酸性土壤。矮牵牛为长日照开花植物，温度要求在15～25℃。

2. 栽培技术要点

选择疏松透气、排水良好的基质作为栽培基质， pH值介于5.5～5.8，EC值介于1.0～1.5，如果pH值过高，上部叶片就会发黄，长势不良。为了在短日照下进行花芽分化，可把日照时间延长到13小时。如果在长日照下，但光强度较弱，一定要补充3 000～5 000lx光照。浇水要见干见湿。如果光照条件较好，可使用氨态复合肥（17-5-17）；如果光照条件较差，用钙基复合肥（14-4-14）。在光照条件好且长日照下，可以施用氮肥（20-10-20）。为了阻止在低温光照下发生徒长，要减少氨态肥的使用，而使用钙基复合肥。矮牵牛容易产生根腐病与灰霉病，生产中应保持良好的空气流通和湿度，清除枯叶或病叶，定期喷施杀真菌剂或使用烟剂熏蒸。

3. 花期调控方法

矮牵牛的花期调控常采用的方法是调整播种期、摘心与修剪、加温、降温、补光等。

1）调整播种期

生产上矮牵牛多用种子繁殖。播种的时期，因产花要求而定，早春播种的初夏开花，7 月播种的 9 月开花，10 月播种的 3 月开花，12 月播种的 4 月开花。为实现周年生产，可实行分期播种。

2）摘心与修剪

矮牵牛栽培可以摘心，也可以不用摘心，摘心会使花期推迟，在不同的季节摘心对花期的影响也不一样，夏天摘心一般会推迟花期 7～10 天，冬春摘心会推迟花期 10～15 天。矮牵牛花后重剪，可使其再次开花，如夏季盛花后进行修剪，迫使其抽生新枝，20～30 天后又可开花。

3）温度调控

温度是影响矮牵牛生育期的一个重要因素，夏天矮牵牛从定植到初花只要 35 天，冬春则需要 60～80 天，不同的温度管理生育期也有较大的差别。

4）冬季室内生产注意事项

（1）防止冻伤造成僵苗。矮牵牛上盆初期，气温最好维持在 18～20℃，以后生长温度为 12～16℃，温度低有利于植株积累养分，使其基部分枝增强，可最低至 3℃，长时期温度过低也会引起黄叶。如果棚内温度低于 0℃，还需在棚内再搭一个小环棚或做第二道内保温膜，以防止矮牵牛冻伤。

（2）预防由于低温、高湿引发的灰霉病。由于冬季为了保温，长时间关闭大棚，棚内湿度大，容易发生灰霉病等病害，这就需要处理好保温与通风排湿的关系。一般冬季应在中午时打开侧膜通风，此外，还需要每周喷一次预防保护性杀菌剂，遇到长时间阴雨天，应在棚内使用腐霉百菌清烟熏剂来预防病害的发生。

（3）注意水肥管理。冬季浇水施肥应在 9:00～14:00 完成，尽量使浇到叶片上的水珠在傍晚前干燥。冬季由于气温较低，应避免使用氨态氮肥，防止氨中毒，另外温度低植株生长慢，所浇肥料浓度也应偏低些。

5）夏季室外生产注意事项

定植时穴盘里取苗时要尽量保持根系完整，伤根、积水、黏重土壤容易发生茎腐病。上盆后要全天遮阴 5～10 天缓苗，即使到大苗期，晴天的中午也应适当遮阴。高温多雨季节，要注意通风良好，忌积水，忌水冲刷，见干见湿。肥料要薄肥勤施，浓度不能太大，EC 值为 1.0～1.5 较为适宜。夏季时虫害较多，每周喷施杀虫、杀菌剂各一次。

模块 6.4　彩　叶　草

彩叶草（*Coleus scutellarioides*），别名五色草、洋紫苏、锦紫苏。唇形科彩叶草属多年生草本植物，株高 30～45cm，分枝低，节间短，是应用较广的观叶花卉。除可作小型观叶盆栽花卉陈设外，还可配置图案花坛，也可作为花篮、花束的配叶使用。目前市场流行栽培品种有奇才系列。

1. 生长习性

彩叶草性喜温暖，不耐寒，越冬气温不宜低于 5℃，生长适温为 15～20℃，喜爱阳光充足的环境，但又能耐半遮阴。要求栽于疏松肥沃、排水良好的土壤。

2. 栽培技术要点

彩叶草喜光，遮阴过多易导致叶面颜色变浅，植株生长细弱。除保持盆土湿润外，应经常用清水喷洒叶面，冲除叶面所蓄积尘土，保持叶片色彩鲜艳。夏季大晴天的正午前后要适当遮阴降温。生长适温为 15～20℃。培养土采用排水良好的沙质土壤，施以复合肥作基肥。每周可施用氮浓度为 150～200ppm 的复合肥，维持基质 EC 值在 1.5～2.0 以及 pH 值在 6.2～6.8。盆花生长过程中应多次摘心，以促发侧枝，使之株形饱满。

3. 繁殖及病虫防治

彩叶草常用播种繁殖，播种后不需要覆盖，基质的 EC 值介于 0.5～1.0，pH 值介于 5.5～5.8。播后保持基质湿润，温度保持在 22～24℃。苗期加强通风，防止徒长。彩叶草的最佳移栽期是当苗长到 2 对真叶 1 心，根系恰好把穴孔的基质包住且拉出穴孔时基质不散落时。

彩叶草的病虫害较少，苗期水肥管理用 75%甲基托布津 1 500 倍液灌根防治。温室湿度过大，偶尔发灰霉病用速克灵 1 500 倍来防治，并注意通风与排灌，降低湿度，清除病株，病叶。

模块 6.5　四季秋海棠

四季秋海棠（*Begonia cucullata*），别名瓜子海棠、玻璃海棠、蚬肉秋海棠。原产巴西低纬度高海拔地区林下，现我国各地均有栽培。秋海棠科秋海棠属多年生常绿草本，花色有红、粉红和白等色，单瓣或重瓣，品种甚多。四季均可不断开花，株形丰满，近年来人们将其应用于庭园、花坛等室外栽培，花期长，花色多，变化丰富，花叶俱美，易与其他花坛植物配植，越来越受到人们的欢迎。目前市场流行栽培品种有超奥林、胜利系列等。

1. 生长习性

四季秋海棠喜温暖、不耐寒，生长适温为18～20℃，冬季温度不低于5℃。生长期对水分要求较高，不耐干燥但也怕积水，对光照适应性较强，在充足阳光下开花整齐，花色鲜艳。宜用肥沃、疏松和排水良好的泥炭土及pH值为5.5～6.5的微酸性土壤。

2. 栽培技术要点

四季秋海棠对光照适应性较强，在充足的阳光下开花整齐，花色鲜艳。绿叶类叶片紧缩，边缘易发红，铜叶类叶色加深有光泽。夏季大晴天的正午前后要适当遮阴降温。上盆后生长适温为18～20℃，冬季温度不低于5℃。夏季温度超过32℃，茎叶生长较差，易引起叶片的灼伤和焦枯。浇水工作的要求是“二多二少”，即春、秋季节是生长开花期，水分要适当多一些，盆土稍微湿润一些；在夏季和冬季是四季秋海棠的半休眠或休眠期，水分可以少些，盆土稍干些，特别是冬季更要少浇水，盆土要始终保持稍干状态。浇水的原则为“不干不浇，干则浇透”。四季秋海棠在生长期每隔10～15天施一次氮肥。施肥时，要掌握“薄肥多施”的原则。

3. 繁殖及病虫防治

四季秋海棠穴盘苗采用疏松透气、排水良好、无菌的泥炭土，播种基质pH值应介于5.5～6.5，发芽需要光照，播种后无须覆盖，保持基质湿润，温度保持在24～25℃。四季秋海棠的最佳移栽期是当苗长到4片真叶，根系恰好把穴孔的基质包住且拉出穴孔时基质不散落时。

四季秋海棠常见病虫害是卷叶蛾。此虫以幼虫食害嫩叶和花，直接影响植株的生长和开花。少量发生时以人工捕捉，严重时可用乐果稀释液喷雾防治。

模块6.6 鸡冠花

鸡冠花（*Celosia cristata*）为苋科青葙属一年生草本，原产非洲，美洲热带和印度，世界各地广为栽培。茎直立粗壮，株高20～150cm，叶有深红、翠绿、黄绿、红绿等多种颜色；花色亦丰富多彩，有紫色、橙黄、白色、红黄相杂等色。晚霜过后至4月初定植，可以在8～9月开花，花期可以持续2个月以上。矮生品种在7月中旬开花，花期整个夏季，花色持久，适合作花坛镶边及作花镜材料，播种后12～14周开花。目前市场流行栽培品种有世纪、和服系列等。

1. 生长习性

鸡冠花喜阳光充足，怕干旱，不耐涝，不耐霜冻。喜疏松肥沃和排水良好的土壤。春季播种，夏秋开花。夏季播种，秋季开花。通过花期调控，春、夏、秋都可开花。

2. 栽培技术要点

鸡冠花若阳光充足则植株生长健壮，叶色深绿，花朵大、花色鲜艳；若光照不足，茎叶易徒长，叶色淡绿，花朵变小。鸡冠花喜干热、温暖气候，需要阳光充足，耐高温，不耐低温，15℃以下叶片泛黄，5℃以下便会受冻害。鸡冠花喜肥，生长期每15天施一次氮浓度为150～200ppm的20-20-20水溶性复合肥。保持土壤稍干燥，盛夏浇水需要在早上和晚上，以免损伤叶片。花前增施1～2次磷、钾肥，使花的颜色更鲜艳。

3. 繁殖及病虫防治

鸡冠花穴盘苗于4～5月播种，播种基质采用疏松透气、排水良好、无菌的泥炭土，pH值应介于5.5～6.5，播种后无须覆盖，保持基质湿润，温度保持在24～25℃。鸡冠花不能用控制水分的方法进行炼苗，水分供应不足易导致小苗开花形成“小老苗”等。鸡冠花成苗后要及时移苗，当苗长到4片真叶，根系白净，根部把穴孔内的基质包满时，移栽定植。

鸡冠花在太湿和温度不合适时，易发生根腐病，严重时植株完全停止生长，根系腐烂，最终导致整个植株死亡。可用根腐灵1 500倍和代森锰锌1 000倍喷施，可起防治作用。

模块6.7　三　色　堇

三色堇（*Viola tricolor*），又名蝴蝶花、猫脸花，堇菜科堇菜属多年生花卉，常作二年生栽培。适合在冷凉的气候下生长，是秋冬季花坛的主要花材，播种后10～14周开花，其花期可以持续到次年早春，不但耐冬季低温，夏季高温时也可正常生长。目前三色堇花的色彩、品种比较繁多。除一花三色者外，还有纯白、纯黄、纯紫、紫黑等。另外，还有黄紫、白黑相配及紫、红、蓝、黄、白多彩的混合色等。从花形上看，三色堇有大花形、花瓣边缘呈波浪形的及重瓣形的。目前，市场上流行的栽培品种有超级宾哥系列、皇冠系列、三角洲系列。

1. 生长习性

三色堇喜欢凉爽环境，发芽适温18～21℃，生长适温10～20℃，性较耐寒，能耐霜，在最低温度为-8℃的长江中下游能露地过冬，不过长时间温度太低将导致开花不良，所以在长江以北地区露地栽培一般在3月份以后。然而温度高于32℃也会表现为生长不良。

2. 栽培技术要点

采用疏松透气、排水良好、无菌的栽培基质，栽培基质pH值应为5.5～5.8，基质EC值必须要小于1.5，三色堇对氨盐十分敏感。提供35 000～45 000lx光照可加速诱导开花，低光照地区补充 35 000～45 000lx 光照可以促进芽和根系的生长。在冷凉季节，夜温升到 15℃可促进早开花。温度低于 15℃将会提高植物的耐寒性，但也会因此延长生育期，开花延迟。浇水要见干见湿。在冷凉气候下，氨基氮肥会导致根腐，氮浓度高还会引起徒长。叶片起皱和畸形表明缺钙，为避免这种情况发生，可在定植前施一些硝酸钙或硫酸钙。

3. 花期调控

1）调整播种期

生产上三色堇多用种子繁殖。播种的时期，因产花要求而定，8 月初播种的 10 月下旬开花，8 月中旬播种的 11 月初开花，9 月初播种的 11 月底开花，12 月播种的 3 月开花，为实现周年生产，可实行分期播种。

2）摘花

三色堇花期较长，若欲推迟花期，可将花蕾或残花摘除。

3）温度调控

温度是影响三色堇生育期的一个重要因素，长江中下游地区 10 月前定植到初花需要 35 天，10 月份定植只需要 45 天左右，11 月以后定植的要到第二年的 2 月盛花。不同的温度管理，生育期有较大的差别。

4）水肥调控

氮肥施得过多会推迟花期，生长后期，控制基质水分偏干，有助于植株提早开花。另外，栽培基质中除草剂的残留会影响三色堇的生长，栽培基质宜用无农药残留的为宜。

4. 繁殖及病虫防治

由于三色堇属冷凉性花卉，夏季播种栽培应注意降低栽培环境温度，播种需要有催芽室进行催芽，催芽温度控制在 20～21℃，空气湿度控制在 90%以上。发芽后注意控制徒长，可用激素控制，但避免因为浓度过大导致的僵苗现象。

三色堇的常见病害有叶斑病、根腐病及灰霉病。叶斑病发病时可喷洒 47%加瑞农可湿性粉剂 700 倍液、甲基托布津 1 200 倍液。高温高湿、土壤黏重、pH 值过高都容易诱发根腐病。应选择良好的栽培基质，降低基质温度可预防此病的发生。在发病初期拔除病株后喷洒普力克（有效成分为 72%甲霜霉威盐）500～800 倍喷雾或灌根。冬季高湿度容易引起灰霉病，冬季注意增温保温，控制湿度，增强植株抗病力，发病初期喷洒 50%扑海因 600～1 000 倍或 40%嘧霉胺 600～800 倍。

模块 6.8　金　盏　菊

鑫盏菊（*Chlendula officinalis*），别名金盏花、黄金盏、长生菊，菊科金盏菊属二年

生草本，矮生型，株高 20～30cm，重瓣花，花大，7～10℃凉爽气候下生长良好，是冬春花坛重要花卉品种之一。花色有淡黄、橙红、黄等，鲜艳夺目，适用于中心广场、花坛、花带的布置，也可作为草坪的镶边花卉或盆栽观赏。长梗大花品种可用于切花。目前市场流行栽培品种有加力绍系列。

1. 生长习性

金盏菊喜阳光充足环境，适应性较强，能耐−9℃低温，怕炎热天气。不择土壤，能耐瘠薄、干旱土壤及阴凉环境，但在阳光充足及疏松、肥沃、微酸性的地带上生长更好。

2. 栽培技术要点

采用疏松透气、排水良好、无菌的栽培基质，栽培基质 pH 值应为 5.9～6.2，基质 EC 值应为 0.75～1.5，基质略干一些再浇水，保持空气湿度在 40%～70%，生长期每周施一次 100～150ppm（15-0-15 或 12-2-14+6Ca+3MgO 和 20-10-20 交替使用）复合肥，以保证植株生长健壮。

3. 繁殖及病虫防治

金盏菊种子发芽不需要光照，播后用蛭石或珍珠岩覆盖种子，保持基质湿润，温度保持在 20～23℃，发芽需要 4～6 天。金盏菊待苗 5～6 片真叶时定植于 10～12cm 规格盆，20～22 周开花。

金盏菊栽培过程中常发生枯萎病和霜霉病危害，可用 65%代森锌可湿性粉剂 500 倍液喷洒防治。初夏气温升高时，金盏菊叶片常发现锈病危害，可喷洒 50%萎锈灵可湿性粉剂 2 000 倍液。早春花期易遭受红蜘蛛和蚜虫危害，可用 40%氧化乐果乳油 1 000 倍液喷杀。

模块 6.9 一 串 红

一串红（*Salvia splendens*），唇形科鼠尾草属多年生草本，常作一二年生栽培。花密集成串着生，花期从五月至十月份，一串红盆栽适合布置大型花坛、花境，景观效果特别好，常用作主体材料。矮生品种盆栽，用于窗台、阳台美化和屋旁、阶前点缀，也可室内欣赏。一串红流行栽培品种有展望系列、莎莎系列等。

1. 生长习性

一串红性喜温不耐寒，喜光但也能耐半阴，在炎热的夏季应部分遮阴或强遮阴。生长适温 20～25℃，高于 30℃时花、叶变小，植株生长发育受阻，落花、落叶现象非常严重，长期 5℃以下的低温会使一串红受寒害。一串红生长要求疏松、肥沃、排水性好的沙质壤土，要求 pH 值在 5.5～6.0。

2. 栽培技术要点

一串红选择的基质pH值介于6.2～6.5，EC值介于0.75～1.0。基质pH值过高，上部叶片发黄显示缺铁。一串红对高盐分敏感，如果叶片下垂，则有可能是盐分过高。光照过强特别是夏季生产时应盖上遮阳网，夜温 13～16℃；日温 21～24℃。浇水要见干见湿，施钙基复合肥（15-0-15 或 12-2-14+6Ca+3MgO），氮浓度为 100～200ppm。若低温加上肥水不足，容易发生黄叶现象。

3. 花期调控

一串红花期常采取调整播种期、摘心与修剪、温度调控、水肥调控、激素控制的方式调控花期。

1）调整播种期

生产上一串红多用于种子繁殖。播种的时期，因产花要求而定，早春播种的初夏开花，7 月播种的 9 月开花，10 月播种的 4 月开花。为实现周年生产，可实行分期播种。

2）摘心与修剪

一串红摘心会推迟花期，在不同的季节摘心对花期的影响也不一样，夏天摘心一般会推迟花期 10～12 天，冬春摘心会推迟花期 15～20 天。一串红花后重剪，也可使其再次开花，如春季盛花后进行修剪，迫使其抽生新枝，30～40 天后又可开花。

3）温度调控

温度是影响一串红生育期的一个重要因素，夏天一串红从定植到初花只需要 45 天，冬春则需要 60～80 天，不同的温度管理，生育期有较大的差别。

4）水肥调控

生长期若氮肥施得过多会推迟花期。在生长后期，控制水分，使基质偏干，植株会提前开花。

5）激素控制

生长过程中，喷施生长抑制剂如多效唑将会推迟花期，但要控制其使用量，否则会造成僵苗。

4. 繁殖及病虫防治

一串红对温度反应较为敏感，发芽适温 21～23℃，低于 20℃则发芽不整齐，但温度过高也会降低发芽率。从播种到开花需要 80～100 天，但可根据实际需求进行调整。F1 代矮生种从播种到开花需要 13～14 周。一串红的最佳移栽期是 2～3 对真叶加上 1 心，根系恰好把穴孔的基质包住且拉出穴孔时基质不散落。

1）病害

常见病害有病毒病、花叶病等。病毒主要通过蓟马、蚜虫等害虫或扦插过程中人员操作接触传染。要控制该病的发生和蔓延，灭蚜有一定作用，同时应该清除附近的其他寄主，以减少侵染源。尽量使用 F1 代穴盘苗而不是扦插繁殖苗。

2）虫害

虫害主要有温室白粉虱、蚜虫等。针对温室白粉虱可采用黄板诱杀法，即在棚内植物行间设置黄板诱杀成虫，喷洒杀虫药物。在发生初期喷洒10%可湿性粉剂吡虫啉1500倍液（或双素碱水500倍或蚜克西500倍液一遍净1 000倍液）或3%啶虫脒1 000～2 000倍进行防治，以叶背喷雾为主，然后再喷叶正面，过3～4天再喷一次，喷雾时尽量喷严。

模块 6.10　羽衣甘蓝

羽衣甘蓝（*Brassica oleracea*），十字花科甘蓝属二年生草本。株高30cm茎短缩，密生叶片。直立型，8月播种，播种后12周开花，夜温7～10℃时显色，色系丰富，花形多，抗寒性强，晚秋至早春用于冬季露地花坛布置。其观赏期长，叶色极为鲜艳，在公园、街头、花坛常见用羽衣甘蓝镶边和组成各种美丽的图案，用于布置花坛，具有很高的观赏效果。目前欧美及日本将部分观赏羽衣甘蓝品种用于鲜切花销售。

1. 生长习性

羽衣甘蓝喜冷凉气候，极耐寒，可忍受多次短暂的霜冻，耐热性也很强，生长势强，栽培容易，喜阳光，耐盐碱，喜肥沃土壤。生长适温为20～25℃，种子发芽的适宜温度为18～25℃。

2. 栽培技术要点

羽衣甘蓝的播种期主要由成品期（供货期）决定，由定植期倒推播种期，播种期也由播种的环境、品种来决定。在苏州周边地区8月中旬～10月中旬成苗期约3周，10月中下旬～11月中旬成苗期为3.5周，11月中下旬～1月中旬成苗期约4周，1月中下旬～2月中下旬成苗期需要4.5周左右。

羽衣甘蓝生长周期较长，种植时基质的选择非常重要，一般选用疏松、透气、保水、保肥的几种基质混合而成，并在基质中适当加入鸡粪等有机肥作基肥。定植缓苗后应加强肥水管理，一般选用200ppm的20-10-20的肥料，7天施用一次。生长期要充分接受光照，盆栽或露地栽培要注意株距，一次定植时的株距在35cm左右，经多次假植的可在初期密度高一些。

3. 株形大小的调节措施

1）调整播种期

羽衣甘蓝一般在平均温度低于15℃就开始变色，此时植株由营养生长转入生殖生长。因此推迟播种期可减少植株的营养生长期，达到控制植株株形的效果。

2）控制氮肥的施用

氮肥主要促进茎叶的生长，适当控制氮肥的施用可控制羽衣甘蓝的株形，反之，增加氮肥的施用可促进植株叶片肥大，株形增大。

3）水分控制

控制浇水量也会影响植株的大小，羽衣甘蓝在基质湿润情况下生长茂盛，在干旱条件下株形瘦小。

4. 繁殖及病虫防治

羽衣甘蓝穴盘育苗要求在排水良好、经过消毒的基质中进行，pH 值为 5.5～6.2，EC 值小于 0.5，出芽温度 21℃，播种后覆盖一层薄的粗蛭石，有光照有利于出芽。种苗以有两对真叶为宜，应尽早移栽，防止徒长。

羽衣甘蓝常见病害为苗期猝倒病，当苗床温度低，幼苗生长缓慢，再遇高湿，则感病期拉长，特别是在局部有滴水时，很易发生猝倒病。栽培时需要加强苗床管理，根据苗情适时适量放风，避免低温高湿条件出现，不要在阴雨天浇水，要设法消除棚膜滴水现象。未发病时喷洒 75%百菌清可湿性粉剂 600 倍液或 25%嘧菌酯 1500 倍预防，在发病初期拔除病株后喷洒普力克（有效成分为 72%甲霜霉威盐）500～800 倍喷雾或灌根，或 95%恶霉灵 3 000 倍喷雾或灌根进行防治。主要虫害为蚜虫，在刚发生时可喷 40%氧化乐果 1 000 至 1 500 倍液，或辛硫磷乳剂 1 000 至 1 500 倍液，或蚜虱净 1 000 倍或 2.5%功夫乳油 3 000 倍进行防治。

模块 6.11 雏　　菊

雏菊（*Bellis perennis*），菊科雏菊属多年生草本植物，常秋播作 2 年生栽培（高寒地区春播作一年生栽培）。株形整齐，冬春花期长，耐寒性好，可露地越冬，9 月播种后 12～14 周开花，是冬季花坛重要的花卉品种之一。原产于欧洲至西亚，现世界各地均有栽培。目前市场流行栽培品种有塔苏系列。

1. 生长习性

雏菊耐寒，宜生长在冷凉气候，在炎热条件下开花不良，易枯死，生长适温为 7～15℃，冬季在 4～7℃条件下可正常开花。宜用肥沃、排水良好的沙壤土栽培。

2. 栽培技术要点

喜阳光充足，不耐阴。光照充足有利于防止植株徒长。生长适温为 7～15℃，生长期保持土壤湿润，每半月施肥一次，可施用氮浓度为 150～200ppm 的复合肥，维持基质 EC 值在 1.5～2.0 以及 pH 值介于 6.2～6.8。如果肥水充足则开花茂盛，花期亦长。

3. 繁殖及病虫防治

雏菊主要播种繁殖，9 月初秋播。穴盘苗采用疏松透气、排水良好、无菌的基质，播种基质 pH 值应介于 6.2～6.5，EC 值在 0.75 左右，种子发芽需要光照，播后不需要覆盖，保持基质湿润，温度保持在 20～22℃，发芽需要 5～7 天。雏菊的最佳移栽期是当苗长到 2 对真叶 1 心时，根系恰好把穴孔的基质包住且拉出穴孔时基质不散落时定植。

常见菌核病、叶斑病和小绿蚱蜢危害。菌核病用 50%托布津可湿性粉剂 500 倍液喷洒防治，小绿蚱蜢用 50%杀螟松乳油 1 000 倍液喷杀防治。

模块 6.12　大花马齿苋

大花马齿苋（*Portulaca grandiflora*），别名半支莲、松叶牡丹、太阳花。马齿苋科马齿苋属一年生肉质草本。原产南美巴西。我国各地均有栽培。花瓣颜色鲜艳，有白、深、黄、红、紫等色。6～7 月开花。园艺品种很多，有单瓣、半重瓣、重瓣之分。植株矮小，茎叶翠绿肉质，花大色艳，繁殖容易，是极好的盆栽和地被观赏花卉。近年来广泛用于城市花坛布置，宜布置花坛外围，也可作为专类花坛或盆栽观赏。

1. 生长习性

喜温暖、阳光充足而干燥的环境，阴暗潮湿之处生长不良。极耐瘠薄，一般土壤均能适应，而以排水良好的沙质土最相宜，能自播繁衍。

2. 栽培技术要点

生长期喜欢阳光充足。栽后浇水不宜过多，可保持稍湿润和半阴环境。每半月施肥一次，可用 20-20-20 通用肥。

3. 繁殖及病虫防治

1）繁殖

大花马齿苋主要用播种或扦插繁殖。

（1）播种：大花马齿苋种子非常细小，每克约 8 400 粒。常采用育苗盘播种，播后不覆盖，保证足够的湿润。发芽温度 21～24℃，约 7～10 天出苗，幼苗极其细弱，因此如保持较高的温度，小苗生长很快，便能形成较为粗壮、肉质的枝叶。从播种到开花需要 70～80 天。

（2）扦插：生长期剪取健壮充实的枝条，长 7～8cm，插入疏松透气、排水良好、无菌的基质，可用 75%从加拿大进口的 0～6mm 品氏草炭、20%的珍珠岩、5%的蛭石混合均匀。插后 12～14 天可生根，25 天后盆栽。

2）病虫防治

大花马齿苋极少病害，重点防治蚜虫、杏仁蜂等。防治蚜虫的关键是在发芽前，即花芽膨大期喷药，可用吡虫啉 4 000～5 000 倍液。发芽后使用吡虫啉 4 000～5 000 倍液并加兑氯氰菊酯 2 000～3 000 倍液即可杀灭蚜虫。

模块 6.13 万 寿 菊

万寿菊（*Tagetes erecta*），别名臭芙蓉、万寿灯、蜂窝菊、臭菊花、蝎子菊，菊科万寿菊属一年生草本植物。直立型，春天播种后 11～13 周开花，夏季播种后，7～8 周开花，花大色艳，开花多，主要供应国庆花坛布置，矮生品种最适合花坛布置或花丛、花境配置，原产墨西哥，现广泛栽培。栽培品种多变，有皱瓣、宽瓣、高型、大花等，颜色有金黄色、黄色、橘黄色等。目前市场流行栽培品种有安提瓜岛、完美系列等。

1. 生长习性

万寿菊喜阳光充足的环境，耐寒、耐干旱，在多湿气候下生长不良。对土地要求不严，但以肥沃、疏松、排水良好的土壤为好。

2. 栽培技术要点

万寿菊为阳性植物，生长、开花均要求阳光充足。但夏季大晴天的正午前后要适当遮阴降温。生长适温为 15～25℃，花期适宜温度为 18～20℃，冬季温度不低于 5℃。采用排水良好的基质，每周可施用氮浓度为 150～200ppm 的复合肥，维持基质 EC 值在 1.5～2.0 以及 pH 值在 6.2～6.8。幼苗定植后，生长迅速，应及时摘心，促使分枝。为控制植株高度，在摘心后 10～15 天，用 B-9 溶液喷洒 2～3 次。夏、秋植株过高时，可重剪，促使基部重新萌发侧枝再开花。花后及时摘除残花并疏叶修枝，使花开得更多。

3. 繁殖及病虫防治

万寿菊穴盘苗宜采用疏松透气、排水良好、无菌的基质，播种基质 pH 值应介于 6.0～6.5，EC 值在 0.75 左右，种子发芽不需要光照，播后用蛭石覆盖种子，保持基质湿润，温度保持在 21～24℃。在两次浇水之间要让基质干透，并加强通风，防止徒长。万寿菊的最佳移栽期是当苗长到 2 对真叶 1 心，根系恰好把穴孔的基质包住且拉出穴孔时基质不散落，定植于 10cm 盆内。

病害常见叶斑病、锈病，可用 50%托布津可湿性粉剂 500 倍液喷洒防治。虫害有红蜘蛛等，可用 50%敌敌畏乳油 1 000 倍液喷杀防治。

模块 6.14 孔 雀 草

孔雀草（*Tagetes patula*）为菊科孔雀草属，叶对生，羽状分裂，裂片披针形，叶缘有明显的油腺点。头状花序顶生，单瓣或重瓣，花色有黄色、橙色等，花形与万寿菊相似，但花朵较小而繁多。目前市场流行栽培品种有珍妮、英雄系列等。

1. 生长习性

孔雀草喜阳光，但在半遮阴处栽植也能开花。对土壤要求不严，但理想的基质是排水良好、疏松营养、pH 值在 6.2～6.5 最为适宜。白天 18～20℃，晚上 15～17℃时生长株型最为理想。

2. 栽培技术要点

孔雀草为阳性植物，生长、开花均要求阳光充足，光照充足有利于防止植株徒长，宜采用排水良好的基质。夏季大晴天的正午前后要适当遮阴降温。上盆后温度为 10～30℃均可良好生长。孔雀草植株受过冻伤之后茎叶会变红，特别是在风口处常被风吹也会造成茎叶会变红，冬春应做好保温工作，防止植株冻伤。孔雀草栽培一般不摘心，如果要推迟花期，可将花蕾摘除或开花后将花蕾、枝条修剪，使花枝更新，延长花期，此时肥水要跟进。

3. 繁殖及病虫防治

生产上孔雀草多用种子繁殖。播种的时期，因产花要求而定，早春播种的初夏开花，8 月初播种的 9 月下旬开花，11 月播种的 3 月开花，12 月播种的 4 月开花。为实现周年生产，可实行分期播种。

孔雀草穴盘苗采用疏松透气、排水良好、无菌的基质，播种基质 pH 值应介于 6.2～6.5，EC 值在 0.75 左右，孔雀草种子发芽不需要光照，播后用蛭石覆盖种子，保持基质湿润，温度保持在 21～22℃。最佳移栽时间为 2 对真叶和 1 心，叶色翠绿色，株高 3～5cm，无高脚现象，长势整齐，外观上能遮挡穴盘。

孔雀草的病虫害较少，苗期水肥管理不当会发生猝倒病，可用普力克（有效成分为 72%甲霜霉威盐）500～800 倍喷雾或灌根，或用 75%甲基托布津 1 200 倍液灌根防治。偶尔发生褐斑病、白粉病等，属真菌性病害，应选择好地栽培，并注意通风与排灌，清除病株、病叶，烧毁残枝，定期喷 75%百菌清 800 倍或 75%甲基托布津 1 200 倍液可以预防。

虫害主要是红蜘蛛，可加强栽培管理，在虫害发生初期可用 20%三氯杀螨醇乳油 500～600 倍进行喷药防治。

模块 6.15　长　春　花

长春花（*Catharanthus roseus*），别名日日春、四时春、五瓣梅，夹竹桃科长春花属多年生草本，在亚热带和温带地区都作为一年生花卉栽培。它的花朵特多，花期特长，花势繁茂，生机勃勃。从春到秋开花从不间断，所以有“日日春”之美名。适用于盆栽、花坛和岩石园观赏，特别适合大型花槽观赏。长春花已成为夏季花坛的主要花卉。流行的栽培品种有太平洋系列、地中海系列。

1. 生长习性

长春花喜温暖、稍干燥和阳光充足环境。生长适温 3～7 月为 18～24℃，9 月至翌年 3 月为 13～18℃，冬季温度不低于 10℃。长春花生长期必须有充足阳光，叶片苍翠有光泽，花色鲜艳。若长期生长在遮阴处，叶片发黄落叶。长春花忌湿怕涝，宜肥沃和排水良好的土壤，忌偏碱性、板结、通透气性差的黏质土壤。

2. 栽培技术要点

采用疏松透气、排水良好、无菌的栽培基质，栽培基质 pH 值应介于 5.3～5.8，基质 EC 值应在 1.2～1.5。生长适温为 20～30℃，35℃以上会灼伤长春花。浇水要见干见湿。最好用湿度、肥料和温度来控制管理生长，如果需要可以用 2 500～5 000ppm 的 B-9。

3. 繁殖及病虫防治

采用疏松透气、排水良好、无菌的基质，播种基质 pH 值应介于 5.3～5.8，基质 EC 值应小于 1.0。播后用粗蛭石覆盖种子。发芽需要在黑暗条件下进行。子叶展开后，提供 1 000～5 000lx 光照。

水分的过量会导致疫病，夏季高温多雨季节也易发生猝倒病。幼苗茎基部出现水渍状黑褐色腐烂病斑，似开水烫过样，组织软化，迅速蔓延全株，最后植株倒伏死亡。

控制病情主要是降低湿度，增施磷、钾肥，增强植株抗病力；发现病株，及时拔除。宜选择疏松透气、排水良好、无菌的栽培基质，在发病前喷洒 65%代森锰锌 500 倍液或 1∶1∶100 波尔多液预防。

模块 6.16　百　日　草

百日草（*Zinnia elegans*），别名步步高、火球花。菊科，百日草属，原产于墨西哥，一年生草本花卉。花朵硕大，色彩丰富，有紫红、红、黄、橙、白等花色，花期长，是园林中常见的夏季草花，夏季花坛布置的主要材料。目前市场流行栽培品种有梦境、彼得诺系列等。

1. 生长习性

百日草喜温暖和阳光充足的环境，适应性强，耐干旱，不耐阴。春天播种，从播种到开花约 12～13 周，百日草生长适温为 18～25℃，幼苗期必须在 15℃以上，为耐旱性草本，在夏季多雨或土壤排水不良的情况下，植株细长，节间伸长，花朵变小。土壤以疏松、肥沃和排水良好的沙质壤土为好，忌连作。

2. 栽培技术要点

采用疏松透气、排水良好、无菌的栽培基质，栽培基质 pH 值应介于 5.3～5.8，基质 EC 值应在 1.2～1.5。生长适温为 18～25℃。浇水要见干见湿。生长期每半个月施肥一次，可施氨态氮肥（20-10-20），花蕾形成前增施 2 次磷钾肥。苗高 10cm 时进行摘心，促使多分侧枝。花后如不留种应及时摘除残花，促使叶腋间萌发新侧枝，可再次开花。

3. 繁殖及病虫防治

百日草常用播种繁殖。播种宜采用较疏松的人工基质。基质的 pH 值为 6.5～7.5，EC 值 0.7 以下为宜。播后用粗蛭石覆盖种子，保持温度在 20～21℃，基质保持湿润，2～3 天出苗。百日草播种苗 4～6 片叶时定植于 10～12cm 盆中，移栽时注意勿伤侧根。

种植过密、通风不良易发生白粉病，在改善通风条件下，可用 25%百菌清可湿性粉剂 800 倍液喷洒防治。虫害有蚜虫、潜叶蝇等，蚜虫可用 50%杀螟松乳油 1 500 倍液喷杀防治。潜叶蝇的防治，发现后立即摘除可有效控制以后的发生程度。发现虫道后，马上连喷 3 次“斑潜净”药剂，会收到良好的效果。

复习思考题

1. 什么是一二年生花卉？一年生花卉和二年生花卉两者有何区别？
2. 简述一二年生花卉栽培技术要点。
3. 扦插繁殖的方式有哪些，操作时有哪些注意事项？
4. 试述一串红花期调控措施。
5. 试述三色堇的生长习性、繁殖栽培要点。

实 训 指 导

实训指导 6　观赏植物穴盘播种技术

一、目的与要求

通过实习，使学生掌握观赏植物穴盘播种技术。

二、材料与用具

基质（珍珠岩、草炭）、观赏植物种子、128VFT 穴盘、喷壶。

三、实训内容

播种繁殖的步骤如下。

（1）穴盘准备：根据种子大小选择合适的穴盘。

（2）基质准备：按草炭：珍珠岩=7：3 的体积比混合并搅拌均匀，用 1 000 倍多菌灵浇灌达含水量 60%左右，完成基质消毒。

（3）装盘：将基质装入 128VFT 穴盘内，要求盘面平整，没有空缺。

（4）播种：将种子播入穴内，覆盖基质约 0.5cm，然后用底部渗水法将穴盘内基质完全湿润，并用地膜覆盖。

（5）播后管理：出苗前保持 100%基质湿润，温度为 15～25℃，出苗后去除覆盖膜，真叶出现后施 50ppm 的复合肥，真叶展开后移栽。

四、实训作业

阐述播种繁殖的过程中的注意事项及感悟。

五、考核

以小组为单位，考核播种的质量与规定时间内完成的数量、小组协作能力、现场的管理能力等，给出综合得分。

实训指导 7　观赏植物扦插技术

一、目的与要求

通过实习，使学生掌握观赏植物的扦插繁殖技术。

二、材料与用具

扦插基质（珍珠岩、草炭）、插穗（一年生草本植物）、喷壶、利刃、40cm×60cm 深槽花盆。

三、实训内容

1. 插穗的制备

在生长健壮的母株上选择外围的枝条和基部萌生的枝条作扦插材料。用枝剪剪取插穗，插穗要有一定的长度，最好要有 2 个或 2 个以上的节，特别注意剪口的光滑，一般上剪口离芽 0.8cm 并有 15° 的斜面，下剪口有 45° 的斜面，以利于愈伤组织的形成和生根，关键技术是枝剪的刃口要锋利。

2. 基质准备

按草炭、砻糠灰、珍珠岩以 7：2：1 体积比混合并搅拌均匀，用 1 000 倍多菌灵浇灌达含水量 60%左右，完成基质消毒。

3. 装盘

将基质装入 128VFT 穴盘内，要求盘面平整，没有空缺。

4. 扦插

注意扦插的深度，插入过深，因地温低，氧气不足，不利于生根；插入过浅则插穗外露过多，蒸发量大，容易造成失水过多而枯死，一般插入基质的深度为插穗长度的1/3～1/2。插后浇透水。

5. 管理

（1）温度：要求在20～25℃，温度对插条生根的影响很大，温度适宜，则生根快，基质温度高于空气温度对生根有利，以高出3～5℃为宜。

（2）光照：在扦插初期要求70%的遮阳网覆盖，等生根后可以见全光照。

（3）湿度：要求80%的空气相对湿度。

四、实训作业

阐述扦插繁殖的过程中的注意事项及感悟。

五、考核

以小组为单位，考核扦插的质量与规定时间内完成的数量、小组协作能力、现场的管理能力等，给出综合得分。

实训指导8　观赏植物上盆技术

一、目的与要求

通过实习，使学生掌握观赏植物的上盆技术。

二、材料与用具

穴盘苗、基质、喷壶、10cm×12cm营养钵。

三、实训内容

（1）起苗将需要上盆的穴盘苗从穴盘中起出，不要伤起根，待植。

（2）先将营养钵内装1/3的基质，然后将穴盘苗放入盆口中央深浅适当的位置，继续填基质于苗的根部周围，直到营养钵内基质满盆。轻轻蹾几下营养钵，再用手轻轻压植株周围的基质，直至基质与根系紧密接触，压实后留1cm左右的水线。

（3）养护：用喷壶浇透水，浇水完毕，以盆底排出水为宜。适当遮阴，待恢复生长后放在阳光充足地方，正常养护。

四、实训作业

记录上盆过程及注意事项。

五、考核

以小组为单位，考核上盆的质量与规定时间内完成的数量、小组协作能力、现场的管理能力等，给出综合得分。

实训指导9　节日花坛花卉应用情况调查

一、目的与要求

通过实习，使学生了解当地节日花坛花卉应用水平。

二、材料与用具

记录本、笔、卷尺、拍照设备。

三、实训内容

对所调查的地点范围内花坛花卉的种类进行记录，并填入表6-2。

表6-2　花坛花卉的种类调查表

调查地点	花坛面积/m^2	花坛设置位置	用花种类名称	花卉色彩	每株花蓬径/cm	种植密度/（株/ m^2）或株行距

注：1. 花坛面积为估算用于计算花坛造价，植株是种植还是盆花摆放。

2. 花坛设置位置：主入口、主干道、主建筑（银行、医院、公园入口、政府门旁等）。

3. 花坛构图用照片体现，也可以画平面图。

每小组至少上交10张照片，照片要求体现花坛与环境的关系、花材特征、花坛色彩与构图、小组人员合作工作场景。

四、实训作业

就本小组调查内容合作写成调查报告，一个小组1份，格式如下：

花坛花卉应用调查

1. 调查地点
2. 调查日期
3. 调查人员
4. 具体内容

① 描述调查地点的地理位置和功能，设置花坛的必要性和可行性。

② 填写调查表内容，可以根据实际情况增加或减少调查项目，并说明理由。
③ 对调查表内容进行分析说明、发现问题。
④ 提出小组建议或意见。
⑤ 附上照片加以说明。

五、考核

以小组为单位，考核调查作业完成情况、小组协作能力等，给出综合得分。

第7单元　多年生花坛植物生产

学习目标

通过本单元学习能够识别30种常见球根和宿根花坛花境植物，掌握常见球根、宿根、花坛花境植物的生态习性、繁殖方法、栽培管理技术要点。

关 键 词

宿根花卉　球根花卉　分球繁殖

单元提要

本章介绍了常见的花坛、花境植物的生产栽培技术，主要以球根花卉、宿根花卉的繁殖技术与生产技术为主线。宿根花卉主要介绍宿根福禄考、萱草类、玉簪、鸢尾类、麦冬类等；球根花卉介绍了郁金香、美人蕉、石蒜、大丽花等长三角地区常见的种类。

模块 7.1　常见多年生花坛花境植物简表

广义的宿根花卉是指能够生存2年以上，成熟后每年开花的多年生草本植物。狭义的宿根花卉是指能够生存2年以上，地下部分正常生长，没有变态，可多年开花的草本植物。在苏州地区，部分宿根花卉常做一二年生栽培。球根花卉是指能够生存2年以上，地下部分膨大变态成球状，可多年开花的草本植物。

1. 宿根花卉栽培要点

宿根花卉多属寒冷地区生态型，可分较耐寒和较不耐寒两大类。苏州地区一般都可露地种植。以分株繁殖为主，宿根花卉分株在休眠期进行。春季开花的种类应在秋冬分株；秋季开花的可在春季分株。新芽少的种类可用扦插、嫁接等法繁殖。栽种前深翻土壤并施足有机肥，栽植不宜过深。生长期间追施液肥，春季发芽前可在植株四周挖沟施以堆肥。栽培数年后，株丛拥挤、长势渐衰、开花不良时，应结合分株繁殖，重新栽植更新。

2. 球根花卉栽培要点

1）栽培总要点

球根花卉的多数种类，其吸收根少而脆嫩，断后不能再生长新根，故球根一经栽植后，在生长期内不可移植。球根花卉大多叶片甚少或有定数，栽培中应注意保护，避免损伤。花后应及时剪除残花，不使其结实，以减少养分的损耗，有利于新球的充实。花后正值地下新球膨大充实之际，应加强水肥管理。球根栽植的深度，通常为球根的3倍（即覆土约球高的2倍），球根较大或数量较少时，常行穴栽，球小而量多时，多开沟栽培，穴或沟底要平整，不宜过窄而使球根底部悬空。

2）种球的贮藏

春植球根在寒冷地区为防止冬季冻害，应于秋季采收贮藏越冬。秋植球根在苏州地区越夏困难，在6月梅雨到来前叶片枯萎时采收，冷库贮藏越夏。球根采集后，辨别大小、优劣，合理繁殖和培养。新球或子球增殖较多时，如不采收，进行分离，常因拥挤生长，养分分散而不宜开花。发育不够充实的球根，在采收后置于干燥通风处，可促使后熟。采收后可将土地翻耕。贮藏前，应除尽浮土杂物，剔去病残的球根。

3. 常见多年生宿根、球根花卉种类

在花坛、花境中常见的植物种类很多，繁殖方式也不同。宿根花卉主要介绍宿根福禄考、萱草类、玉簪、鸢尾类、麦冬类等；球根花卉主要介绍郁金香、美人蕉、石蒜、大丽花等，详细介绍如表7-1所示。

表 7-1 常见球根、宿根植物简表

序号	名称	学名	科	属	主要特征	花色、花期	繁殖方法	园林应用
1	黑心菊	*Rudbeckia hirta*	菊科	金光菊属	宿根花卉，球根茎较粗壮。互生叶粗糙，长椭圆形至狭披针形，茎生叶3～5裂，边缘具稀锯齿	花色为黄色、褐紫色，花期5～9月	播种、扦插、分株	从植片植、公路绿化、花坛花境、草地边植，也可作切花
2	大滨菊	*Leucanthemum maximum*	菊科	滨菊属	宿根花卉，基生叶倒披针形具长柄，茎生叶无柄、线形。头状花序单生于茎顶，舌状花白色，有香气	花色白色、黄色，花期6～7月	播种、分株	片植、花境、草地边植、点缀栽植，也可作切花
3	金鸡菊	*Coreopsis basalis*	菊科	金鸡菊属	宿根花卉，叶片多对生。花单生或疏圆锥花序，总苞两列，每列3枚，基部合生	花色黄、棕或粉色，花期7～8月	播种、分株	从植片植、花坛花境，也可作切花
4	荷兰菊	*Symphyotrichum novibelgii*	菊科	联毛紫菀属	宿根花卉，有地下走茎，茎丛生、多分枝，叶呈线状披针形，光滑，叶片椭圆形，头状花序，单生	花色蓝紫或玫红，花期6～10月	分株、扦插	花坛、花境
5	天人菊	*Gaillardia pulchella*	菊科	天人菊属	宿根花卉，全株被柔毛。叶互生，披针形、矩圆形至匙形，全缘或基部叶羽裂	舌状花黄色，基部带紫色，花期7～10月	播种、扦插	花坛、花丛
6	松果菊	*Echinacea purpurea*	菊科	松果菊属	宿根花卉，全株具粗毛，茎直立。基生叶卵形或三角形，茎生叶卵状披针形，叶柄基部稍抱茎；头状花序单生于枝顶，或数朵聚生，花径达10cm	舌状花紫红色，管状花橙黄色，花期6～7月	播种、分株、扦插	背景栽植、花境、坡地材料，亦作切花
7	勋章菊	*Gazania rigens*	菊科	勋章菊属	宿根花卉，叶由根际丛生，披针形或倒卵状披针形，全缘或有浅羽裂，叶背密被白绵毛	舌状花白、黄、橙红色，花期4～5月	播种	盆栽花坛
8	地被菊	*Chrysanthemum morifolium*	菊科	菊属	宿根花卉，植株低矮、株型紧凑，花色丰富、花朵繁多	花色为黄、红、粉，花期9～10月	分株、扦插、嫁接	盆栽、地植，作花篱
9	蛇鞭菊	*Liatris spicata*	菊科	蛇鞭菊属	宿根花卉，植株低矮，常从块根上抽出数枝30～50cm高的花葶，花葶直立且多叶。叶线形，头状花序排列成密穗状	花色为红紫色，花期7～9月	播种、分株	布置花境，也可作为切花、插花

续表

序号	名称	学名	科	属	主要特征	花色、花期	繁殖方法	园林应用
10	钓钟柳	*Penstemon campanulatus*	玄参科	钓钟柳属	宿根花卉，作一年生栽培，高 50cm，全株被绒毛。丛生，茎直立。叶互生，披针形。花单生或3～4 朵生于叶腋与总梗上，组成顶生长圆锥形花序，花筒状	花色为红、紫、白，花期 5～10 月	播种、扦插、分株	花境、盆栽
11	玉簪	*Hosta plantaginea*	百合科	玉簪属	宿根花卉，根状茎粗厚，粗 1.5～3cm。叶卵状心形、卵形或卵圆形，先端近渐尖，基部心形	花色为白色，花期 7～9 月	分株、播种	盆栽、切花
12	八宝景天	*Hylotelephium erythrostictum*	景天科	八宝属	宿根花卉，地下茎肥厚，地上茎簇生，粗壮而直立，全株略被白粉，呈灰绿色。叶轮生或对生，倒卵形，肉质，具波状齿	花色为淡粉红色、白色、紫红色、玫红色，花期 7～10 月	分株、扦插	花坛、花境或成片栽植作护坡地被植物
13	假龙头	*Physostegia virginiana*	唇形科	假龙头花属	宿根花卉，茎丛生而直立，四棱形，株高可达 0.8m。单叶对生，披针形，亮绿色，边缘具锯齿。穗状花序顶生，每轮有花 2 朵，花筒长约 2.5cm，唇瓣短	花色为淡紫红，花期 7～9 月	分根	盆栽观赏或种植在花坛、花境之中
14	宿根鼠尾草	*Salvia uliginosa*	唇型科	鼠尾草属	宿根花卉，须根密集。茎直立，高 40～60cm，钝四棱形，具沟，沿棱上被疏长柔毛或近无毛。茎下部叶为二回羽状复叶	花色为淡红、淡紫、淡蓝至白色，花期 6～9 月	播种、插枝	花丛、花境、花坛、地被、片植
15	丛生福禄考	*Phlox subulata*	花葱科	天蓝绣球属	宿根花卉，茎直立，多分枝。叶互生	花色为玫红色，花期 5～6 月	压条、扦插、分株	花坛、花境及岩石园，盆栽，切花
16	大花萱草	*Hemerocallis hybrida*	百合科	萱草属	宿根花卉，肉质根茎较短。叶基生，二列状，叶片线形，花茎高出叶片，上方有分枝，有芳香，花大，具短梗和大型三角状苞片。花冠漏斗状或钟状，裂片外弯	花色为黄色或者橘红色，花期 7～8 月	播种、分株	花坛、隔离带、草坡
17	黄菖蒲	*Iris pseudacorus*	鸢尾科	鸢尾属	宿根花卉，植株高大，根茎短粗。叶子茂密，基生，绿色，长剑形，长 60～100cm，中肋明显，并具横向网状脉。花茎稍高出叶，垂瓣上部长椭圆形，基部近等宽	淡黄色，花期 5 月	播种、分株	丛植、片植

续表

序号	名称	学名	科	属	主要特征	花色、花期	繁殖方法	园林应用
18	德国鸢尾	*Iris germanica*	鸢尾科	鸢尾属	宿根花卉，根状茎粗壮而肥厚，须根肉质，叶直立或略弯曲，剑形，顶端渐尖，基部鞘状，常带红褐色，无明显的中脉，花茎光滑	花色为淡紫色、蓝紫色、深紫色或白色，花期4～5月	分栽根状茎和组织培养	花坛、花境、片植
19	蜀葵	*Althaea rosea*	锦葵科	蜀葵属	宿根花卉，茎枝密被刺毛。叶近圆心形，掌状5～7浅裂或波状棱角，裂片三角形或圆形，中裂片，上面疏被星状柔毛，粗糙	花色为红、紫、白、粉红、黄和黑紫，花期6～10月	播种、分株、扦插	盆栽、花坛、丛植、切花
20	射干	*Belamcanda chinensis*	鸢尾科	射干属	宿根花卉，叶互生，嵌迭状排列，剑形，长20～60cm，宽2～4cm，基部鞘状抱茎，顶端渐尖，无中脉。花序顶生，叉状分枝，每分枝的顶端聚生有数朵花，花梗细	花色为橙红色，花期6～8月	播种、根茎	花径
21	麦冬	*Ophiopogon japonicus*	百合科	沿阶草属	宿根花卉，地下走茎细长，直径1～2mm，节上具膜质的鞘。茎很短，叶基生成丛，禾叶状，长10～50cm	花色为紫色，花期5～8月	栽种	丛植、片植、盆栽
22	落新妇	*Astilbe chinensis*	科虎耳草科	落新妇属	宿根花卉，茎无毛。基生叶为二至三回三出羽状复叶；顶生小叶片菱状椭圆形，叶轴仅于叶腋部具褐色柔毛	花色为淡紫色至紫红色，花果期6～9	播种、分根	花坛、花境、盆栽、切花
23	柳叶马鞭草	*Verbena bonariensis*	马鞭草科	马鞭草属	宿根花卉，花为聚伞花序，柳叶为十字对生，全株都有纤毛	花色为紫红色或淡紫色花，花期5～9月	播种、扦插、切根	片植、花境
24	薰衣草	*Lavandula angustifolia*	唇形科	薰衣草属	多生草本或小矮灌木，丛生，多分枝，常见的为直立生长	花色为紫蓝色，花期6～8月	播种、扦插、压条、分根	花径丛植或条植，也可盆栽观赏
25	翠芦莉	*Ruellia simplex*	爵床科	芦莉草属	宿根花卉，叶对生，新叶及叶柄常呈紫红色。花腋生，花径3～5cm。花冠漏斗状，5裂，具放射状条纹，细波浪状	花色为蓝紫色，少数粉色或白色，花期4～10月	播种、扦插、分株等	丛植、花境、盆栽、地被或花坛镶边

续表

序号	名称	学名	科	属	主要特征	花色、花期	繁殖方法	园林应用
26	水仙	*Narcissus tazetta*	石蒜科	水仙属	球根花卉，鳞茎卵状至广卵状球形，外被棕褐色皮膜	花色为白、黄、晕红、粉，花期3～4月	分球	布置花坛、花境，也适宜在疏林下、草坪中成丛、成片种植
27	郁金香	*Tulipa gesneriana*	百合科	郁金香属	球根花卉，鳞茎扁圆锥形或扁卵圆形，长约2cm，具棕褐色皮股，外被淡黄色纤维状皮膜	花多色，花期4～5月	分球、播种	切花或布置花坛、花境，也可丛植于草坪上、落叶树树荫下。中、矮性品种可盆栽
28	朱顶红	*Hippeastrum rutilum*	石蒜科	朱顶红属	朱顶红鳞茎近球形，叶6～8枚，花后抽出，鲜绿色，花茎中空，稍扁，具有白粉；花被管绿色，圆筒状，花被裂片长圆形，顶端尖，洋红色，略带绿色，喉部有小鳞片	花多色，自然花期5月	播种、分球、扦插	盆栽、花境、切花
29	风信子	*Hyacinthus orientalis*	风信子科	风信子属	球根类植物，鳞茎卵形，有膜质外皮，皮膜颜色与花色成正相关，未开花时形如大蒜	花多色，自然花期3～4月	分球	早春花坛、花境、林缘，也可盆栽、水养，或作切花观赏
30	百子莲	*Agapanthus africanus*	石蒜科	百子莲属	球根花卉，叶线状披针形，近革质；花茎直立，高达60cm；伞形花序，花10～50朵，花漏斗状，花药初为黄色，后变成黑色	花色为深蓝色或白色，花期7～8月	分株、播种	作岩石园和花径的点缀植物
31	石蒜	*Lycoris radiata*	石蒜科	石蒜属	球根花卉，鳞茎近球形。秋季出叶，叶狭带状，顶端钝，深绿色，中间有粉绿色带	花红色、黄色、紫红色，花期8～9月，果期10月	根种	园林中常用作背阴处绿化或林下地被花卉，花境丛植或山石间自然式栽植
32	百合	*Lilium brownii*	百合科	百合属	球根花卉，鳞茎球形，淡白色，先端常开放如莲座状，由多数肉质肥厚、卵匙形的鳞片聚合而成	花多白色，6月上旬现蕾，7月上旬始花，7月中旬盛花，7月下旬终花，果期7～10月	鳞片扦插、分球	专类园、切花、盆栽

续表

序号	名称	学名	科	属	主要特征	花色、花期	繁殖方法	园林应用
33	唐菖蒲	*Vaniot houtt*	鸢尾科	唐菖蒲属	球根花卉，球茎扁圆球形，直径2.5～4.5cm，外有棕色膜质。叶基生或在花茎基部互生，剑形，长40～60cm，灰绿色，有数条纵脉及1条明显而突出的中脉。花茎直立，高50～80cm，不分枝，花茎下部生有数枚互生的叶；蝎尾状单歧聚伞花序长25～35cm	花色为红、黄色、紫、白色、蓝等单色复色，花期7～9月	分球	切花、花坛或盆栽
34	小苍兰	*Freesia hybrida*	鸢尾科	香雪兰属	球根花卉，叶子线形，质硬；早春开花，有黄、白、紫、红、粉红等色	花色为黄、白、紫、红、粉红等色，花期在2～5月	播种、分球	适于盆栽或作切花
35	番红花	*Crocus sativus*	鸢尾科	番红花属	球根花卉，株高约5～10cm；小枝圆柱形，疏被星状柔毛，花冠大，纯橙黄等色	花色为白、黄、蓝、紫粉，花期3～4月	分球	花坛、池畔、亭前、道旁和墙边
36	马蹄莲	*Zantedeschia aethiopica*	天南星科	马蹄莲属	球根花卉，具块茎，并容易分蘖形成丛生植物。叶基生，叶下部具鞘	花多色，花期5～6月	分球	切花、盆栽、花境
37	花毛茛	*Ranunculus asiaticus*	毛茛科	花毛茛属	球根花卉，叶似芹菜的叶，故常被称为芹菜花	花色丰富，多为重瓣或半重瓣，花形似牡丹花，花期4～5月	分株、种子、组织培养	盆栽
38	美人蕉	*Canna indica*	美人蕉科	美人蕉属	多年生草本植物，高可达1.5m，全株绿色无毛，被蜡质白粉。具块状根茎。地上枝丛生。单叶互生；总状花序，花单生或对生	花红色，花、果期3～12月	播种、分株、扦插	盆栽、花坛、花境
39	姜花	*Hedychium coronarium*	姜科	姜花属	球根花卉，花序为穗状，花萼管状，叶序互生，叶片长狭，两端尖，叶面秃，叶背略带薄毛	花白色，花期6～8月	分株	适宜花坛、花境或庭前丛植，矮生品种可作盆栽
40	大丽花	*Dahlia pinnata*	菊科	大丽花属	球根花卉，有巨大棒状块根。茎直立，多分枝，高1.5～2m，粗壮。原产于墨西哥，象征大方、富丽	花色为白色、红色，或紫色，花期6～12月，果期9～10月	分根、扦插、播种	适宜花坛、花境或庭前丛植，矮生品种可作盆栽

续表

序号	名称	学名	科	属	主要特征	花色、花期	繁殖方法	园林应用
41	葱兰	*Zephyranthes candida*	石蒜科	葱莲属	球根花卉，鳞茎卵形，直径约2.5cm，具有明显的颈部，颈长2.5～5cm。叶狭线形，肥厚，亮绿色，长20～30cm，宽2～4mm	花白色，花期跨越夏秋两季	分球	花坛、花境、地被、盆栽
42	小韭兰	*Zephyranthes grandiflora*	石蒜科	葱莲属	球根花卉，鳞茎卵形，具淡褐色外皮。叶数枚基生，扁线形，浓绿色。花茎自叶丛抽出，顶生一花，粉红色	花玫瑰红色或粉红色，花期6～9月	分球、鳞茎分株	适合作花坛、花境和草地镶边，也可盆栽供室内观赏
43	火星花	*Crocosmia crocosmiflora*	鸢尾科	雄黄兰属	球根花卉，花漏斗形，橙红色	花红、橙、黄三色，花期6～8月	分球	是布置花境、花坛和作切花的好材料
44	紫娇花	*Tulbaghia violacea*	石蒜科	紫娇花属	球根花卉，植物全株均有浓郁韭菜味，顶生聚伞花序开紫粉色小花	花粉红色，花期5～7月	分球	适宜作花境中景，或作地被植于林缘或草坪中，也是良好的切花花卉
45	网球花	*Haemanthus multiflorus*	石蒜科	网球花属	球根花卉，花被管圆筒状，长6～12mm，花被裂片线形，长约为花被管的2倍；花丝红色，伸出花被之外，花药黄色。浆果球形鲜红色	花红色，花期6～7月	分球、播种	适合盆栽观赏、庭园点缀美化
46	葡萄风信子	*Muscari botryoides*	百合科	蓝壶花属	球根花卉，小花多数密生而下垂，花冠小坛状顶端紧缩，花蓝色或顶端白色	花白色、肉色、淡蓝色，花期3～4月	分球、播种	花境、点缀山石旁或盆栽摆放窗台、阳台或客厅
47	皇冠贝母	*Fritillaria imperalis*	百合科	贝母属	球根花卉，鲜鳞茎较大，株高70cm左右；茎直立，叶卵状披针形至披针形，全缘。株顶着花，数朵集生，花冠钟形	花鲜红、橙黄、黄色，花期5月	分球	适合栽培在庭院或花园中，用来布置装扮
48	荷兰鸢尾	*Iris hollandica*	鸢尾科	鸢尾属	球根花卉，叶披针形、对折，基部为鞘状，全缘，中肋明显，光滑，绿色，有光泽，成熟期叶片8～11枚；荷兰鸢尾为双花茎，花顶生，着花1～2朵	花色有金、白、蓝及深紫色，花期4月	分球	切花、花坛或盆栽
49	红花酢浆草	*Oxalis corymbosa*	酢浆草科	酢浆草属	球根花卉，株高15～25cm。具块状纺锤形根茎。单叶、三出复叶或羽状复叶，绿色。两性花，花单生或呈聚伞状，蒴果	花白、黄、淡黄或粉紫红色，花果期3～12月	分球	花坛、花境、地被、盆栽

续表

序号	名称	学名	科	属	主要特征	花色、花期	繁殖方法	园林应用
50	紫叶酢浆草	*Oxalis triangularis*	酢浆草科	酢浆草属	球根花卉，株高 15～26cm。具块状纺锤形根茎。单叶、三出复叶或羽状复叶两性花，叶片紫红色。花单生或呈聚伞状，蒴果	花粉色，叶片紫红色，全年观赏	分球	花坛、花境、地被、盆栽

模块 7.2 萱　草　类

萱草（Hemerocallis fulva），百合科萱草属多年生草本植物，别名众多，有“金针”“黄花菜”“忘忧草”等名。当食用时，多被称为“金针”。原产中国、南欧及日本，现广为栽培。

1. 生长习性

萱草喜光照或半遮阴环境，适宜种植于肥沃湿润、排水良好的土壤中。它适应多种土壤环境，无论盐碱地、砂石地、贫瘠荒地，均可生长良好。耐干旱、耐半遮阴、耐水湿。

2. 栽培技术要点

萱草栽培管理比较简单，要求种植在排水良好、夏季不积水、富含有机质的土壤中。由于花期长，除种植时施足基肥外，花前及花期需要补充追肥 2～3 次，以补充磷钾肥为主，也可喷施 0.2%的磷酸二氢钾，促使花朵肥大，并可达到延长花期的效果，花后自地面剪除花茎，并及时清除株丛基部的枯残叶片。因其分蘖能力比较强，栽植时株行距应保持在 30cm×40cm。栽后第二年适时追肥，对当年开花有较大影响。全年最好施 3 次追肥，第 1 次在新芽长到约 10cm 时施；第 2 次在见到花莛时施；第 3 次在开花后 10 天施。施后注意浇水，保持土壤湿润状态可促进多开花。萱草根系有逐年向地表上移的趋势，秋冬之交要注意根际培土，并中耕除草。

3. 繁殖及应用

萱草常用分根繁殖，萱草种植每 2～3 年后需要分根一次，在秋季落叶后或春季刚刚萌发前进行。春季分株植株，当年开花不好。分株时挖出母株，抖掉外围泥土细心观察，按照根的自然伸展间隔，顺势从缝隙中用手分开或用利刀切开，每丛 3～4 芽，不宜过多。分开后加以修剪，并除去烂根，即可种植。种植后浇透水，保持湿润，半月后可恢复正常生长。

园林中丛植于花境、路旁，也可作疏林地地被，也适合于古典园林假山、点石、路

旁、池边点缀或小片群植。家庭庭院适宜种植于后庭，或院落阶沿、墙边作院景点缀，极富饶趣。

模块 7.3　玉　簪　类

玉簪（*Hosta plantaginea*），百合科玉簪属多年生植物，又名白萼、白鹤仙。原产东亚寒带与温带，世界有 23～26 种（日本认为 40 种），主要分布于中国、日本、朝鲜、韩国。

1. 生长习性

玉簪植株生长健壮，耐严寒，喜阴湿，畏阳光直射，在疏林及适当遮阴处生长繁茂。喜土层深厚、肥沃湿润、排水良好的沙质壤土。

2. 栽培技术要点

玉簪在苏南地区的物候期大致是 3 月萌芽出土，8～9 月开花，10 月果实成熟，11 月中下旬霜后地上部枯萎，根茎与休眠芽露地越冬。通常 2～3 年生的地下茎，可发 5 个左右新芽，株丛具根出叶 20 片左右，丛径宽幅约 50cm。

玉簪种植宜选不积水、夏季阳光不过强的地方，阳光直射下养护，就会生长十分缓慢或进入半休眠的状态，并且叶片也会受到灼伤而慢慢地变黄、脱落。因此，在炎热的夏季要给它遮掉大约 50%的阳光。夏季高温、闷热（35℃以上，空气相对湿度在 80%以上）的环境不利于它的生长；对冬季温度要求很严，当环境温度在 10℃以下停止生长，在霜冻出现时不能安全越冬。夏季水涝 24 小时以上，玉簪即出现凋萎现象。土壤以微酸性、有较丰富的有机质为适宜。使用化肥可选缓释性的复合肥，每亩用量为 12kg 左右。

3. 繁殖及应用

春、秋两季均可进行分株繁殖，也可播种或组织培养繁殖。

分株一般在春季萌芽前进行，把母株挖出，抖掉多余的盆土，把盘结在一起的根系尽可能地分开，用锋利的刀把它剖开成两株或两株以上，分出来的每一株都要带有一定数量的根系，并对其叶片进行适当地修剪，以利于成活。分株后灌根或浇一次透水。20 天左右正常养护。在分株后的 3～4 周内要节制浇水，适当遮阳。

现代庭园，多配植于林下草地、岩石园或建筑物背面，也可三两成丛点缀于花境中。

模块 7.4　鸢　尾　类

鸢尾（*Iris tectorum*），鸢尾科鸢尾，属多年生草本，原产亚洲、欧洲。

1. 生长习性

鸢尾地下部分可分为块状或匍匐状根茎，或鳞茎、球茎。根茎类鸢尾比较耐寒，若有雪覆盖，可耐-40℃的低温。大多数品种喜阳光，也有部分品种耐阴，对土壤和水分要求不严，有喜排水良好、适度湿润土壤者，如鸢尾、蝴蝶花、德国鸢尾等，大多数鸢尾属这一类；有喜湿润土壤至浅水者，如溪荪、花菖蒲等；有喜生于浅水中者，如黄菖蒲、路易斯安娜鸢尾等。现代用于花卉栽培的鸢尾，大多是经过长期杂交选育，培养出的一批园艺栽培种。

2. 栽培技术要点

鸢尾的多数种类要求日照充足，如花菖蒲、燕子花、德国鸢尾等，在遮阴度较大的生长条件下，常开花稀少，而蝴蝶花在半遮阴处生长较好。最适土温控制在16～18℃。生产的日夜平均温度可在20～23℃，最低温度为5℃。在高温和光线较弱的温室中，缺少光照会造成花朵枯萎。鸢尾对氟元素敏感，含氟的肥料和三磷酸盐肥料应禁止使用。在生长过程中防止因叶片受损而染灰霉病，而导致的植株生长受阻，甚至植株倒伏、死亡。另外，轮作或对土壤进行处理，防止感染软腐病或根腐病。

3. 繁殖及应用

多数鸢尾通常用分株方法繁殖，一般 2～4 年分植一次，苏州地区在春、秋两季进行。分割根茎时，每块根茎要求具 2～3 个芽。利用根茎繁殖幼苗，可将新根茎分割后，插埋于湿沙中，保持 20℃温度，2 周内可以促进不定芽的发生。种子繁殖，应在种子成熟采收后立即播种，若延迟播种，种子需要低温湿藏。一般播种苗，播后 2～3 年开花，若播后冬季在保护地越冬，则生长 18 个月即可见花。鸢尾是花境、花带、林边或隙地的极好绿化材料，亦可丛植、群植在建筑物前、绿篱旁，还可作切花。

模块 7.5　麦　冬　类

麦冬（*Ophiopogon japonicus*），百合科多年生常绿草本。原产中国及日本，现广为栽培。

1. 生长习性

麦冬喜光耐阴、耐寒、耐高温多湿，对土壤适应性较强，管理粗放。国内常见栽培品种有金叶麦冬、狭叶麦冬、阔叶山麦冬、矮麦冬等。

2. 栽培技术要点

宜选疏松、肥沃、湿润、排水良好的中性或微碱性沙壤土种植，积水低洼地不宜种

植。忌连作。前茬以豆科植物如蚕豆、黄花苜蓿和麦类为好。每亩施农家肥 3 000kg，配施 100kg 过磷酸钙和 100kg 腐熟饼肥作基肥，深耕 25cm，整细耙平，作成 1.5m 宽的平畦。中耕除草。一般每年进行 3～4 次，宜晴天进行，最好经常除草，同时防止土壤板结。麦冬生长期长，需肥量大，一般每年 5 月开始，结合松土追肥 3～4 次，肥种以农家肥为主，配施少量复合肥。苏州地区冬季常绿。

3. 繁殖及应用

分株繁殖是以小丛分株繁殖。一般在 3 月下旬至 4 月下旬栽种。选生长旺盛、无病虫害的高壮苗，剪去块根和须根，以及叶尖和老根茎，拍松茎基部，使其分成单株，剪出残留的老茎节，以基部断面出现白色放射状花心（俗称菊花心）、叶片不开散为度。按行距 20cm、穴距 15cm 开穴，穴深 5～6cm，每穴栽苗 2～3 株，苗基部应对齐，垂直种下，然后两边用土踏紧做到地平苗正，及时浇水。

常作地被、花坛、花境边缘、盆栽。

模块 7.6　金光菊类

金光菊（*Rudbeckia laciniata*），菊科金光菊属多年生草本植物。头状花序大或较大，有多数异形小花，原产于北美及墨西哥。常见的种类有黑心金光菊、抱茎金光菊、二色金光菊 、全缘金光菊、金光菊、齿叶金光菊、毛叶金光菊等。

1. 生长习性

金光菊喜通风良好、阳光充足的环境。适应性强，耐寒又耐旱。对土壤要求不严，但忌水湿。有抗病、抗虫等特性。极易栽培，同时它对阳光的敏感性也不强，无论在阳光充足地带，还是在阳光较弱的环境下栽培，都不影响花的鲜艳效果。

2. 栽培技术要点

金光菊性喜向阳通风的生长环境，耐寒耐旱，不择土壤，管理较为粗放。多作地栽，适生于沙质壤土中，对水肥要求不严。植株生长良好时，可适应给以氮、磷、钾肥进行追肥，使金光菊花朵更加美艳。生长期间应有充足的光照。特别对于切花植株，利用摘心法可延长花期。对于多年生植株要强迫分株，否则会使长势减弱影响开花。

3. 繁殖及应用

播种在春、秋均可进行，但以秋播为好。播种后 10～15 天出苗，待苗长出 4～5 片真叶时移栽，翌年开花。分株繁殖宜在早春进行，将地下宿根挖出后分株，要具有 3 个以上的萌芽。播种苗和分株苗均应栽植在施有基肥与排水良好、疏松的土壤中，种植后浇透水，视光照强度适当遮阴。为了促使侧枝生长，延长花期，当第一次花谢后要及时剪去残花。重瓣品种多采用分株法。

金光菊是花境、花带、树群边缘或隙地的极好绿化材料，亦可丛植、群植在建筑物前、绿篱旁，还可作切花。

模块 7.7　宿根福禄考

宿根福禄考（*Phlox paniculata*），花荵科天蓝绣球属多年生草本，原产北美，现广为栽培。常见品种有宿根福禄考、丛生福禄考等。

1. 生长习性

根茎呈半木质，茎粗壮直立，顶生圆锥或球状花序，花色丰富，以红、紫、粉、白及复色品种为主，花期 6～10 月。喜光照充足，耐寒，宜温和气候，喜排水良好，忌夏季炎热多雨，稍耐石灰质土壤。

2. 栽培技术要点

生长旺季要保持土壤湿润，但要做到不干不浇，不可浇水过度，肥料用粪肥或饼肥水，每 10～15 天浇一次，开花后要及时去掉残花，加强追肥，促其边叶腋间萌发新梢再次开花，冬季地上部分枯萎，苏州地区可露地越冬。

3. 繁殖及应用

扦插或分株繁殖，是花坛、花境、切花、地被、盆栽的良好材料。

模块 7.8　毛　地　黄

毛地黄（*Digitalis purpurea*），玄参科毛地黄属多年生草本植物，别名有洋地黄、指顶花、金钟、心脏草、毒药草、紫花毛地黄、吊钟花。株高 60～120cm，叶粗糙、皱缩，叶基生呈莲座状，花期 5～6 月，人工栽培品种有白、粉和深红色等，一般分为白花自由钟、大花自由钟、重瓣自由钟。

1. 生长习性

毛地黄喜阳且耐阴，较耐寒、较耐干旱、耐瘠薄土壤，适宜在湿润而排水良好的土壤上生长。

2. 栽培技术要点

幼苗要注意及时浇水和松土除草，以减轻病害。

毛地黄是略喜阴植物和冷凉，生长适温在12～19℃，有充分的湿度、适当的低温时，也可以在一定光照强度下生长。若在强光照和夜间温度超过19℃的温室里也会开花，但品种不好，常发生枯萎病、花叶病和蚜虫危害。发主病害时，及时清除病株，用石灰进行消毒。发生虫害时，可用吡虫灵喷杀。

3. 繁殖及应用

毛地黄常用播种繁殖，一般春季3月上旬播种，45天后，幼苗长到3～5片叶时，即可移栽。毛地黄是花坛、花境、切花、地被的良好材料。

模块7.9 花 毛 茛

花毛茛（*Ranunculus asiaticus*）毛茛科花毛茛属多年生草本花卉，又称芹菜花、波斯毛茛。株高20～40cm，块根纺锤形，常数个聚生于根颈部；茎单生，或少数分枝，有毛；基生叶阔卵形，具长柄，茎生叶无柄，为二回三出羽状复叶；花单生或数朵顶生，花径3～4cm；花期4～5月。有重瓣、半重瓣，花色丰富，有白、黄、红、水红、大红、橙、紫和褐色等多种花色。花毛茛可分为波斯花毛茛（*Persian Ranunculus*）、班塔花毛茛（*Rurban Ranunculus*）、法国花毛茛（*French Ranunculus*）、牡丹花毛茛（*Paeonia Ranunculus*）四种类型，近些年将这些品种进行杂交，培育出很多现代品种。

1. 生长习性

花毛茛喜凉爽及半遮阴环境，忌炎热，适宜的生长温度为白天20℃左右、夜间7～10℃，既怕湿又怕旱，宜种植于排水良好、肥沃疏松的中性或偏碱性土壤，6月后块根进入休眠期。

2. 栽培技术要点

花毛茛苗期可搭遮阳网降温，防止光照过强，温度过高。为防止幼苗徒长，以白天温度低于15℃，夜间温度为5～8℃，温差小于10℃时生长最好。开花前每10天施一次氮、磷、钾比例为3∶2∶2的复合肥水溶液，并逐渐增加施肥的浓度和次数。花期浇水要适量均衡，保持土壤湿润，及时剪掉开败的残花，花期可长达1～2个月。入夏后温度升高，要停止施肥和浇水，当枝叶完全枯黄时，选择连续2～3天晴天采收块根，要小心细致逐个挖取，为避免损伤块根。采后经冲洗、杀菌消毒、晾干后，贮藏至秋季栽种。生长阶段加强病虫害防治，发现病株及时拔除，定期喷洒广谱杀菌剂灭菌；随时监控斑潜蝇、蚜虫等虫害的发生。

3. 繁殖及应用

繁殖方法以分根繁殖为主，亦可播种繁殖。

1）分根繁殖

花毛茛夏季休眠后，将休眠块根挖起，晾干放在通风干燥处贮藏。9～10 月栽植块根。栽植前顺根颈部有自然分开状部位用手掰开或使之自然分离。分离块根时，应注意带有根茎部分，否则不能发芽。种前用温水先浸泡块根 2～3 小时有利于发芽。以块根 3～6 个为一丛，然后进行地栽或盆栽。覆土宜浅，约 3cm 左右。发芽后每隔 10 天施 1 次稀薄腐熟豆饼水，之后按常规管理即可。

2）播种繁殖

种子成熟应立即播种，温度在 10℃时，约 20 天生根，温度过高发芽缓慢。通常秋季露地条播，长出 2 对真叶后移栽，次年春开花，也可春节催花。毛花茛是花坛、花境、切花、盆栽的良好材料。

模块 7.10 郁 金 香

郁金香（*Tulipa gesneriana*），百合科郁金香属多年生草本植物，原产地中海沿岸及中亚、西亚和伊朗、土耳其等地，今天郁金香已普遍地在世界各个角落种植，其中以荷兰栽培最为盛行，成为商品性生产。中国各地庭园中也多有栽培，但退化问题较为严重。郁金香鳞茎呈扁圆锥形或扁卵圆形，长约 2cm，具棕褐色皮膜，外被淡黄色纤维状皮膜。叶 3～5 枚，长椭圆状披针形，长 10～25cm，宽 2～7cm；叶分为基生叶和茎生叶，一般茎生叶仅 1～2 枚，较小。经过长期的杂交栽培，目前全世界已拥有 8 000 多个品种。

1. 生长习性

郁金香属长日照花卉，性喜向阳、避风，喜爱冬季温暖湿润、夏季凉爽干燥的气候。8℃以上即可正常生长，一般可耐-14℃的低温。耐寒性很强，苏州地区鳞茎就可在露地越冬，但怕酷暑，如果夏天来得早，盛夏又很炎热，则鳞茎休眠后难于度夏，经常产生种球干枯现象。要求腐殖质丰富、疏松肥沃、排水良好的微酸性沙质壤土。忌碱土和连作。

2. 栽培技术要点

土壤要求疏松，使用前施入腐熟的有机肥。以多菌灵 500 倍液或 75%辛硫磷乳油 1 000 倍液喷浇来进行土壤消毒。栽培时应采用盆栽或地栽，地栽培要做高畦，畦宽 120cm，种植层厚 30cm，工作道宽 45cm。株行距 10cm×12cm。种植完毕后立即浇透水，以透为准，严忌积水。出苗期保持土壤充分湿润，一旦成苗，减少水分保持土壤潮湿，视土壤湿度决定浇水次数。郁金香的栽培水分是关键因素之一，土壤过湿透气性差，易产生病苗，过干又易生成盲花。

出芽前后如阳光较强应给予遮光，白天温度保持在 18～24℃，夜间在 12～14℃，可根据花期不同及生长状况在此范围内进行调整。在基肥充足的前提下，花蕾长出后和

开花后各追肥一次。花谢后除预留种子的母株外，其余的均应及时剪除花茎，以便使养分集中供给新鳞茎发育。此时浇水次数要逐渐减少，以利于新鳞茎膨大和质地充实。

3. 繁殖及应用

郁金香繁殖常用分球繁殖。郁金香每年更新，花后即干枯，其旁生出一个新球及数个子球。子球数量因品种不同而有差异，早花品种子球数量少，晚花品种子球数量多。子球数量还与培育条件有关。每年5月下旬将休眠鳞茎挖起，去泥，挖出鳞茎后除去残叶残根、浮土，将表面清洁干净，勿伤外种皮，分级晾晒贮存，忌暴晒，防鼠咬、霉烂，在5～10℃的干燥通风环境贮存。秋季10月下旬栽种，栽培地应施入充足的腐叶土和适量的磷、钾肥作基肥。植球后覆土5～7cm即可。

矮壮品种宜布置春季花坛，鲜艳夺目。高茎品种适用切花或配置花境，也可丛植于草坪边缘。中、矮品种适宜切花、盆栽等，点缀庭院、室内，增添节日气氛。

模块 7.11　欧洲水仙

欧洲水仙石蒜科水仙属多年生球根花卉。原产欧洲及其附近地区，主要分布在英国、瑞典、法国、西班牙、葡萄牙、希腊及阿尔及利亚等国。

鳞茎呈卵圆形，由多数肉质鳞片组成，外皮干膜状，黄褐色或褐色。根纤细、白色，通常不分枝，断后不再生。大部分品种花单生，黄色或淡黄色，稍有香气，花径约8～13cm，品种不同花瓣大小有区别。副冠喇叭形，黄色，边缘呈不规则齿牙状且有皱褶。

1. 生长习性

适应冬季寒冷和夏季干热的生态环境，在秋、冬、春生长发育，夏季地上部分枯萎，地下鳞茎处于休眠状态，但其内部进行着花芽分化过程。喜肥沃、疏松、排水良好、富含腐殖质的微酸性至微碱性沙质壤土。冬季能耐-15℃低温，夏季37℃高温下鳞茎在土壤中可顺利休眠越夏。花期为3～4月。苏州地区长势良好，没有品种退化现象。园艺栽培品种常见的有塔西提、银色二月、小矮人、卡洛人婚礼等。

2. 栽培技术要点

1）露地栽培

一般10月下旬下种。种植前施足基肥，土壤以富含有机质的壤土为好。每亩地施足堆肥，并施氮肥10kg，磷肥与钾肥各12kg。密度以10cm×12cm为好，覆土7cm左右。种后浇足水，以后保持土壤湿润为宜，切不可积水。生长过程中若发现有病毒感染株，应立即拔除。花后尽早将花切下，以利于球根的膨大，6、7月植株休眠后，就可将其掘起，先进行晾干，贮藏于凉爽通风场所，最好能放于15℃左右的冷库中，以利于花芽的继续发育，促进早开花。如果不刻意分球繁殖，也可让欧洲水仙种球留在土壤中休眠，免去种植与储藏种球的麻烦。

2）盆栽

欧洲水仙由于植株较矮小，花大色艳适宜盆栽，是元旦和春节理想的盆花。一般用10～15cm的塑料盆，每盆种植3～5粒。用草炭土、砻糠灰、珍珠岩以7：2：1比例配制为盆土，种植深度为4～5cm，加强水肥管理即可。

3. 繁殖及应用

欧洲水仙可用分球繁殖。常用于花坛、花径、岩石园及草坪丛植，也可用于盆栽观赏。

模块7.12 风信子

风信子（*Hyacinthus orientalis*），百合科风信子属多年生草本。原产东南欧、地中海东部沿岸及小亚细亚一带。后来在欧洲进行栽培，1596年英国已将风信子用于庭园栽培。18世纪开始在欧洲已广泛栽培，并已进行育种。至今，荷兰、法国、英国和德国将风信子的生产推向产业化。鳞茎卵形，有膜质外皮。植株高约15cm，叶似短剑，肥厚无柄，肉质，上有凹沟，绿色有光泽。花茎肉质，从鳞茎抽出，略高于叶，花5～20朵，每花6瓣，有紫、玫瑰红、粉红、黄、白、蓝等色，芳香。自然花期3～4月。园艺品种有2 000多个，根据其花色，大致分为蓝色、粉红色、白色、紫色、黄色、绯红色、红色等七个品系。

1. 生长习性

风信子喜凉爽、湿润和阳光充足的环境，性耐寒，要求排水良好的沙质土，在低湿黏重的土壤中生长极差。苏州地区鳞茎有夏季休眠习性，秋冬生根，早春萌发新芽，3月开花，6月上旬植株枯萎。风信子在生长过程中，鳞茎在2～6℃低温时根系生长最好。芽萌动适温为5～10℃，叶片生长适温为10～12℃，现蕾开花期以15～18℃最有利。鳞茎的贮藏温度为20～28℃，最适为25℃，对花芽分化最为理想。

2. 栽培技术要点

风信子应选择排水良好、不太干燥的沙质壤土为宜，中性至微碱性，种植前要施足基肥，大田栽培，忌连作。陆地栽培宜于10～11月进行，选择排水良好的土壤是最为重要的条件。种植前施足基肥，上面加一层薄沙，然后将鳞茎排好，株距15～18cm，覆土5～8cm。保持土壤疏松和湿润。一般开花前不作其他管理，花后如不采收种子，应将花茎剪去，以促进球根发育，剪除位置应尽量在花茎的最上部。

苏州地区鳞茎可留土中越夏，不必每年挖起贮藏。若分株，可在6月上旬将球根挖出，摊开、分级贮藏于冷库内，贮藏环境必须保持干燥凉爽，将鳞茎分层摊放以利于通风，夏季温度不宜超过 28℃。每年 6 月中旬将休眠鳞茎挖起，去泥，挖出鳞茎后除去残叶、残根、浮土，将表面清洁干净，勿伤外种皮，分级晾晒贮存，忌暴晒，防鼠咬、霉烂，在 5～10℃的干燥通风环境贮存。秋季 10 月下旬栽种，栽培地应施入充足的腐叶土和适量的磷、钾肥作基肥。植球后覆土 5～7cm 即可。

3. 繁殖及应用

风信子以分球繁殖为主，育种时用种子繁殖。

1）分球繁殖

6 月份把鳞茎挖回后，将大球和子球分开，大球秋植后来年早春可开花，子球需要培养 3 年才能开花。

2）种子繁殖

多在培育新品种时使用，于秋季播入冷床中的培养土内，覆土 1cm，翌年 1 月底 2 月初萌发。实生苗培养的小鳞茎，4～5 年后开花。一般条件贮藏下种子的发芽力可保持 3 年。

风信子常用于花坛、花径、岩石园及草坪丛植，也可用于盆栽观赏。

模块 7.13　葡萄风信子

葡萄风信子（*Muscavi botryoides*），百合科蓝壶花属多年生花卉，别名蓝瓶花、蓝壶花、串铃花、葡萄百合等，原产欧洲中部的法国、德国及波兰南部，现全世界均有种植。小鳞茎呈卵圆形，叶绒状披针形，丛生，植株矮小。花莛高 15～20cm，顶端簇生 10～20 朵小坛状花，整个花序犹如蓝紫色的葡萄串，秀丽高雅。苏州地区花期为 3～4 月。花色为蓝紫、白、粉红。

1. 生长习性

葡萄风信子喜肥沃、排水良好的沙质土壤，耐半阴，耐寒、生长适温为 15～30℃。苏州地区冬季常绿，夏季休眠。

2. 栽培技术要点

葡萄风信子适应性强，栽培管理容易，苏州地区一般 10 月下旬～11 月上旬露地种植，要求土质以腐叶土或沙壤土为佳，栽植后保持培土湿度，待长出叶片后，可施用氮、磷、钾稀释液以促进发育。

冬季可促成栽培，8 月底将鳞茎放入 6～8℃的冷库内冷藏 45 天，然后取出放置在冷室通风处，12 月初上口径 18cm 的花盆，温室内 18～25℃，元旦可开花。

3. 繁殖及应用

一般采用播种或分植小鳞茎繁殖。种子采收后，可在秋季露地直播，次年 4 月发芽，实生苗 2 年后开花。分植鳞茎可于夏季叶片枯萎后进行，秋季生根，入冬前长出新叶片。在苏州地区可在田间过夏。

葡萄风信子株丛低矮、花色明丽、花期长，是园林绿化优良的地被植物，常作疏林下的地面覆盖或用于花境、花坛、草坪的成片、成带与镶边种植，也用于岩石园作点缀丛植，家庭花卉盆栽亦有良好的观赏效果。

模块 7.14 石　蒜

石蒜（*Lycoris radiata*），石蒜科石蒜属多年生草本，石蒜属植物共有 20 余种，为东亚特有属。我国有 15 种，集中分布于江苏、浙江、安徽三省，我国原产的有石蒜（*Lycoris radiata*）和忽地笑（*Lycoris aurea*）等。鳞茎广椭圆形。初冬出叶，线形或带形。花茎先叶抽出，高约 30cm，顶生 4～6 朵花；花鲜红色或有白色边缘，种子多数。花期 9～10 月，果期 10～11 月。

1. 生长习性

野生品种生长于阴森潮湿地，其着生地为红壤，因此耐寒性强，喜阴，能忍受的高温极限为日平均温度 24℃；喜湿润，也耐干旱，习惯于偏酸性土壤，以疏松、肥沃的腐殖质土为最好。夏季休眠。

2. 栽培技术要点

石蒜喜温暖湿润环境。耐寒性略差，在长江中下游地区冬季地上部常因冻害而枯萎，但地下鳞茎能安全越冬。地栽一般不必施肥，栽植深度约 5cm。地植株行距以 10～15cm、盆栽以每盆 3～5 株为宜。栽后浇透水，并经常保持土壤湿润不积水。新根生长的最适温度为 22～30℃，一般栽后 15～20 天可长出新叶。

3. 繁殖及应用

石蒜多以分鳞球茎的方法进行栽培繁殖。分鳞球茎时间以 6 月为好，此时老鳞球茎呈休眠状态，地上部分枯萎。可选择多年生、具多个小鳞球茎的健壮老株，将小鳞球茎掰下，尽量多带须根，以利于当年开花。一般分球繁殖需要隔 4～5 年。播种，秋季采后即播，当年长胚根，翌春发芽。实生苗需要培植 4～5 年后开花。

石蒜叶色翠绿，秋季彩花怒放，姿色活泼妖艳，适宜布置溪流旁小径、岩石园叠水旁作自然点缀，或配植于多年生混合花境中，均可构成初秋佳景，也可作为盆花和切花材料。

模块 7.15　大　丽　花

大丽花（*Dahlia pinnata*），菊科大丽花属多年生球根类花卉，原产墨西哥高原地区，在我国北方地区多有栽植。具肥大的纺锤状肉质块根，多数聚生在根颈的基部，内部贮存大量水分，经久不干枯。株高随品种而异，约 40～200cm 不等，头状花序，总梗长伸直立，花色及花形丰富，苏州地区花期 5～6 月。

1. 生长习性

大丽花性喜阳光和温暖而通风的环境，忌黏重土壤，以富含腐殖质、排水良好的沙质壤土为宜，盆栽时盆土尤其要注意排水和通气。

2. 栽培技术要点

大丽花的茎部脆嫩，经不住大风侵袭，又怕水涝，地栽时要选择地势高、排水良好、阳光充足而又背风的地方，并作成高畦。苏州地区大田栽培一般在 3 月底进行，如欲提早花期，可于温室或冷床中催芽，再行定植。大丽花喜肥，生长期间 7～10 天追肥 1 次。夏季，植株处于半休眠状态，一般不施肥。

栽植深度以 6～12cm 为宜。栽时可埋设支柱，免以后插入时误伤块根。生长期要注意除蕾和修剪。茎细挺而多分枝品种，可不摘心。大丽花在霜后地上部完全凋萎而停止生长，11 月下旬掘出块根，使其外表充分干燥，埋藏于干沙内，维持温度 5～7℃，相对湿度 50%，待第二年早春栽植。

3. 繁殖及应用

大丽花主要用分根、扦插繁殖。

1）分根繁殖

一般在 3 月下旬结合种植进行，因大丽花仅于根颈部能发芽，在分割时必须带有部分根颈，否则不能萌发新株。在越冬贮藏块根中选充实、无病、带芽点的块根，2～3 月份在室温 18～20℃的湿沙中催芽。发芽后，用利刀从根茎基部带 1～2 芽切段，用草木灰涂抹切口防腐。

2）扦插繁殖

扦插繁殖是大丽花的主要繁殖方法，扦插用全株各部位的顶芽、腋芽、脚芽均可，但以脚芽最好。以 3～4 月在温室或温床内扦插成活率最高。插穗取自经催芽的块根，待新芽基部一对叶片展开时，即可从基部剥取扦插。插壤以沙质壤土加少量腐叶土或泥炭为宜。

大丽花花色丰富，花朵富贵，常用来作花境或群植，也可作为盆花或切花的花材。

模块 7.16 美　人　蕉

美人蕉（*Canna indica*），美人蕉科美人蕉属多年生草本，原产美洲热带和亚热带，现世界各国广泛栽培。株高可达 100～150cm，根茎肥大；茎叶具白粉，叶片阔椭圆形。总状花序顶生，花径可达 20cm，花瓣直伸，具 4 枚瓣化雄蕊，花色丰富。苏州地区花期 7～11 月。

1. 生长习性

大花美人蕉喜温暖和充足的阳光，不耐寒。要求土壤深厚、肥沃，盆栽要求土壤疏松、排水良好。生长季节经常施肥。露地栽培的最适温度为 13～17℃。对土壤要求不严，在疏松肥沃、排水良好的沙壤土中生长最佳，也适应于肥沃黏质土壤生长。苏州地区可在防风处露地越冬。

2. 栽培技术要点

大花美人蕉栽培管理较为粗放。露地栽植密度，每平方米宜保持 13～16 枝假茎。生长期要求肥水充足，高温多雨季节，适度控制水分。植株长至 3～4 片叶后，每 10 天追施一次液肥，直至开花。花后及时剪掉残花，促使其不断萌发新的花枝。怕强风，不耐寒，一经霜打，地上茎叶均枯萎，留下地下茎块。大部分品种苏州可露地越冬。

3. 繁殖及应用

大花美人蕉多采用播种繁殖，4～5 月份将种子坚硬的种皮用利具割口，温水浸种一昼夜后露地播种，播后 2～3 周出芽，长出 2～3 片叶时移栽一次，当年或翌年即可开花。分割母根茎段，每段带 2～3 个芽，当年可开花。

大花美人蕉常作为灌丛边缘、花坛、列植，也可盆栽或作切花用料。

模块 7.17 种球规模化生产

种球产业化生产操作技术规程——以观赏百合鳞片繁殖为例。

1. 母球选择标准

（1）品种纯正。
（2）母球鳞茎周径达到 12～20cm 标准。
（3）健壮，无病虫害，未出现失水现象。

2. 剥取鳞片

剥取母鳞茎直立茎残茎以外的外层鳞片。种源缺乏时，可以再向残茎内剥取发育成熟的中层鳞片。根据母球大小，一般每球取外层鳞片 4～8 枚，中层鳞片的获取量为 4～6 枚。剥取的鳞片应紧贴鳞茎盘剥离。剥离的鳞片置遮阴处 4～8 小时，使伤口干燥愈合。

3. 鳞片催芽

鳞片消毒用 500～600 倍克菌丹或多菌灵、百菌清等杀菌浸种 20～30min，浸后将鳞片捞起晾干。用经过消毒灭菌、湿润的介质，如草质泥炭、蛭石、木屑等疏松、透气、保湿的材料与鳞片分层贮存，每层鳞片厚度不超过 5cm，介质含水量约 20%左右，以手感不出水不粘手为度。使用介质与鳞片的体积比例为 1∶1 至 1.5∶1 之间。

催芽材料用打孔塑膜袋盛装，袋口敞开或封闭，视袋内湿度状况灵活调节。

催芽鳞片盛装后，置球根花卉种球周转箱中，周转箱根据催芽场所环境，可叠起堆放，高度为 8～10 个周转箱。

催芽适宜温度为 20～22℃，不超过 25℃，不低于 18℃。保持空气湿度为 80%～85%。当鳞片不定芽（鳞芽）有 50%以上、直径超过 0.5cm，并有新根出现时，准备播种。

4. 鳞芽播种

1）苗床准备

（1）选择排水、避风、敞阳的场地，苗床作高畦，宽 1～1.2m，南北向畦。

（2）基质材料——疏松、肥沃、保湿、保肥、无病虫、无毒害。播种床基质厚度 25～30cm。基质用蒸气或药物消毒。

2）播种

（1）催芽后的鳞芽，带鳞片散播。播种密度每平方米约 400 鳞片。

（2）播后土面覆遮阳网保湿，出苗时揭离。

3）田间管理

（1）夏季遮阴。亚洲百合、铁炮百合杂种系遮阳网的遮阳率为 50%，东方百合杂种系遮阳率为 70%。

（2）越冬保护。用塑膜大棚或小拱棚保护。

（3）肥水管理。保持土壤正常湿度。出苗后 30～40 天，视生长情况在生长期每 15～20 天追肥一次，共 3～4 次，化肥尿素与磷酸二氢钾可交替使用，前期以尿素为主，后期以磷酸二氢钾为主，每亩使用量为 6～8kg。使用根外追肥，浓度为 0.2%～0.5%。

（4）病虫害防治。密切监视病虫害发生。生长期用百菌清等 800 倍杀菌剂作预防喷雾处理，每 15～20 天一次。

5. 小球收获

（1）露地栽培小球在地上部枯黄时收获。

（2）小球分级。按周径分 8～10cm、6～8cm、5～6cm、<5cm 四级。分级后，拌草质泥炭，装袋，加标签于 5～10℃低温条件冷藏。

6. 小球播种

（1）土壤准备。接水稻或棉花茬，3 年以上轮作。前作收获后，施有机物，每亩 500～800kg。土壤翻耕，深 30cm。冻垡。早春整地作畦，畦宽 1.2m，畦高 20cm。

（2）播种。秋播，10 月进行；春播 3 月上旬进行，覆盖薄膜播种期提前到 2 月。种球按分级分别播种。播种密度 25cm×10cm，单行种植，或用 35cm×15cm 宽行三角形种植。畦行一侧 20cm 种植玉米或高粱等高秆遮阴作物。百合播种深度，为土表以下 10～12cm。用玉米间作，3～4 月条播玉米，每畦 1～2 行。玉米收获后，老秆留茬遮阴。

7. 田间管理

（1）孕蕾期摘蕾。

（2）地面覆草降温、保湿、减少杂草。

（3）追施化肥或粪尿，每一生长适温期（5～6 月，9～10 月）增施追肥，每亩追化肥 2～3 次，每次化肥用量 10～15kg。前期着重氮肥，后期着重磷钾肥。叶面喷肥浓度为 0.2%～0.5%。

（4）土壤保湿，注意灌水与排水，维持土表干燥。

（5）注意病虫防治，生长期每 20～30 天，喷洒 600～800 倍百菌清。

8. 商品球收获

茎秆枯黄前收获。收获成品球，保留基生根，清除残茎。

成品球分级按周径分 10～12cm、12～14cm、14～16cm、16～18cm、18cm 以上五级，供商品销售。周径 10cm 以下按 6～8cm、8～10cm 两级供翌年商品球再生产。茎生子球按 5～6cm、6～8cm，分两级供再生产。

9. 商品球包装贮藏

收获商品球经整理后，用 500 倍杀菌剂浸种消毒 20～30min，浸后捞起晾干，或用鼓风机吹干。经处理后的商品球按分级，用草质泥炭混合保湿，盛装于打孔塑膜袋，并用标准周转箱装箱存贮。10～12cm 种球每箱 500 球。12～14cm 种球每箱 400 球，14～16cm 种球每箱 300 球。促成栽培，低温处理温度为 5～10℃，处理周期为 8～10 周。进行抑制栽培，东方百合、铁炮百合种球冷藏温度为-1.5℃，亚洲百合为-2℃。

复习思考题

1. 简述花坛花卉养护的意义。
2. 简述郁金香的分球繁殖技术。

3. 简述风信子的栽培方式及技术要点。
4. 列举5种秋植的球根花卉。
5. 常见的宿根花卉有哪些，请举例说明其中一种的栽培技术要点。

实 训 指 导

实训指导10　观赏植物分株技术

一、目的与要求

通过实习，使学生掌握观赏植物的分株繁殖技术。

二、材料与用具

待分株植物、基质（珍珠岩、草炭）、喷壶、利刃、剪刀、小铁铲。

三、实训内容

露地植物在分株前将母株株丛从花圃里掘出（尽量多带须根），然后将整个株丛用利刀劈成几丛，每丛带有3～5个枝芽和较多的根系。

盆栽花卉分株前先把母株从盆内脱出，抖掉大部分泥土，找出每个萌蘖根系的延伸方向，把盘结在一起的团根分开，然后用利刀把分蘖苗和母株连接的根颈部分割开，割后立即上盆栽植。

浇水后放遮阴棚下养护。分株繁殖的时间随花卉的种类而异，春季开花的宜在秋季分株，秋季开花的宜在春季分株。此外，水塔花的根际常滋生吸芽，可于早春挖取另行栽植。落地生根叶子边缘常生出很多带根的无性芽，亦可摘取进行繁殖。吊兰、虎耳草等，常自走茎上产生小植株，切下栽植即可。

四、实训作业

阐述分株繁殖过程中的注意事项和感悟。

五、考核

以小组为单位，考核分株的质量与规定时间内完成的数量、小组协作能力、现场的管理能力等。

第8单元　水（湿）生植物生产

学习目标☞

通过本单元的学习，能够识别20种常见水（湿）生植物，掌握常见水（湿）生植物的生态习性、繁殖方法和栽培管理技术要点。

关 键 词☞

水生植物　生态习性　繁殖方法　栽培管理

单元提要☞

水（湿）生植物可以分为挺水型、浮叶型、漂浮型和沉水型四类。水（湿）生观赏植物具有独特的通气组织或器官，能够长期适应水生或湿生环境，这种生态习性是指导生产栽培的理论依据。本章较为详细地介绍了水（湿）生植物的主要种类与品种及其生产技术，包括种苗繁殖、栽培管理和病虫害防治等常规生产技术。

模块 8.1　水（湿）生植物生产

水（湿）生植物不仅包括植物体全部或大部分生活在水中的植物，也包括适应于沼泽或潮湿环境生长的一切可观赏的植物。它们必须在水中生长，其营养器官拥有高度发达的通气组织，能源源不断地输送氧气。

8.1.1 水生植物的分类

根据水生植物的生活方式和形态不同，一般将其分为四大类。

1. 挺水型

此类花卉的根扎于泥中，茎叶挺出水面，花开时离开水面，甚为美丽。此类花卉包括湿生和沼生。它们植株高大，绝大多数有明显的茎叶之分，茎直立挺拔，生长于靠近岸边的浅水处，如荷花、黄花鸢尾、欧慈姑、花蔺等，常用于水景园水池岸边浅水处布置。

2. 浮叶型

这一类花卉根生于泥中，叶片漂浮水面或略高出水面，花开时近水面。茎细弱不能直立，有的无明显的地上茎，根状茎发达，花大美丽。它们的体内通常贮藏大量的气体，使叶片或植株能平稳地漂浮于水面，如王莲、睡莲、芡实等，位于水体较深的地方，多用于水景水面景观的布置。

3. 漂浮型

根系漂于水中，叶完全浮于水面，可随水漂移，在水面的位置不易控制。此类花卉种类较少，它们的根不生于泥中，植株漂浮于水面上，随着水流、风浪四处漂泊，以观叶为多，如大藻、凤眼莲等，用于水面景观的布置。

4. 沉水型

此类花卉根扎于泥中，茎叶沉于水中，花较小，花期短，以观叶为主，生长于水体较中心地带，整株植物沉没于水中，叶多为狭长或丝状。种类较多，如玻璃藻、莼菜等。

生活中，较多见的是挺水型和浮叶型花卉植物，漂浮型和沉水型花卉则较少使用，一般用于净化水质。近几年兴起在水族箱中养殖热带鱼和水生植物，尤以沉水型使用较多。

8.1.2 生长环境

水生植物生长在水环境中，与陆地环境迥然不同。水环境具流动性，温度变化平缓，光照强度弱，氧含量少。水生植物是怎样适应于水环境的呢？水环境里光线微弱，然而水生植物的光合性能并不亚于陆生植物。原来，水生植物的叶片通常薄而柔软，叶绿体除了分布在叶肉细胞里，还分布在表皮细胞内，叶绿体能随着原生质的流动而流向迎光面，这使水生植物能更有效地利用水中的微弱光。黑藻和狐尾藻等沉水植物，它们的栅栏组织不发达，通常只有一层细胞，由于深水层光质的变化，体内褐色素增加呈墨绿色，可以增强对水中短波光的吸收。漂浮植物，浮叶的上表面能接受阳光，栅栏组织发育充分，可由5～6层细胞组成。挺水植物的叶肉分化则更接近于陆生植物。

水中氧气缺乏，含氧量不足空气中的1/20，水生植物要寻找和保证空气的供应，因此那些漂浮或挺水植物具有直通大气的通道。比如莲藕，空气中的氧从气孔进入叶片，再沿着叶柄那四通八达的通气组织向地下根部扩散，以保证水中各部分器官的正常呼吸和代谢需要，这种通气系统属于开放型。沉水植物金鱼藻的通气系统则属于封闭型的。其体内既可贮存自身呼吸所释放的二氧化碳，以供光合之需，同时又能将光合作用所释放的氧贮存起来满足呼吸时的需要。

水生植物很容易得到水分，因而其输导组织都表现出不同程度的退化，特别是木质部更为突出。沉水植物的木质部上留下一个空腔，被韧皮部包围着。浮水植物的维管束也相当退化。在池塘和湖泊中，常可见到各种浮水植物安静地漂浮于水面。它们借助于增加浮力的结构，使叶片浮于水面接受阳光和空气。比如水葫芦，它的叶柄基部中空膨大，变成很大的气囊。菱叶的叶柄基部也有这种大气囊。当菱花凋落的时候，水底下就开始结出沉沉的菱角。这些菱角本来会使全株植物没入水中，可是就在这个时候，叶柄上长出了浮囊，这就使植物摆脱了没顶的威胁，而且水越深，叶柄上的浮囊也就越大。

千姿百态的水生植物，在长期进化的过程中，形成了许多与水环境相适应的形态结构，从而繁衍不息，在整个植物类群中，占据一定的位置。

8.1.3 生长习性

与其他生物一样，水生植物的生长、发育、开花、结实、衰老等生命过程，离不开环境因子的影响，与其他陆生植物相比，水生植物又有其自身的一些特点。水生植物生活的环境非常复杂，有的种类的植株完全沉入水中，有的种类的植株只有下部生于水中，植株的上部和陆生花卉一样暴露于空气中。

首先，水生植物的生长环境离不开水，对水分的要求很高。水体质量的好坏直接影响到水生植物的生存。通常污水中的各种金属元素如汞、铬、铅、铝、铜、锌、钴和镍等，多数都是水生植物生长发育必需的微量元素，但水中含量过高，也会对水生植物的生长造成毒害。有些植物抗污染的能力要强一些，如凤眼莲、荷花。大多数观赏水草对水的硬度比较敏感。通常水的碳酸盐硬度在4～8DH，有利于观赏水草的生长。不同种类的水生植物对光照的要求不同。浮水、浮叶、挺水及红树林都属于阳性植物，要求充足的光照，一般需光度为全日照70%以上的光强度，如荷花、睡莲、王莲、凤眼莲、水葱、芦苇、红树林等。但沉水植物（观赏水草），整个植株都生活在水中，对光照的要求较弱，但不能没有光照。在水族箱中种植的观赏水草，通常要用植物灯或碘钨灯加强光照，才能保持青翠欲滴，亮丽可人。

不同的水生植物种类，生长发育所需要的温度不同。一般情况下，生长在水族箱中的水草，水温在20～28℃有利于各种观赏水草的生长发育。空气中和水体中的二氧化碳和氧气与水生植物的生长发育关系密切。有的适宜生活在浅水区，如黄花鸢尾、水葱；有些可生长在深水区，如睡莲、凤眼莲等。

8.1.4　栽培技术

1. 选择适宜的栽培种类或品种

水生植物的种类繁多，不同的种类或品种，对环境条件的要求不同，其形态、观赏效果、栽培难易程度要求都不相同。栽培时，首先，要遵循适地适物种的原则，选择在当地适生的种类和品种栽培，如睡莲就有热带睡莲与耐寒品种之分。其次，要根据各种观赏、配置要求，选择观赏价值高、与周围环境相协调的种类，采用良种壮苗栽培，以取得较好的景观效果。选择栽培种类时，还要考虑栽培技术、资金投入、管护等方面的问题。

2. 选用适宜的繁殖方法

水生植物的繁殖，可分为播种繁殖和无性繁殖两种。大多数水生植物可以用分株、分地下茎等方法无性繁殖。

1）播种繁殖

水生植物一般在水中播种，将种子播于有培养土的盆中，盖以沙或土，将盆浸入水中，水温保持在18～24℃有利于发芽。有些种子，如莲子、王莲，种壳坚硬可用剪刀或小刀，将种脐的脐剔除或剪破，放入有水的浅盘中催芽后，再播种。鸢尾的种子可采用冰冻或低温层积处理，以打破种子休眠，促使种子发芽。

2）无性繁殖

水生植物大多数植株成丛或有地下根茎，可直接用分株、分地下茎（将根茎切成数段）扦插、压条等进行栽植，一般在春秋季进行，也可进行组织培养。

3. 选择栽培方式与方法

水生植物必须要生活在水中，生产中有容器栽培和湖塘栽培2种。

1）容器栽培

栽培水生植物的容器，有盆、缸、碗、桶等。栽培时，要根据栽培品种或种类的植株大小，来确定栽培容器的大小。如植株大的荷花、水葱、香蒲等，可用大盆或缸（高60～65cm，口径60～70cm）栽种；植株较小的睡莲、再力花、风车草等，用中盆（高25～30cm，口径30～35cm）栽种；而碗莲、小睡莲等小型的植株，用碗或小盆（高15～18cm，口径25～28cm）栽种。

容器中的土壤可使用塘泥、泥炭土等。无论选用哪种容器，泥土只要装至容器的3/5即可。先栽秧苗，后掩土灌水。初始水要浅一些，随着植物的生长，再逐渐加深水位。在容器中，对水生植物进行无土栽培，具有轻巧、卫生、观赏价值高等特点。无土栽培的关键，取决于基质的选择和营养液的配方。

2）湖塘栽培

在湖泊、池塘种植观赏水生植物，我国自古就有。湖塘水面宽阔，种植水生植物能形成很好的观赏效果。在一些有湖塘的公园、风景区，常种植水生植物来布置园林水景。荷花、睡莲、王莲、凤眼莲、满江红、美人蕉等都是常见的园林水景花卉植物。

在湖塘种植水生植物时，要考虑水位。冬末春初，大多数水生植物处于休眠期，雨水也少。可放干水，按事先设计好的位置、密度、种类及搭配，进行种植；对王莲、荷花、美人蕉、再力花等怕水深的水生植物的种类或品种，可用砖砌起来以抬高种植穴。

面积小的水池，可先将水位降到 15cm 左右，然后用铲子在种植处挖成小穴种植；若水位很高，则采用围堰填土的办法来种植。荷花还可以用编织袋将数枝苗装在一起，扎起来，加上石、砖等镇压物，抛入湖中。

无论是容器栽培，还是湖塘栽培，大多数水生植物，可用小苗、地下茎、分生植株进行栽培。有的可直播，如香菱；有些需要植苗栽植，如芡实、王莲、荷花等。

4. 栽培管理

1）施肥

一般来说，只要泥土肥沃，各种水生植物都能正常生长发育。但若泥土黄瘦，则需要施足底肥。营养不良，植株会出现早衰；肥料过多，植株又会出现徒长现象，只长叶不开花或开花很少。因此，要做到合理施肥。

一般可根据叶片的颜色、水生植物的生长情况等，确定施肥的种类和数量。在水生植物含苞前后，若叶片发黄，可施少量速效复合肥或花生骨粉。

2）水分

水生植物是赖水而生的植物，失水很快就会出现萎蔫；水位太深，也会生长不良。因此，水生植物的生长过程中，灌水是不可忽视的环节。特别是容器中栽培的水生植物，在炎热的夏季，更应注意水分的管理。

3）清理

庭园水池中野生水草的少量存在，能增加自然景观；若水草太多则给人荒芜的感觉，甚至会影响水生植物的生长和景观效果。所以，每年夏季要割除、清理一两次。栽种的水生植物，年久也会广泛蔓延，每两三年也须挖起重栽，或清除一部分。水下种植床中的水生植物和花坛花卉一样，每年有一两次换季，也要进行残花败叶的剪除工作。

4）越冬

栽种在容器中的水生植物，如为不耐寒的品种，冬季则应连缸搬入室内保护越冬，入春解冻后再重新搬到露天下或放入水体中。

模块 8.2 常见水生植物

水生植物作为水景绿化的主要材料，可分为挺水植物、浮叶植物、漂浮植物、沉水植物四类。景区常用挺水植物、浮水植物作绿化美化材料，用沉水植物作水体净化材料。表 8-1 列出常见水生植物的主要特征与花色花期等信息，主要为园林应用提供参考。

表 8-1 常见水生植物简表

序号	名称	学名	科	属	主要特征	花色、花期	繁殖方法	园林应用
1	荷花	*Nelumbo nucifera*	睡莲科	莲属	叶柄圆柱形，密生倒刺，花单生于花梗顶端、高托水面之上，有单瓣、复瓣、重瓣及重台等	白、粉、深红、淡紫色或间色等，花期6～8月	播种、分藕	园林水景造景或盆栽、插花
2	睡莲	*Nymphaea tetragona*	睡莲科	睡莲属	根状茎粗短，叶丛生，具细长叶柄，浮于水面，纸质或近革质，近圆形或卵状椭圆形，直径 6～11cm。花单生，萼片宿存，柱头具 6～9 个辐射状裂片	红、粉红、蓝、紫、白色等，花期 6～8 月	播种、分株	园林水景造景或盆栽、插花
3	王莲	*Victoria amazonica*	睡莲科	王莲属	水生有花植物中叶片最大的植物，叶缘直立，叶片像圆盘浮在水面，直径可达 2m 以上。花大，单生，直径 25～40cm，花瓣数目很多，呈倒卵形，长 10～22cm	花第一天白色，第二天变为粉红色，第三天变为紫红色，花期 6～8 月	播种、分株	园林水景造景或盆栽
4	千屈菜	*Lythrum salicaria*	千屈菜科	千屈菜属	多年生草本，根茎横卧于地下，粗壮。茎直立，多分枝，高 30～120cm，全株青绿色，略被粗毛或密被绒毛。叶对生或三叶轮生，披针形或阔披针形	红紫色或淡紫色，花期 6～10 月	播种、扦插、分株	栽培于水边或盆栽、沼泽园用
5	萍蓬草	*Nuphar pumilum*	睡莲科	萍蓬草属	多年生浮水草本，根状茎肥厚，直立或匍匐，株幅达 1.4m。叶片浮于水面，卵形或宽卵形，表面绿色，光亮，背面紫红色，有细长叶柄。花单生于花梗顶部，浮于水面	黄色，花期 5～8 月	播种、分株	园林水景造景或盆栽

续表

序号	名称	学名	科	属	主要特征	花色、花期	繁殖方法	园林应用
6	水生鸢尾	*Iris tectorum*	鸢尾科	鸢尾属	多年生常绿草本植物，根状茎横生肉质状，叶基生密集，宽约2cm，长40～60cm。花葶直立坚挺高出叶丛，可达60～100cm。花被片6枚，花直径16～18cm	紫红、大红、粉红、深蓝、白色等，花期5～6月	播种、分株	池塘浅水区域造景、湿地造景
7	花菖蒲	*Iris ensata*	鸢尾科	鸢尾属	宿根草本，根状茎粗壮，须根多而细。基生叶剑形，叶长50～80cm，宽1.5～2.0cm，有明显的中脉。着花2朵，花大，花直径可达9～15cm。垂瓣为广椭圆形，内轮裂片较小，直立，花柱花瓣状	紫红色，中部有黄斑和紫纹，花期6～7月	播种、分株	园林中丛栽、盆栽布置花坛、浅水区造景
8	浮萍	*Lemna minor*	浮萍科	浮萍属	叶状体对称，表面绿色，背面浅黄色或绿白色或常为紫色，全缘，具3根不明显叶脉；背面垂生白色丝状根1条；雌花具胚珠1枚；果实近陀螺状；种子具凸出的胚乳并具纵肋	一般不常开花，以芽进行繁殖	播种、分株	水体造景、水体净化
9	凤眼莲	*Eichhornia crassipes*	雨久花科	凤眼蓝属	浮水草本，高30～60cm。须根发达，棕黑色，长达30cm。茎极短，具长匍匐枝，匍匐枝淡绿色或带紫色，与母株分离后长成新植物	花瓣四周淡紫红色，中间蓝色，花期7～10月	播种、分株	园林水景造景
10	海菜花	*Ottelia acuminata*	水鳖科	水车前属	多年生水生草本，茎短缩。叶基生，沉水，叶形态大小变异很大，披针形、线状长圆形、卵形或广心形，先端钝或渐尖，基部心形或垂耳形，全缘、波状或具微锯齿，生水田中的长5～20cm，生湖泊中的长达3m	白色，基部1/3黄色或全部黄色，一般花期5～10月，温暖地区全年有花	播种、根茎	食用、观赏价值

续表

序号	名称	学名	科	属	主要特征	花色、花期	繁殖方法	园林应用
11	苦草	*Vallisneria natans*	水鳖科	苦草属	沉水草本，具匍匐茎，叶基生，线形或带形，绿色或略带紫红色，常具棕色条纹和斑点，先端圆钝，边缘全缘或具不明显的细锯齿；无叶柄	雌佛焰苞筒状绿色或暗紫红色，花期8～9月	播种、分株	水族箱、园林水景、庭院小水池的绿化布置
12	水车前	*Ottelia alismoides*	水鳖科	水车前属	沉水草本，茎短或无。叶聚生基部，叶形多变，沉水生者狭矩圆形，浮于水面的为阔卵圆形	白或浅蓝色，花期7～9月	播种	园林水景造景
13	狐尾藻	*Myriophyllum verticillatum*	小二仙草科	狐尾藻属	多年生粗壮沉水草本。根状茎发达，在水底泥中蔓延，节部生根。茎圆柱形，长20～40cm，多分枝	白色，花期7～9月	播种、扦插	园林水景造景
14	红蓼	*Polygonum orientale*	蓼科	蓼属	一年生草本。茎直立，粗壮，高1～2m，上部多分枝，密被开展的长柔毛。叶宽卵形、宽椭圆形或卵状披针形；叶柄长2～10cm，具开展的长柔毛；总状花序呈穗状	红色，花期6～9月	播种	园林水景旁点缀
15	再力花	*Thalia dealbata*	竹芋科	再力花属	多年生挺水植物，草本，植株高100～250cm；叶基生，4～6片；叶柄较长，叶片卵状披针形至长椭圆形，硬纸质，浅灰绿色，边缘紫色，全缘；叶基圆钝，叶尖锐尖；横出平行叶脉	紫红色，花期4～7月	播种、分株	园林水景造景或盆栽
16	菱角	*Trapa bispinosa*	菱科	菱属	水生植物，一年生浮水或半挺水草本。根二型，着泥根铁丝状，着生于水底泥中；同化根，羽状细裂，裂片丝状，淡绿色或暗红褐色。茎圆柱形、细长或粗短。叶二型，浮水叶互生，聚生于茎端，在水面形成莲座状菱盘	白色，花期6～7月	播种、分株	池塘、沼泽地造景

续表

序号	名称	学名	科	属	主要特征	花色、花期	繁殖方法	园林应用
17	水葱	*Scirpus validus*	莎草科	藨草属	匍匐根状茎粗壮，具许多须根。秆高大，圆柱状，高1～2m，平滑，基部具3～4个叶鞘，鞘长可达38cm，管状，膜质，最上面一个叶鞘具叶片。叶片线形，长1.5～11cm	白色，花果期6～9月	播种、分株	水体造景、水体净化
18	菖蒲	*Acorus calamus*	天南星科	菖蒲属	多年生草本植物。根茎横走，稍扁，分枝，外皮黄褐色，芳香，肉质根多数，具毛发状须根。叶基生，中肋在两面均明显隆起，侧脉3～5对，平行，纤弱，大多伸延至叶尖。花序柄三棱形，叶状佛焰苞剑状线形；肉穗花序斜向上或近直立，狭锥状圆柱形	黄绿色，花期6～9月	播种、分株	水景岸边及水体绿化，也可盆栽，叶、花序可作插花材料
19	蒲苇	*Cortaderia selloana*	禾本科	蒲苇属	茎极狭，长约1m，宽约2cm，下垂，边缘具细齿，呈灰绿色，被短毛。圆锥花序大，雌花穗银白色，具光泽，小穗轴节处密生绢丝状毛，小穗由2～3花组成。雄穗为宽塔形，疏弱	银白色，花期9～10月	分株	植于岸边赏其花序，或作干花、花境观赏草
20	荇菜	*Nymphoides peltatum*	龙胆科	荇菜属	多年生水生植物，枝条有二型，长枝匍匐于水底，如横走茎；短枝从长枝的节处长出	黄色，花期5～10月	分株、扦插、播种	水体造景、庭院水景点缀
21	金鱼藻	*Ceratophyllum demersum*	金鱼藻科	金鱼藻属	多年生沉水草本；茎长40～150cm，平滑，具分枝。叶4～12轮生，1～2次二叉状分歧，裂片丝状，或丝状条形，长1.5～2cm，宽0.1～0.5mm，先端带白色软骨质，边缘仅一侧有数细齿	浅绿，花期6～7月	播种	水体、鱼缸造景

续表

序号	名称	学名	科	属	主要特征	花色、花期	繁殖方法	园林应用
22	芦竹	*Arundo donax*	禾本科	芦竹属	多年生，具发达根状茎。秆粗大直立，坚韧，具多数节，常生分枝。圆锥花序极大型，分枝稠密	粉红色，花果期9～12月	分株、扦插、播种	水岸造景
23	茭白	*Zizania latifolia*	禾本科	菰属	多年生，具匍匐根状茎。须根粗壮。秆高大直立，高1～2m，径约1cm，具多数节，基部节上生不定根	淡粉，秋季	分株	水体造景
24	香蒲	*Typha orientalis*	香蒲科	香蒲属	多年生水生或沼生草本。根状茎乳白色。地上茎粗壮，向上渐细，光滑无毛，上部扁平，下部腹面微凹，背面逐渐隆起呈凸形，横切面呈半圆形，细胞间隙大，海绵状；叶鞘抱茎	浅褐色，花期5～8月	播种、分株	花境配置、水体造景
25	中华天胡荽	*Hydrocotyle chinensis*	伞形科	天胡荽属	多年生匍匐草本，直立部分高8～37cm，除托叶、苞片、花柄无毛外，余均被疏或密而反曲的柔毛，毛白色或紫色，有时在叶背具紫色疣基的毛，茎节着土后易生须根	白色，花期5～10月	播种、分株	水盘、水族箱、水池、湿地、室内水体绿化
26	美人蕉	*Canna indica*	美人蕉科	美人蕉属	多年生草本植物，高可达1.5m，全株绿色无毛，被蜡质白粉。具块状根茎。地上枝丛生。单叶互生；具鞘状的叶柄；叶片卵状长圆形。总状花序，花单生或对生	红、黄，花期3～12月	播种、块茎	花境配置、水体造景
27	常春藤	*Hedera nepalensis*	五加科	常春藤属	多年生常绿攀缘灌木，气生根，茎灰棕色或黑棕色，光滑，单叶互生；叶柄无托叶有鳞片；花枝上的叶椭圆状披针形，伞形花序单个顶生	淡黄白色或淡绿白，花期9～11月	扦插、压条	花境配置、水体造景

续表

序号	名称	学名	科	属	主要特征	花色、花期	繁殖方法	园林应用
28	梭鱼草	*Pontederia cordata*	雨久花科	梭鱼草属	多年生挺水或湿生草本植物，株高可达150cm，地茎叶丛生，圆筒形叶柄呈绿色，叶片较大，深绿色，表面光滑，叶形多变，但多为倒卵状披针形。花葶直立，通常高出叶面，穗状花序顶生，每条穗上密密的簇拥着几十至上百朵圆形小花	蓝紫色，花期5～10月	播种、分株	家庭盆栽、池栽、园林水体造景
29	芦苇	*Phragmites communis*	禾本科	芦苇属	多年水生或湿生的高大禾草，根状茎十分发达。秆直立，基部和上部节间较短。叶鞘下部者短于其上部者，长于其节间，圆锥花序大型	灰白色，花期9～10月	播种、分株	园林水体、沼泽湿地造景，净化水质
30	灯芯草	*Juncus effusus*	灯心草科	灯心草属	草本，有匍匐状根茎和直立、单生的茎；叶扁平或圆柱状，有时退化为膜质的鞘；花两性，排成腋生或顶生的聚伞花序或圆锥花序	绿色或白色，花期6～7月	播种、分株	沼泽湿地边造景
31	狸藻	*Utricularia vulgaris*	狸藻科	狸藻属	水生草本，具有长长的匍匐茎枝，无根，叶轮生或者单叶生于匍匐枝上，水生种群叶成丝状，多有分叉，捕虫囊生于匍匐枝或叶的基部。花茎细长，总状花序或一花顶生，花冠二唇形，基部多有距。蒴果球形，成熟时开裂散出细小的种子	白、黄色，花期6～8月	分株	水族箱、庭院小水池的绿化造景
32	芡实	*Euryale ferox*	睡莲科	芡属	一年生大型水生草本。沉水叶箭形或椭圆肾形，浮水叶革质，椭圆肾形至圆形；叶柄及花梗粗壮；花瓣矩圆披针形或披针形，成数轮排列；种子球形，直径10mm以上，黑色	紫红色，花期7～8月	播种	水体造景

续表

序号	名称	学名	科	属	主要特征	花色、花期	繁殖方法	园林应用
33	满江红	*Azolla imbricate*	满江红科	满江红属	一年生草本，植株呈三角形，浮于水面，横卧茎短小纤细，羽状分枝，其下生根，上生小叶。叶极小，鳞片状，互生，两行覆瓦状排列于茎上，肉质，排列成两行，春季绿色，秋后叶色变红	—	播种、分株	水体造景、水体净化
34	旱伞草	*Cyperus alternifolius*	莎草科	莎草属	多年湿生、挺水植物，茎秆粗壮，直立生长，茎近圆柱形，丛生。聚伞花序，有多数辐射枝；花两性，无下位刚毛，鳞片二列排列，卵状披针形，顶端渐尖。果实为小坚果，椭圆形近三棱形	白色，花期4～8月	分株、扦插、播种	插花、园林水体、盆景造景、溪流岸边点缀
35	雨久花	*Monochoria korsakowii*	雨久花科	雨久花属	水生草本；根状茎粗壮，具柔软须根。茎直立，全株光滑无毛，基部有时带紫红色。叶基生和茎生；基生叶宽卵状心形，全缘，具多数弧状脉；总状花序顶生，有时再聚成圆锥花序；花被片椭圆形，蓝色；雄蕊6枚，花药浅蓝色，花丝丝状。蒴果长卵圆形。种子长圆形，有纵棱	蓝色，花期7～8月	播种、分株	盆栽、园林水体造景
36	泽泻	*Alisma plantagoaquatica*	泽泻科	泽泻属	多年生水生或沼生草本。全株有毒，地下块茎毒性较大。块茎直径1～3.5cm，或更大。花药长约1mm，椭圆形，黄色，或淡绿色；瘦果椭圆形，或近矩圆形，种子紫褐色，具凸起	白色，花期5～10月	播种、分株	园林水体造景
37	水毛茛	*Batrachium bungei*	毛茛科	水毛茛属	多年生沉水草本，叶有短或长柄；叶片轮廓近半圆形或扇状半圆形，小裂片近丝形，在水外通常收拢或近叉开，无毛或近无毛；花直径1～1.5cm；瘦果斜狭倒卵形，有横皱纹	白黄，花期5～8月	播种、分株	水体造景

续表

序号	名称	学名	科	属	主要特征	花色、花期	繁殖方法	园林应用
38	水芹	*Oenanthe javanica*	伞形科	水芹属	多年生草本植物，茎直立或基部匍匐。基生叶有柄，基部有叶鞘；叶片轮廓三角形。复伞形花序顶生；果实近于四角状椭圆形或筒状长圆形，侧棱较背棱和中棱隆起，木栓质	白色，花期6～7月	分株	水体点缀、造景
39	毛水苏	*Stachys baicalensis*	唇形科	水苏属	多年生草本，根状茎淡黄色，横走。茎直立，四棱形，通常不分枝；叶片长椭圆状披针形至披针形，先端钝尖，基部心形，边缘有圆锯齿，两面疏被灰白色刚毛。轮伞花序通常6花，远离而排列成长假穗状花序	淡紫色，花期7～8月	扦插	花境、花坛、水体造景
40	薄荷	*Mentha haplocalyx*	唇形科	薄荷属	多年生草本。茎直立，下部数节具纤细的须根及水平匍匐根状茎，锐四棱形，具四槽，上部被倒向微柔毛，下部仅沿棱上被微柔毛，多分枝	白色，花期7～9月	分株、扦插	盆栽、花境、花坛、水体造景
41	水麦冬	*Triglochin palustre*	水麦冬科	水麦冬属	多年生湿生草本植物，植株弱小。叶基生，条形。花葶细长，纤细，直立，总状花序顶生，具多数、疏生的花，花无苞片；花小，花梗长约2mm，花被片6枚，绿紫色，椭圆形或舟形，长2～2.5mm，雌蕊由3个合生心皮组成，柱头毛笔状	紫色，花期6～7月	分株	湿地、沼泽地区的地被植物
42	花蔺	*Butomus umbellatus*	花蔺科	花蔺属	多年生挺水草本植物。具有质须根，老根黄褐色，新根白色。叶基部丛生，叶片挺水生长，叶色亮绿，椭圆形；叶柄三棱形，内具海绵组织，基部鞘状。花序顶生，伞形花序	浅黄色，花期7～9月	播种、分株	浅水、沼泽湿地、水体边点缀造景

续表

序号	名称	学名	科	属	主要特征	花色、花期	繁殖方法	园林应用
43	冷水花	*Pilea notata*	荨麻科	冷水花属	多年生草本，具匍匐茎。茎肉质，纤细，中部稍膨大，叶柄纤细，常无毛，稀有短柔毛；托叶大，带绿色。花雌雄异株，花被片绿黄色，花药白色或带粉红色，花丝与药隔红色。瘦果小，圆卵形，熟时绿褐色	白色，花期6～9月	扦插	盆栽、小型水体、庭院小水池的绿化造景

模块 8.3　荷　　花

荷花（*Nelumbo nucifera*），睡莲科莲属多年生挺水花卉，别名出水芙蓉、莲、水芙蓉等。荷花婀娜多姿，高雅脱俗，是中国十大名花之一，既可观花又可观叶，其出淤泥而不染的品格深受人们喜爱。供观赏的为花莲，供食用地下茎的为藕莲，供食用莲子的为子莲。观赏型荷花按植株大小可分为碗莲、缸（盆）荷、池荷。有些品种可塑性大，既可栽于小盆中，也可栽于缸中。

荷花的颜色丰富多彩，有红色、粉红色、黄色、白色、复色等。依瓣数的多少和花形又可分为单瓣、复瓣、重瓣、重台、千瓣等。荷花地下具粗壮根茎，根茎内具多孔气腔。荷叶大型，全缘，呈盾状圆形，叶面具蜡质白粉。花生于节处，单生或并生，两性。花晨开暮合，花色丰富。莲子坚硬，生于莲蓬内。

8.3.1　种类与品种

根据《中国荷花品种图志》的分类标准，共分为3系、5群、23类及28组。3系为中国莲系、美国莲系、中美杂种莲系。中国莲系中有大中花群、小花群等。大中花群有单瓣类，瓣数2～20，如古代莲、东湖红莲、东湖白莲等；复瓣类，瓣数21～590，如唐婉等；重瓣类，瓣数600～1 905，如红千叶、落霞映雪、碧莲等；千瓣类，即千瓣莲；等等。小花群有单瓣类，瓣数2～20，如火花、童羞面、娃娃莲等；复瓣类，瓣数21～590，如案头春、粉碗莲、星光等；重瓣类，瓣数600～1 300，如羊城碗莲、小醉仙、白雪公主；等等。美国莲系的大中花群有单瓣类，如黄莲花等。中美杂种莲系的大中花群又可以分为单瓣类和复瓣类；小花群又可以分为单瓣类和复瓣类。

8.3.2　生长习性

在一年的生长期中可分为萌芽、展叶、开花结实、长藕和休眠等过程。每年6月下旬～8月下旬是荷花的开放期。

1）光照

荷花要放在每天能接受7～8小时光照的地方，能促其花蕾多，开花不断。如果每天光照不足6小时，则开花很少，甚至不开花。荷花属强阳性植物，集中成片种植时要保持一定的距离，以免互相争光。

2）土壤

种植荷花的土壤pH值要控制在6～8，最佳pH值为6.5～7.0。盆土最好用河塘泥或稻田土，也可用园土，但切忌用工业污染土。荷花不耐肥，因此基肥宜少，较肥的河塘泥及田园土可不必上基肥，以免烧苗。

3）温度

荷花是喜温植物，一般8～10℃开始萌芽，14℃藕鞭开始伸长。栽植时要求温度在13℃以上，否则幼苗生长缓慢或造成烂苗。18～21℃时荷花开始抽新叶，开花则需要22℃以上。荷花能耐40℃以上的高温。

8.3.3 繁殖技术

荷花的繁殖可分为播种繁殖和分藕繁殖。播种繁殖较难保持原有品种的性状。分藕繁殖可保持品种的优良性状，达到观花效果，提高莲藕的产量。

1. 播种繁殖

1）选种

莲子的寿命很长，几百年及上千年的种子也能发芽。莲子的萌发力又很强，有时为了加快繁殖速度，在7月中旬，当莲子的种皮由青色转为黄褐色时，当即采收播种，也能发芽。但如果是次年及以后播种，则应等到莲子充分成熟，种皮呈现黑色且变硬时进行采收，收后晾干并放入室内干燥、通风处保存。生产中应选用成熟饱满的种子进行繁殖。

2）播种

莲子播种在日常气温20℃左右较为适宜。花莲在4月上旬～7月中旬播种，当年一般都能开花。7月下旬～9月上旬也能播种，但因后期气温较低，只能形成植株，不能达到挺水水生植物生产开花的目的。

3）催芽

催芽的方法是将莲尾端凹平一端用剪刀剪破硬壳，使种皮外露但不能弄伤胚芽。将破壳的莲子放在催芽盆中，用清水浸种，水深一般保持在10cm左右，每天换水一次，4～6天后，胚芽即可显露。夏天高温时，播种后应适当遮阳，每天早晚各换水一次。此时气温高，2天就能显露胚芽。

4）育苗

育苗分盆育和苗床育苗两种。盆育即在盆中放入稀薄塘泥，盆泥占盆高的2/3。苗床育苗，一般选用宽100cm、高25cm的苗床。床内加入稀塘泥15～20cm，整平，然后将催好芽的种子以 15cm 的间距播入泥中，并保持 3～5cm 的水层。

5）移栽

当幼苗生长至 3～4 片浮叶时，就可以进行移栽。每盆栽植幼苗一株，应随移随栽，并带土移植以提高成活率。池塘栽植，一般每亩栽植 600～700 株。移栽后，为促进幼苗正常生长，前期应保持浅水，并根据幼苗的生长逐渐加深水层。

2. 分藕繁殖

1）种藕选择

种藕必须是藕身健壮，无病虫害，具有顶芽、侧芽和叶芽的完整藕。在实际生产中，还应根据观赏和生产的要求进行选择。在湖塘栽种，无论是花莲、子莲还是藕莲，一般都选用主藕作为种藕。缸盆栽植的花莲，其子藕基本上可以为种藕使用。至于碗莲，即使是孙藕，甚至是走茎也能作为繁殖材料。

2）分栽时间

在气温相对稳定，藕开始萌发时进行。根据我国气温特点，华南地区一般在 3 月中旬，华东、长江流域在 4 月上旬（即清明前后）较为适宜，而华北、东北地区则在 4 月下旬～5 月上旬进行。

3）分栽方法

缸栽荷花应选用腐熟豆饼等有机肥料作基肥，与塘泥充分搅拌后作栽植土，用泥量为缸容量的 3/4。每缸栽植 1～2 支种藕。栽植时应将藕苫朝下，藕身倾斜 30° 埋入土中，藕尾则应微露泥外。为使缸栽荷花有充足的光照和便于栽培管理，缸间的距离一般为 80cm，行距 120cm。碗莲盆距也应保持 40cm 左右。缸栽荷花摆放最好是南北排列，盆栽碗莲还应搭建高 80cm 的几架。

在荷花专类园及湖塘中栽植荷花，应在栽植范围四周筑建栽植堰。堰的高度应高出水面 60～100cm，面积根据种植范围而定，这样既可避免品种混杂，又便于荷花的品种翻新，确保荷花的正常生长。藕种的栽植密度因栽植目的和用途而不同。花莲要达到花叶并茂的景观效果，株行距一般均为 2m 左右。

8.3.4 定植

1）定值前场地准备

荷花种植场地水位应相对稳定，排灌方便，平静而无急流，水质清洁而无超标污染。水位一般以 0.2～1.0cm 为宜，春季栽种时水位不超过 30cm，汛期水位不超过 1m。同时要求光照充足、土质肥沃，土壤 pH 值为 6～7，腐殖土厚 10～20cm。

2）整地施基肥

种植前 15 天，结合土壤翻耕施足基肥，基肥量约占总肥量的 70%，应多施有机肥，配施磷、钾肥。

定值时，种藕顶芽应斜插入土，尾梢稍露出水面，以利于植株正常生长。不同品种或同一品种大小悬殊的种藕不宜混栽，以免长势差异过大，相互干扰，影响生长。

8.3.5 栽培管理

荷花对水分的要求在各个生长阶段各不相同。植藕初期水层要浅，一般为 10～20cm。以后随莲花生长发育，逐渐增加水层，一般稳定在 50～100cm。冬季水层应在 1m 以上，以防冻害。栽植一月后可结合中耕除草，追施肥料。

荷花的主要病虫害有斜纹夜蛾、蚜虫、金龟子、黄刺蛾、大蓑蛾、荷花褐斑病、荷花腐烂病等。

模块 8.4 睡　莲

睡莲（*Nymphaea tetragona*）为睡莲科睡莲属，别名水浮莲、子午莲。睡莲为多年生水生植物，根状茎粗短，叶丛生，具细长叶柄，浮于水面，纸质或近革质，近圆形或卵状椭圆形，直径 6～11cm，全缘，无毛，上面浓绿，幼叶有褐色斑纹，下面暗紫色。花单生，萼片宿存，柱头具 6～9 个辐射状裂片。浆果球形，种子黑色。

1. 种类与品种

全世界睡莲属植物有 40～50 种，中国有 5 种。按其生态学特征，睡莲可分为耐寒、不耐寒两大类，前者分布于亚热带和温带地区，后者分布于热带地区。主要品种有黄睡莲、香睡莲、蓝莲花、柔毛齿叶睡莲、延药睡莲、墨西哥黄睡莲等。

2. 生长习性

睡莲喜强光、大肥、高温，对土壤要求不严，耐寒睡莲在池塘深泥中-20℃低温不致冻死。热带睡莲不耐寒，在生长期中水温至少要保持在 15℃以上，否则停止生长。当泥土温度低于 10℃时，往往发生冻害。耐寒睡莲在 3 月上旬开始萌动，3 月中旬至下旬展叶，5 月上旬开花，10 月下旬为终花期，以后逐渐枯叶，进入休眠期。

3. 繁殖技术

睡莲可用分株繁殖和播种繁殖，以分株繁殖为主。分株繁殖在春季 2～4 月开始，将根茎自泥土中取出洗净，选有新芽的根茎，用利刀切成长 7～10cm 的段，每段上必须带有饱满的芽。将茎段平栽于池塘中，深度要求芽与土面平。生长期也可进行分株繁殖，但要剪除大部分浮在水面的成叶，留几片未展叶的或半展叶的幼叶，从母株上切下的根茎最好带有一定根系为好。

4. 定植

选择富含腐殖质、结构良好的园土或池塘淤泥，清除杂物，施足基肥，放浅水（水层不超过 50cm），将根茎直接种植在土壤中。

5. 栽培管理

1）水位控制

不论采用盆栽、缸栽、池栽、田栽，初期水位都不宜太深，以后随植株的生长逐步加深水位。池栽睡莲雨季要注意排水，不能被大水淹没，但浸没1～2天不致使睡莲死亡。

2）追肥

睡莲需较多的肥料。生长期中，如叶黄质薄，长势瘦弱，则要追肥。盆栽的睡莲可用尿素、磷酸二氢钾等作追肥。池塘栽植可用饼肥、农家肥、尿素等作追肥（饼肥、农家肥作基肥也比较好）。

3）病虫防治

危害睡莲的虫害主要有螺类，可用治螺类药剂杀除，也可人工捕杀。病害防治可参照荷花的防治方法。

4）越冬管理

耐寒睡莲在池塘中可自然越冬。但整个冬季不能脱水，要保持一定的水层。盆栽睡莲如放在室外，冬季最低气温在-8℃以下要用杂草或薄膜覆盖，防止冻害。热带睡莲要移入不低于15℃的温室中贮藏，到翌年5月再将其移出温室栽培。

模块 8.5 王莲

王莲（*Victoria amazonica*）为睡莲科王莲属水生植物，原产美洲亚马孙河流域，现世界各国多有引种。我国西双版纳、广州、南宁、北京等地均有引种。王莲是水生有花植物中叶片最大的植物。叶缘直立，叶片圆形，像圆盘浮在水面，直径可达2m以上。叶面光滑，绿色略带微红，有皱褶，背面紫红色。叶子背面和叶柄有许多坚硬的刺，叶脉为放射网状。叶柄绿色，长2～4m。叶子观赏期可从5月底一直延续到11月中，长达半年。花单生，呈卵状三角形，花开三变，花期一般有3天，每天的颜色各不同，开花时花蕾伸出水面，第1天傍晚时分开花，白色并伴有芳香，第2天变为粉红色，第3天则变为紫红色，然后闭合而凋谢沉入水中。种子在水中成熟，浆果呈球形，种子黑色。

1. 种类与品种

王莲包括原生种亚马孙王莲、克鲁兹王莲和两者杂交而成、叶片最大的长木王莲。

2. 生长习性

王莲喜高水温（25～35℃）和高气温（25～35℃），适宜相对湿度80%，要求光照充足和肥沃的壤土。

3. 繁殖技术

王莲可用播种繁殖和分株繁殖，生产主要用播种繁殖，王莲种子采收后需要在清水中贮藏。因种子的种皮较硬，播种前应先对种子进行处理，用刀挑破种脐，以利发芽。种子浸入30～35℃的水中，经10～21天便可发芽。

4. 定植

王莲喜肥沃深厚的淤泥，但不喜过深的水。栽培池内的淤泥应深50cm以上，水深以不超1m较为适宜。种植时施足厩肥或饼肥，当王莲的1～2片叶出水面时，可移植。

5. 栽培管理

1）水位控制

移植后首先要控制水深。王莲叶片直径20cm左右的时候，栽植地水深要控制在25～30cm。当叶片直径达到40cm时，开始慢慢增加水的深度，最多不超过60cm。施肥要多次少量。水的温度不能低于25℃，否则将对王莲生长产生影响。

2）病虫害防治

主要病害有褐斑病，可用稀释700～800倍的甲基托布津防治；主要虫害有斜纹夜蛾和蚜虫。斜纹夜蛾用90%敌百虫800倍稀释液喷洒防治。蚜虫用一遍净1 000倍稀释液喷洒防治。

模块8.6 千屈菜

千屈菜（*Lythrun salicaria*）千屈菜科千屈菜属，别名水柳、水枝柳、水枝锦。多年生草本，根茎横卧于地下，粗壮。茎直立，多分枝，高30～120cm，全株青绿色，略被粗毛或密被绒毛，枝通常具4棱。叶对生或三叶轮生，披针形或阔披针形，聚伞花序，簇生，蒴果扁圆形。

1. 生长习性

千屈菜原产欧洲和亚洲暖温带，喜温暖及光照充足、通风好的环境，喜水湿。生长最适温度为20～28℃。我国南北各地均有野生，多生长在沼泽地、水旁湿地和河边、沟边。现各地广泛栽培。比较耐寒，也可旱地栽培。对土壤要求不严，在土质肥沃的塘泥基质中开花鲜艳，长势强壮。

2. 繁殖技术

千屈菜可用播种、扦插、分株等方法繁殖，以扦插、分株为主。

1）播种繁殖

千屈菜的种子特别小，3 月底～4 月初，在温室用播种箱进行播种。温度控制在 20～25℃，7 天左右可萌发。

2）扦插繁殖

扦插繁殖在生长旺盛的 6～8 月进行。剪取嫩枝长 7～10cm，去掉基部 1/3 的叶片，插入装有新鲜塘泥的盆中，6～10 天生根，极易成活。

3）分株繁殖

分株繁殖在早春或深秋进行，将母株整丛挖起，抖掉部分泥土，用快刀切取数芽为一丛另行种植。

3. 定植

千屈菜栽植时一般株行距为 30cm×30cm，以保持植株间的通透性。千屈菜生长快，萌芽力强，耐修剪，种植时不可过密。

4. 栽培管理

千屈菜生命力极强，管理也十分粗放，但要选择光照充足、通风良好的环境。盆栽可选用直径 50cm 左右的无泄水孔花盆，装入盆深 2/3 的肥沃塘泥，一盆栽 5 株即可。生长期应不断打顶促使其矮化分蘖。生长期盆内保持有水。露地栽培选择浅水区和湿地种植，按株行距 30cm×30cm。生长期要及时拔除杂草，保持水面清洁。为增强通风，应剪除部分过密过弱枝，及时剪除开败的花穗，促进新花穗萌发。冬季结冰前，盆栽千屈菜要剪除枯枝，盆内保持湿润。露地栽培不用保护即可自然越冬。一般 2～3 年要翻盆分栽一次。

千屈菜通常少有病虫害，在通风不畅时会有红蜘蛛危害，可用一般杀虫剂进行防治。

模块 8.7　萍　蓬　草

萍蓬草（*Nuphar pumilum*）又名萍蓬莲、水粟，为睡莲科萍蓬草属植物，是一种兼备观叶和观花的水生花卉。叶片碧绿光亮，花朵金黄闪闪，使整个水面显得清新雅丽。萍蓬草为多年生浮水草本，根状茎肥厚，直立或匍匐，株幅达 1.4m。叶片浮于水面，卵形或宽卵形，长 14～17cm，基部心形，表面绿色，光亮，背面紫红色，有细长叶柄。花单生于花梗顶部，黄色，直径 3cm，浮于水面。花期为 5～8 月。

1. 种类与品种

1）美洲萍蓬草

原产美国中部和东部，浮叶宽卵圆形或长圆形，长 30cm，花黄色，具红色晕，直径 4cm，雄蕊铜红色。

2）贵州萍蓬草

分布于我国贵州，叶圆形或心状卵形，长4～7cm，基部弯缺，花黄色，直径3cm。

3）日本萍蓬草

原产日本，株幅1m，浮叶窄卵圆形或长圆形，长40cm，基部箭状，沉水叶波状，长30cm，花黄色，具红色晕，直径5cm。

4）橙花萍蓬草

原产美国东部，株幅60～90cm，浮叶宽圆形，长10cm，背面有柔毛，沉水叶圆形，薄。花橙色，直径2cm，具黄色边。

5）黄花萍蓬草

原产欧亚大陆、非洲北部、美国东部和西印度群岛，株幅 2m，浮叶卵长圆形至圆形，厚质，中绿至深绿色，长 40cm，沉水叶宽卵圆形至圆形，边缘波状，淡绿色，每片叶具深的弯缺，花黄色，直径6cm。

6）中华萍蓬草

原产我国，叶心状卵圆形，长 8～15cm，背面密生柔毛，叶柄长 40～70cm，花黄色，直径5～6cm。

2. 生长习性

喜温暖、湿润和阳光充足的环境。耐寒，不耐干旱，耐半阴。生长适温15～28℃，温度10℃以下生长停止，冬季能耐-15℃的低温。长江流域以南地区不需要防寒，露地即可越冬。种植以富含有机质的黏质土壤为宜。

3. 繁殖技术

常用的繁殖方法为播种繁殖和分株繁殖。播种繁殖在3～4月盆播，播后保持水深3～4cm，发芽适温为25～30℃，播后15天左右发芽，出苗后逐渐加深水面。分株繁殖在3～4月进行，用利刀切开根茎，每段根茎长3～4cm，应带有顶芽，栽植后当年可开花。

4. 定植

选择土层深厚、疏松肥沃、光照充足的环境进行栽植。萍蓬草的栽培方式分为直栽和袋栽两种形式。

直栽适宜于水深在80cm以下，将萍蓬草的根茎直接栽种于土层中即可。可土袋栽种。对于土层过于稀松或土层过浅不适宜直接栽种的，用无纺布袋或植生袋作为载体，以肥沃的壤土或塘泥作基质，将萍蓬草根茎基部紧扎于袋内，露出顶芽，栽植于土层中。萍蓬草的适应能力较强，一般栽植后10天即可恢复生长，25天左右即可开花。

5. 栽培管理

保持栽培池清洁，不断清除水绵与杂草，水深控制在 30～60cm，生长适宜温度为15～32℃，当温度降至12℃以下，在北方冬季需要保护越冬，长江以南越冬不需要防寒，可在露地水池越冬；休眠期温度维持在 0～5℃。

防治水绵（苔）可用硫酸铜喷洒于水中，幼苗期喷洒浓度为 3～5mg/L，成苗期喷洒深度为 30～50mg/L。发生蚜虫可喷施稀释 1 000～1 200 倍的敌百虫药液进行防治。

模块 8.8　水生鸢尾

常绿水生鸢尾（*Iris tectorum*），又称路易斯安那鸢尾。其花色丰富，植株终年常绿，极大地丰富了城市水体景观，成为目前水体绿化的新宠。

常绿水生鸢尾是鸢尾科鸢尾属多年生常绿草本植物，根状茎横生肉质状，叶基生密集，宽约 2cm，长 40～60cm，平行脉，厚革质。花葶直立坚挺高出叶丛，可达 60～100cm。花被片 6 枚，花色有紫红、大红、粉红、深蓝、白等，花直径 16～18cm。

1. 种类与品种

常绿水生鸢尾原产美国路易斯安那州，由六角果鸢尾、高大鸢尾、短茎鸢尾、暗黄鸢尾和内耳森鸢尾 5 个野生种组成，都具有六棱形的蒴果。生产商常用的新品种有‘樱桃红’、‘空中小姐’、‘紫衣’、‘蓝宝石’、‘日出’等。

2. 生长习性

常绿水生鸢尾喜光照充足的环境，能常年生长在 20cm 水位以上的水域中，可作水生湿地植物或旱地花境材料。在长江流域一带，该品种 11 月至翌年 3 月分蘖，4 月孕蕾并抽生花葶，5 月开花，花期 20 天左右。夏季高温期间停止生长，略显黄绿色，在 35℃以上进入半休眠状态，抗高温能力较弱。冬季生长停止，但叶仍保持翠绿。值得注意的是，常绿水生鸢尾为杂交品种，很少结籽或不结籽，故生产上常用分株或组培的方法繁殖。

3. 繁殖技术

常绿水生鸢尾很难结实，一般采用分株繁殖。在 3～9 月均可分株（10 月～翌年 2 月是常绿水生鸢尾的种苗分蘖期，应尽量避免分株）。分株时，可采用 2 芽左右为一株，以 25cm×25cm 为株行距栽种在整理好的水田里。初期水位保持在 10～15cm，12 月新芽发出长高后提高到 15～40cm。

4. 定植

1）定植前的准备

选择地势低、易保存水的地块，深翻土壤并施入适量腐熟有机肥、草木灰等作基肥，耙细、整平，做低畦，畦面深 25～30cm，畦宽 2m。

2）定植

按株行距 50cm×60cm，挖穴栽植，深度宜浅不宜深，使根状茎与地面平可，覆土压实后浇透水。

5. 栽培管理

定植 3 天后根据生长情况可进行放水栽培，栽培初期水深宜浅渐深，以 15～20cm 的水深生长为宜。常绿水生鸢尾种植成活后可施 5～20kg/亩的复合肥，每月施一次。

春季防治蚜虫。夏季高温季节防治煤污病、细菌性腐烂病。5～6 月开花后应将残枯花秆清除掉。秋季摘除植株外围的黄叶，并根据杂草生长情况适时耘田治草。

模块 8.9 花 菖 蒲

花菖蒲（*Iris ensata*）别名玉蝉花，鸢尾科鸢尾属宿根草本植物，是由玉蝉花选育获得的一个鸢尾园艺品种群，其株形优美、花形雅致、花色多样。花菖蒲在国际上也享有盛誉，在水景、湿地中常能见到其美丽的身影。

花草蒲为宿根草本，根状茎粗壮，须根多而细。基生叶剑形，叶长 50～80cm，叶宽 1.5～2.0cm，有明显的中脉。花茎稍高出叶片，着花 2 朵，花大，紫红色，中部有黄斑和紫纹，花直径可达 9～15cm。垂瓣为广椭圆形，内轮裂片较小，直立，花柱花瓣状。果实为蒴果，长圆形。

1. 种类与品种

按照产地分，根据产地的不同可以将花菖蒲分为江户系、伊势系、肥后系、长井系、大船系、吉江系以及美国产花菖蒲系。

按照花形分，可分为单瓣形、重瓣形和复瓣形。

按花色分，花菖蒲的花色多样，可分为蓝紫色、紫色、蓝色、粉色和白色。

按花色式样分，可分为单色式、印染式、磨砂式和镶边式。

2. 生长习性

花菖蒲喜湿润、光线良好的环境，宜栽植于酸性、肥沃、富含有机质的沙壤土上，性耐寒。生长期要求充足水分，适当施肥。常用于林缘、溪边、河畔、水池边的环境美化，或植于林荫树下作为地被植物，还可作切花栽培。

3. 繁殖技术

1）播种繁殖

播种繁殖分春播和秋播两种。一般即采即播，播后 4～6 周可出苗，实生苗培育两年可开花。播种繁殖的后代容易产生变异，一般用于培育新品种。

2）分株繁殖

分株繁殖可在春季、秋季和花后进行。挖出母株，分割根茎，每段根茎应带两三个

芽，分别栽植。对于根茎粗壮的种类，分株后宜蘸草木灰或放置一段时间使伤口稍干后再种植，以防病菌感染。夏季分株繁殖时，需要适当修剪其地上部分，以减少水分散失。

4. 定植

1）定植前的准备

花菖蒲栽植地应选择在排水良好、略黏质、富含有机质的沙壤土，pH 值以 5.5～6.5 为宜。栽植畦的规格为畦面高 10cm，畦宽 120～150cm。整地做床时应施入腐熟的有机底肥 1 200～1 500kg/亩（1 亩≈667m^2）。

2）定植

定植栽植穴的深度为 20～30cm，栽植时覆土应掌握在比原根颈深 1～1.5cm 为宜。

5. 栽培管理

定植后，早期应尽量保持栽植床有较高的湿度，不得久旱。施肥可在秋季排净苗床水后施用腐熟的有机肥。中耕除草应在土壤墒情适中时进行。冬季结冰前，应适当进行根基培土防寒，不仅有利于幼苗越冬，而且还可以有效预防冻拔的发生。

地栽花菖蒲的主要病虫害有叶斑病、锈病、卷叶蛾、蚜虫等，可用化学药剂喷雾防治，春季每 7～10 天打一次药，开花期尽量少打药。

模块 8.10　再　力　花

再力花（*Thalia dealbata*）别名水竹芋、水莲蕉、塔利亚再力花，苳叶科再力花属，适合温带地区种植，花柄可高达 2m 以上，是近年我国新引进的一种观赏价值极高的挺水花卉。

再力花为多年生挺水草本，具根状茎。叶片卵状披针形，革质，浅灰蓝色，边缘紫色，长 50cm，宽 25cm。花梗长，超过叶片 15～40cm，复总状花序，花小，花紫红色，成对排成松散的圆锥花序，苞片常凋落。全株附有白粉。以根茎分株繁殖。宜以 3～5 株点缀水面，也可盆栽观赏。

1. 生长习性

再力花是原产于美国南部和墨西哥的热带植物，我国也有栽培。在微碱性的土壤中生长良好，喜温暖水湿、阳光充足的气候环境，不耐寒，生长适温为 20～30℃，低于 10℃停止生长。冬季温度不能低于 0℃，能耐短时间的−5℃低温。入冬后地上部分逐渐枯死，以根茎在泥中越冬。

2. 繁殖技术

再力花以播种和分株方式进行繁殖。播种繁殖：在种子成熟后即采即播，一般以春播为主，播后保持湿润，发芽适宜温度为16～21℃，约15天可发芽。

分株繁殖：将生长过密的株丛挖出，掰开根部，选择健壮株丛分别栽植。或者以根茎繁殖，即在初春从母株上割下带1～2个芽的根茎，栽入施足基肥的水田中。

3. 定植

栽植时一般以10芽为1丛，每平方米栽植1～2丛。定植前应施足基肥，以花生粕、骨粉为好。夏季大田栽植定植时应适当遮阴，剪除过高的生长枝和破损叶片，对过密株丛适当疏剪，以利通风透光。一般每隔2～3年分株1次。

4. 栽培管理

灌水要掌握“浅—深—浅”的原则，即春季浅，夏季深，秋季浅，以利植株生长。施肥要掌握“薄肥勤施”的原则。

再力花常有叶斑病危害，可用65%代森锌可湿性粉剂500倍稀释液或百菌清可湿性粉剂800倍液喷洒防治。虫害有介壳虫和粉虱，可用25%噻嗪酮可湿性粉剂1 000倍稀释液喷杀防治。

模块8.11 梭 鱼 草

梭鱼草（*Pontederia cordata*）又称北美梭鱼草，雨久花科梭鱼草属多年生挺水或湿生草本植物，原产北美。其英文名为pickerel weed，故译为梭鱼草。

梭鱼草株高80～150cm，地下茎粗壮，叶丛生，圆筒形叶柄呈绿色，叶片较大，深绿色，表面光滑，叶形多变，多为倒卵状披针形，长25cm，宽15cm。花葶直立，通常高出叶面，穗状花序顶生，长5～20cm不等，每个穗上密密地簇拥着几十至上百朵蓝紫色圆形小花，单花约1cm大小，上方两花瓣各有两个黄绿色斑点，质地半透明，在阳光的照耀下，晶莹剔透，宛若精灵，花期5～10月。种子椭圆形，直径1～2mm，果期7～11月。

1. 种类与品种

白花梭鱼草，花白色，植株高80～150cm，叶片绿色。穗状花序顶生长有10～20cm小花密集200朵左右，花期6～10月。

2. 生长习性

梭鱼草喜温暖湿润、光照充足的环境条件，适宜生长发育的温度为18～35℃，18℃以下生长缓慢，10℃以下停止生长，冬季必须进行越冬保护。梭鱼草生长迅速，繁殖能力强，条件适宜的前提下，可在短时间内覆盖大片水域。

3. 繁殖技术

梭鱼草可采用分株和播种繁殖。种子繁殖一般在春季进行，将种子撒播在泥土上，覆盖一层薄土，加水 1～3cm，种子发芽温度需要保持在 25℃左右。分株繁殖可在春、夏两季进行，去除腐根后，用利刀将地下茎切割成每块带 2～4 个芽作繁殖材料。

4. 栽培管理

梭鱼草不耐旱，对肥料需求量较多，生长旺盛阶段应每隔 2 周追肥一次。夏季高温时节，要及时清理杂草，以保证植株正常生长。冬季结冰后，应对植株地上部分进行刈割，并将残叶集中深埋。

生产栽培中，梭鱼草不易患病，但常遭到蚜虫等危害，可用 40%乐果乳剂 1 000 倍稀释液防治。

模块 8.12 花叶芦竹

花叶芦竹（*Arundo donax*）又名花叶玉竹、花叶芦荻，为禾本科芦竹属植物。多年生挺水宿根草本观叶植物，具强大的地下根状茎和休眠芽。地上茎通直，有节，表皮光滑，株高 1.8m 左右，株幅 60cm 左右，基部粗壮近木质化。叶互生，斜出，叶片披针形，长 30～70cm，弯垂，具美丽条纹，金黄或白色间碧绿丝状纹，叶端渐尖，叶基鞘状，抱茎。顶生羽毛状大型散穗花序，多分枝，直立或略弯曲，初开时带红色，后转白色。

花叶芦竹外形高大，秋季密生白柔毛的花序随风摇曳，姿态别致。绿色叶片上具有明亮的白色纵条纹，是重要的水边观叶植物。花序及植株可作插花材料，茎秆是制作管乐器的良好材料，还可制作高级纸张、人造丝或编织工艺品等。

1. 种类与品种

1）芦竹

芦竹株高 5m 左右，株幅 1.6m 左右，分枝，叶片扁平，灰绿色。圆锥花序较密，长 30～60cm。花果期 9～12 月。

2）宽叶花叶芦竹

宽叶花叶芦竹株高 1m 左右，叶片宽 4～6cm，叶长 30cm，中绿色，具白色纵条纹。

2. 生长习性

花叶芦竹原产欧洲南部，喜温暖、湿润和阳光充足的环境，耐寒性差，耐水湿，不耐干旱和强光，生长适温为 20～27℃，冬季温度应不低于 0℃，可耐短时间-15℃低温，以肥沃、疏松和排水良好的微酸性沙壤土为宜。

3. 繁殖技术

1）分株繁殖

在南方，全年均可分株，长江流域地区以春季为宜。将生长密集的状茎挖出，去除泥土并剪除老根，切成块状，每块须带 3～4 个芽，即可盆栽或地栽。

2）扦插繁殖

可在春天将花叶芦竹茎秆剪成 20～30cm 的茎段，每个茎段都要有节，扦插在湿润的泥土中，30 天左右节处会萌发白色嫩根，然后定植。若在 8～9 月进行，从植株基部剪取插穗，除去顶梢，留 70～80cm，随剪随插，水深保持在 3～5cm，插后 20 天左右可生根。

3）播种繁殖

花叶芦竹在春季也可播种繁殖。

4. 栽培管理

盆栽时，用培养土和河沙各半作基质。生长期内盆土应保持湿润，每月施肥 1 次，可选用猪粪水或卉友 20-20-20 通用肥。若缺肥缺水，植株生长势差，株形矮小，叶片狭窄，观赏价值也差。在炎热的夏季，可向叶面喷水。南方露地栽培或北方室内地栽时，应注意控制根状茎的生长，勿使任意蔓延，影响整体景观。

花叶芦竹常见锈病危害，可用 20%三唑酮可湿性粉剂 2 000 倍稀释液喷洒防治。虫害有介壳虫、叶野螟和竹斑蛾等，可用 25%噻嗪酮可湿性粉剂 1 500 倍稀释液喷杀防治。

复习思考题

1. 何谓水（湿）生植物？
2. 比较常见的水（湿）生植物有哪些？
3. 试述荷花的生长习性和繁殖栽培要点。
4. 试述水生鸢尾的生长习性和繁殖栽培要点。

实 训 指 导

实训指导 11　水（湿）生植物栽培管理技术

一、目的与要求

根据常见水（湿）生植物的种类及生物学特性，制订并实施栽培管理方案。

二、材料与用具

（1）常见水（湿）生植物生产栽培现场。

（2）栽培管理所需的工具及其他材料。

三、实训内容

（1）考察水（湿）生植物生产栽培现场，制订即时栽培管理方案。

（2）实施栽培管理措施。

四、实训作业

（1）分小组实施水（湿）生植物栽培管理措施。

（2）从方案制订、项目实施等方面进行小结，并提出改进意见。

注：即时栽培管理方案，是指根据某种水（湿）生植物生产栽培现场的实际情况，提出当前水分管理、营养管理、土壤管理和植株管理等方面的栽培管理措施，并组织实施。

第 4 篇　切花类植物生产技术

第9单元　切花类植物生产

学习目标

通过本单元学习能够识别20种常见切花植物，掌握常见切花植物的生态习性、繁殖方法和栽培管理技术要点。

关 键 词

鲜切花

单元提要

本章主要以切花、切叶生产栽培技术为主线，介绍常见的切花、切叶类的繁殖、生产栽培、日常管理与花期调控等栽培管理技术。切花主要介绍了月季、菊花、唐菖蒲、香石竹、百合、马蹄莲、金鱼草、桔梗、鹤望兰、非洲菊、满天星、补血草、文心兰等种类。

模块 9.1 常见切花植物简表

鲜切花根据观赏部位不同可分为切花、切叶、切枝、切果等。

广义的鲜切花是指具有观赏价值的从植物体上剪切下来用于花卉装饰的植物材料（茎、叶、花、果）。狭义的鲜切花是指以花为主要观赏性状的从植物体上剪切下来用于花卉装饰的植物材料。

常见的切花、切叶植物种类非常多，表 9-1 列出常见切花植物的主要特征等信息，为切花生产提供参考。

表 9-1 切花品种一览表

序号	名称	学名	科	属	主要特征	繁殖方法	园林应用
1	菊花	*Dendranthema morifolium*	菊科	菊属	多年生草本，被柔毛。叶互生，有短柄，叶片卵形至披针形	杆插、分株、嫁接、压条、组织培养	观赏
2	百合	*Lilium brownii*	百合科	百合属	多年生草本，鳞茎球形，淡白色，先端常开放如莲座状，由多数肉质肥厚、卵匙形的鳞片聚合而成	鳞片、小鳞茎、珠芽繁殖，播种繁殖	观赏
3	唐菖蒲	*Vaniot houtt*	鸢尾科	唐菖蒲属	花茎高出叶上，花冠筒呈膨大的漏斗形，花色有红、黄、紫、白、蓝色等单色或复色品种	分球、切球、组织培养	可作花篮、花束、瓶插等，可布置花镜及专类花坛，可盆栽欣赏
4	月季	*Rosa chinensis*	蔷薇科	蔷薇属	有 3 个自然变种，现代月季花形多样，有单瓣和重瓣，还有高心卷边等优美花形；其色彩艳丽、丰富，不仅有红、粉黄、白等单色，还有混色、银边等品种	嫁接、播种、分株、扦插、压条	观赏、药用
5	郁金香	*Tulipa gesneriana*	百合科	郁金香属	叶 3～5 枚，条状披针形至卵状披针状，花单朵顶生，大型而艳丽，花被片红色或杂有白色和黄色，有时为白色或黄色，6 枚雄蕊等长，花丝无毛，无花柱，柱头增大呈鸡冠状	播种	观赏

续表

序号	名称	学名	科	属	主要特征	繁殖方法	园林应用
6	洋桔梗	*Eustoma grandiflorum*	龙胆科	洋桔梗属	叶对生，灰绿色，花冠呈漏斗状，有单瓣、重瓣之分，花色非常丰富	播种	瓶插水养
7	康乃馨	*Dianthus caryophyllus*	石竹科	石竹属	茎丛生，质坚硬，灰绿色，节膨大，高度约50cm，叶厚线形，对生	扦插	插花、胸花
8	满天星	*Gypsophila paniculata*	石竹科	石头花属	多分枝，叶狭，蓝绿色，具粗状的根状茎，花白色至淡粉红色	播种	插花
9	勿望我	*Myosotis silvatica*	紫草科	勿忘草属	全株光滑无毛，茎不分枝，叶大部分基生，平铺地面，具短柄，柄有翅，叶片倒卵状匙形	种子和组织培养育苗	插花
10	水晶草	*Statice sinuate*	白花丹科	补血草属	花细小纤弱，花开呈五角形，花蕊黄色，花瓣似水晶一般，略有清香	自播	插花
11	鹤望兰	*Strelitzia reginae*	芭蕉科	鹤望兰属	成型植株全年开花不断。根粗壮、肉质，茎不明显，花序为佛焰苞状。花期长，自秋季到翌年春末夏初均可开花，单花开放13～15天	播种、分株	插瓶水养欣赏
12	金鱼草	*Antirrhinum majus*	车前科	金鱼草属	多年生草本植物，叶片长圆状披针形。总状花序，花冠筒状唇形，基部膨大成囊状，上唇直立，开展外曲，有白、淡红、深红、肉色、深黄、浅黄、黄橙等色	播种、扦插	用来布置花境和建筑物
13	紫罗兰	*Matthiola incana*	十字花科	紫罗兰属	全株密被灰白色具柄的分枝柔毛。茎直立，多分枝，基部稍木质化。叶片长圆形至倒披针形或匙形	播种	盆栽观赏
14	相思梅	*Dianthus chinensis*	石竹科	石竹属	多年生草本，常作二年生花卉栽培。茎光滑多分枝，叶对生，线状披针形，花单生，粉、红、紫红、白或复色，单瓣或重瓣，芳香	播种、扦插、分株	用于花坛、花境、花台或盆栽

续表

序号	名称	学名	科	属	主要特征	繁殖方法	园林应用
15	向日葵	*Helianthus annuus*	菊科	向日葵属	茎直立，圆形多棱角，质硬被白色粗硬毛。广卵形的叶片通常互生，先端锐突或渐尖，有基出3脉，边缘具粗锯齿，两面粗糙，被毛，有长柄。头状花序	点播	插瓶观赏
16	洋兰	*Cymbidium spp.*	兰科	兰属	花朵硕大、花形奇特多姿、绚丽；花期长，可达3个月左右；栽培介质不是土壤而是树皮、苔藓等	分株	插花
17	情人草	*Codariocalyx motorius*	豆科	舞草属	叶绿色，阔椭圆形或心形，花穗上着生密集的艳红色的花朵，非常鲜艳亮丽	播种、扦插	插花或花卉装饰
18	非洲菊	*Gerbera jamesonii*	菊科	大丁草属	多年生、被毛草本。根状茎短，为残存的叶柄所围裹，具较粗的须根	分株、扦插、播种	观赏
19	乒乓菊	*Dendranthema morifolium*	菊科	菊属	有黄、绿、白、红四种颜色，乒乓菊造型讨巧、可爱，而且保鲜期较长，圆形的乒乓菊象征着“团圆美满”	扦插	观赏
20	跳舞兰	*Oncidium hybridum*	兰科	文心兰属	花的构造极为特殊，其花萼萼片大小相等，花瓣与背萼也几乎相等或稍大；花的唇瓣通常3裂，或大或小，呈提琴状，在中裂片基部有一脊状凸起物，脊上又凸起的小斑点，颇为奇特	播种、分株	插花或加工花束

模块 9.2 月　季

月季（*Rosa chinensis*），蔷薇科蔷薇属常绿或半常绿灌木。用于切花栽培的主要是杂交茶香月季（Hybrid Tea Roses），通常称为HT系月季。这个种群是四季开花的单花月季，花枝顶端一般只有顶芽孕花。花径在10cm以上，最大的花径可达15cm，多数为重瓣花，生长势旺盛。

切花栽培的品种月季，多数由蔷薇作砧木，经过嫁接后，育成嫁接苗。切花生产采

用嫁接苗，有利于保持品种的纯正，可提高对不良环境的抗性，促进健壮生长。它作为常用的花材之一，被应用在礼仪插花、艺术插花以及人们的日常生活中，尤其是情人节等节日，倍受消费者的喜爱。据统计，切花月季用量已位居全部切花总量的第 3 位。

9.2.1 生长习性

月季喜日照充足、空气流通、排水良好的环境。多数品种最适宜的生长温度是白天 18～25℃，夜间 10～15℃。气温超过 30℃，则生长停滞，开花小，花色暗淡。夏季连续 30℃以上高温，并处于干旱情况下，植株进入半休眠状态。冬季气温低于 3～5℃开始休眠。茎秆在露地可耐-15℃低温。

月季喜肥，适宜栽植于肥沃疏松的微酸性土壤。生长期需要充足的肥水补给。较耐旱，而忌积水。大棚与温室栽培，空气相对湿度要求控制在 70%～80%，湿度过高则容易罹病。

9.2.2 栽培技术要点

1. 种植

月季定植，南方采用高畦栽培，北方为灌水方便，有效利用日光温室空间，大多采用低畦，栽培床为使受光均匀，宜采用南北向畦，畦宽 60～70cm，每畦种植 2 行，行距为 35～40cm，株距为 20～25cm。

月季栽植全年都能进行，但最有利的时期是在休眠期，裸根苗可在早春 2 月芽萌动前定植。绿枝苗带土球，可在 6 月前定值。这样经过一段时间的生长，争取秋季开始采花。

月季种植前要检查苗的质量，检查嫁接苗的接芽是否良好，接口绑扎带是否已经解开，根系发育是否良好，有无病虫害。在剔除劣苗后，集中喷洒杀菌剂防病。种植深度把握在将嫁接苗的接口露出地面 1～2cm，种植后将植株周围土壤压紧并浇水，使根与土紧密结合。大棚与温室栽培时，早春新苗定值后，在生长初期室温控制在 10℃以下，而让地温高于气温，以利根系发育，约一个月后，再升高气温到 20℃左右，促进植株生长。

2. 整枝修剪

月季的整枝修剪，是贯穿在整个切花生产过程中的重要管理措施，直接影响切花的产量与质量。整枝修剪的目的是通过摘心、去蕾、抹芽、折枝、短截等方法，增强树势，培育采花植株骨架，促进有效切花枝的形成与发育。

1）幼苗整枝

幼苗定植后的主要任务是形成健壮的采花植株骨架，培育切花主枝。芽接苗的接芽萌发后，待有 5～6 片叶时摘心，以促使侧芽发梢，选择 3 个粗壮枝留作主枝，主枝粗度要求达到 0.6～0.8cm，将主枝再度重剪，栽植后当年秋季就可以开始采花。

2）成年植株夏季修剪

月季夏季修剪是利用 7～8 月的高温期进行植株调整，为秋冬期出花作基础准备，这一时期植株生长缓慢，切花质量下降，销售价格低迷但夏季气温高，植株生长还有一系列的生理活动，如果采用冬季回缩修剪的高强度短截，会对树体伤害过度，不利于秋季恢复生长。因此主要采取捻枝与折枝的办法，培育新的骨架主枝，保证秋、冬、春三季的采花数量与质量。

捻枝是将枝条扭曲下弯，不伤木质部。折枝是将枝条部分折伤下弯，但不离树体。进行捻枝与折枝时应注意以下问题。

① 在捻枝、折枝前 2 周，要停止灌水，控制水量，以利枝条容易弯曲，并防止伤口出现伤流。

② 根据单株生长情况，对老枝进行短截或疏剪后，选 3～4 条健壮枝进行捻枝或折枝。

③ 进行捻枝与折枝的高度控制在 50～60cm，折枝口前的枝条上要保留一定量的叶片。

④ 捻枝、折枝处理是为了促进基生枝的发生，以更新主枝，新主枝产生后，这些经过捻枝与折枝的枝条可以作为营养枝保留，待翌年 2～3 月后再行剪除。

⑤ 夏剪后，促发形成的新主枝，同样需要经历 2～3 次摘心，育成粗壮的成花母枝，在入秋后促发切花枝，生产切花。

月季在长江流域地区，一年中根据最高经济效益整枝修剪的大体规律如下：1～2 月整枝，在 3 月中下旬出现早春花；8 月整枝，在 9～10 月出秋花；10 月整枝，在翌年元旦、春节出冬花。

3）切花枝的修剪

切花枝的剪取除考虑切花长度外，还应重视剪切后对植株后期产量的影响。通常合理的切花剪切部位，应该在枝条基部具有 2 枚 5 片小叶的节位以上。这有利于留下节位上新枝的发生与发育。剪切时，原枝条留叶量的多少，与下次产花的间隔日数与花枝长度等相关。

4）整枝修剪的日常工作

切花月季的日常管理中，除了在生长周期进行复壮更新修剪外，在正常的采花情况下，还需要做好下列一些工作。

① 及时剥除开花枝上的侧芽与侧蕾。

② 及时去除砧木上萌发的脚芽。

③ 剪除并烧毁病枝、病叶。

④ 及时对弱枝摘心、短截、保留部分叶片，根据着生位置决定疏剪或留作营养枝。

⑤ 注意整株树体的均衡发展，考虑主枝分布与高度的均衡。

5）肥水管理

要根据月季生长阶段对水分的要求及天气、土壤含水量等情况，决定灌水次数与灌水量。通常在月季抽梢、朵蕾、开花期，需要足够的水分供给。在修剪前适当停止浇水控制生长。修剪后，为促进芽的萌动又需及时补水。浇水不宜过多，要求土壤“干干湿湿”，以促进根系扩展，冬季温室生产要避免灌水过度而降低地温，以及室内空气湿度高而诱发病害。

切花月季的年生长量大，每年采花 6～7 次，因此需要大量养分的补给，除了施足基肥外，一般在采花后及夏休冬眠时都要设法补充追肥。为促进花芽形成与花蕾发育，要避免过多施用氮肥，重视磷钾肥的供给，通常采用低氮高钾的营养配方，常用氮、磷、钾的配比为 1∶1∶2 或 1∶1∶3。

6）病虫害防治

大棚与温室栽培的切花月季，由于栽培环境湿度较高，容易诱发白粉病与霜霉病。露地栽培在 5～9 月易发生黑斑病，在管理上除了对栽培环境采取通风、降湿等措施外，可以每 10 天左右喷一次托布津、多菌灵，百菌清等杀菌剂进行防治。

切花月季常见的虫害有叶螨（红蜘蛛）、蚜虫等，可选用克螨特、杀螟松等防治。

9.2.3 切花采收、贮藏与保鲜

切花月季的采收标准是花瓣露色，萼片向外折到水平状态，外围花瓣有 1～2 瓣开始向外松展。采收通常在早晨与午后进行，气温较高时一般每日采收 2～3 次，冬季采收一次，采收既要考虑切花商品质量，又要考虑后续采花，因此在花枝上的切口应该在花枝基部保留有 5 枝小叶的 2 个节位。剪切后要除去切口以上 15cm 的叶片与表皮刺瘤，每枝切花的留叶量为 3～4 枚。

根据国家农业农村部颁发的月季切花质量标准，商品切花分为 4 个等级：一级花应枝条均匀，挺直，花枝长度达到 65cm 以上，无弯颈，单枝重 40g 以上。二级花花枝在 55cm 以上。三级花花枝在 50cm 以上。四级花花枝在 40cm 以上。月季分级后要绑扎成束，一级花每 12 支一束，二、三级花每 20 支一束，四级花每 30 支一束。

绑扎后的花束即插入清水或保鲜液内，在 2～4℃低温库贮藏。

9.2.4 花芽分化与开花

月季花芽分化对日照长度与春化低温等条件没有严格要求。只要生长温度适宜，新梢生长健壮，在新梢顶端就能形成花芽。通常在新梢萌发有 4～5cm 长度时，顶芽开始花芽分化，也有品种在新梢 1cm 长度时已开始分化。大概在萌芽后 2 周内为花芽分化始期，再经历 4 周左右，就可以完成花芽分化的整个过程。

月季花芽分化受枝条的营养状态与气温影响。一般在主枝上新萌发的枝条营养充分，生长势强，有利花芽分化。花芽分化的适宜温度为 16～25℃，而以 17～20℃的温度进行花芽分化最好。在 25℃以下，温度越高花芽分化速度越快。当温度降到 12℃以下，花芽分化受阻，出现畸形花或休眠芽的比例增多，形成盲花枝的比率上升。当气温高于 25℃，花瓣数减少，容易出现露心花。

切花月季的栽培品种，都具有连续开花的习性，大多数新生枝营养条件好，顶芽会发育成花芽，一般成熟的新生枝，通常有 8～20 节，枝条长短与节的多少、节间长度、品种习性、栽培环境等多种因素相关。在新生枝上一般花以下 1～3 节的腋芽，发育比

较瘦弱，这些节位叶片的小叶数只有3片，再次抽生的花枝也较短而弱，而枝条中部的芽生长饱满健壮，可抽生强壮的花枝。

为保证切花质量，生产上切花月季的栽培树龄通常为4～8年，多数种植5～6年后即需要进行更新。

模块9.3 菊　花

菊花（*Dendranthema morifolium*）是菊科菊属多年生宿根植物，为我国原产的传统名花，有三千多年栽培历史。约在公元4世纪传入朝鲜，后再由朝鲜传入日本，1688年传入欧洲。18世纪中叶欧洲开始利用温室进行菊花的切花生产，并通过杂交培育出许多适应切花栽培特点的优良园艺栽培种。切花栽培的菊苗大多是扦插苗，或是组培苗。幼苗由茎节部位长出次生根，根的寿命通常为一年，随着茎的衰老逐渐死亡。

9.3.1 生长习性

菊花适应能力强，喜阳光充足、地势高燥、通风良好的生长环境，栽培要求富含有机质、肥沃疏松、排水良好的沙壤土，适宜的土壤pH值为6.2～6.7。

菊花生长发育适应的温度为15～25℃，最适宜的生长温度白天为20～25℃，夜晚为16～18℃。气温在32℃以上生长受到影响，10℃以下生长缓慢。地上茎可耐0℃低温，地下茎可忍受-10℃。

菊花大部分品种为短日照植物，只有在每昼夜日照长度少于12小时以下才能开花。对短日照影响开花的时期长短在品种间有较大差异，切花用的菊花周年栽培必须了解品种对光周期反应的特性。

9.3.2 栽培技术要点

1. 花芽分化与开花

菊花的花芽分化受到光照，温度、营养条件与不同品种特性的影响。大多数自然花期在秋季的菊花，每天日照长度短于12小时，夜温处于15℃左右时花芽才开始分化。自然花期在夏季的菊花，幼苗期需要经过一个低温期才能开花，生产切花夏菊时，常在幼苗阶段用3～7℃处理3周，诱导其开花。

2. 切花生产管理

1）种植前土壤准备

菊花栽培要求有3～4年以上的轮作，栽培土壤要求含有丰富的有机质，土壤排水与通气状况良好，通常采用深沟高畦方式，畦高达到20～30cm。

2）定植

菊花栽培分独本菊与多本菊栽培两种方式。独本菊栽植后只留顶芽开花，每株着花一支。多本菊栽植后进行摘心，促进侧芽萌发，每株保留3～5支花。独本菊在1m宽的畦上，采取宽窄行定植，每畦种植4行，宽行行距40cm，窄行行距10cm，株距为5cm，每平方米栽植约60株。多本菊1m宽的畦种2行，株距10cm，每平方米约种20株。

切花用的菊花的定植苗，一般苗龄为25天左右，具6～7片真叶。定植时期通常春季栽培在12月～翌年2月，夏季栽培在3～4月，秋季栽培在5～7月，冬季栽培在7～8月。

3）摘心与除蕾

多本菊生产在定植后，菊苗恢复生长即应摘心，以促进分枝，一般在定植后10～15天进行，每株摘心后，保留最下部5～6叶。摘心后侧芽很快萌发，每株留枝3～5枝。当菊苗现蕾后，要进行除侧蕾的工作，以保证花形丰满、整齐。对独头型品种可将主蕾以下的侧蕾全部剥除。对多头型品种为使顶部花蕾生长一致，整枝花朵均匀丰满，可适时摘除中央花蕾。

4）肥水管理

菊花在整个生育期内，需要大量养分供给，除充足基肥外，在生长前期，以氮肥为主，促进营养生长，要求达到茎秆健壮，叶片均匀茂盛，并达到切花要求高度。生长后期要增加磷钾肥，使花与叶协调，花大色艳。现蕾后可用0.1%～0.2%尿素与0.2%～0.5%的磷酸二氢钾进行根外追肥。菊花对水分的要求不高，只要保持土壤湿润即可，切忌过干过湿，不宜漫灌与沟灌。

5）拉网防倒伏

切花用的菊花茎秆高，叶茂盛，生长期长，易倾斜倒伏，影响花枝品质。为保证枝干直立，分布均匀，生长整齐，要在畦边设立支柱，畦面拉网固定花枝。一般网眼为正方形，每方格边长25cm，当株高30cm时，将网拉于植株顶部，使枝梢自网眼中伸出，每眼平均有2～3枝花，以后随植株生长，在60～70cm高度再拉一道网。

6）生长调节剂应用

在菊花的切花栽培中可以利用赤霉素与丁酰肼等生长调节剂，提高切花的商品价值。通常在小苗成活后用5mg/L的赤霉素喷洒一次，3周后再用25mg/L的浓度喷一次，可以增加菊花茎秆高度。在花蕾直径有0.5cm时用毛笔将500～2500mg/L的丁酰肼涂于花蕾，能有效降低切花菊的花茎长度。对一些易徒长的品种，当出现徒长现象时也有使用丁酰肼调节花茎高度。

7）遮光与补光处理

通过遮光可缩短日照，使秋菊与寒菊提早开花，或通过补光措施延长日照时间，使花期推迟，从而调节市场供应。

遮光处理要注意以下几点：

① 光照强度达到10lx就对光周期反应产生影响，因此遮光处理必须注意遮光的严密性。

② 遮光时间一般在 17:00 开始，在第二天上午 8:00～9:00 打开黑幕。

③ 幼苗遮光处理的日期是在摘心后，植株正常生长高度在 25cm 左右进行。

④ 遮光日期总共为 30～40 天。

补光处理要注意以下几点：

① 补光宜在摘心后 10～15 天开始，新芽长 10～12cm 花芽分化前进行，在预期采花前 60～70 天结束。通常秋菊在 8 月 15～20 日补光，在 10 月上中旬结束，则在 12 月中下旬开始供花。

② 补光强度要求达到 50lx 以上。通常每 $10m^2$ 架设一盏 100W 白炽灯，位置设置在植株顶部往上 1～1. 5m 处。

③ 补光时长一般要求在日照长度短于 13. 5 小时时开始补光，通常 8～9 月每天补光 2 小时，10 月每天补光 3 小时。

8）病虫害防治

菊花的病虫害主要是白粉病与蚜虫。白粉病的被害症状表现为叶背有白色小点，并逐渐增大，成圆形或椭圆形的症状大斑，之后叶面出现淡黄色，叶片卷曲向上，整叶变为黄褐色，在温室栽培、高温、高湿、不通风的环境下，白粉病容易发生，因此管理上要加强室内通风，发病后开始每周一次喷洒 800～1 000 倍代森锌，或用 1 000 倍液的甲基托布津防治。菊花蚜虫主要是菊蚜与桃赤蚜、棉蚜等，室内温湿度越高，虫害越严重，可喷洒氧化乐果、抗蚜威等药剂防治。

9.3.3 切花采收、贮藏与保鲜

1. 分级标准

1）对菊花花朵的开放度按农业农村部标准分为 4 级指数

① 开花一级指数：舌状花紧抱，其中有 1～2 个外层舌状花开始伸出，此时采收适合远距离运输。

② 开花二级指数：舌状花外层开始松散，可兼作远距离和近距离运输。

③ 开花三级指数：舌状花最外两层都已开展，适合就近批发出售。

④ 开花四级指数：舌状花大部分开展，必须就近快速出售。

多头菊采收标准为顶花蕾已展开，其周围有 2～3 朵半开，为采收适期。采收时剪枝高度是剪口距床面 10cm 左右，切枝长 60～85cm。剪切后的花枝，在切口以上 10cm 内的叶片全部摘除，或按切枝长度摘除下部 1/4～1/3 的叶片，并立即浸入清水吸水。

2）商品切花按农业农村部标准分为 4 级

① 一级花：最小花径 14cm，花枝坚硬、挺直，花颈长 5cm 以内，花头端正。花枝长 85cm 以上，叶厚实，分布均匀，叶色鲜绿有光泽，开花指数为 1～3，花束中花枝的长度最长与最短不超过 3cm。

② 二级花：最小花径 12cm，花颈长在 6cm 以内，开花指数 1～3，花枝 75cm 以上，花束中花枝的长度最长与最短不超过 5cm。

③ 三级花：外层花瓣有轻微损伤，最小花径 10cm，花枝长 65cm 以上，开花指数为 2～4，花束中花枝的长度最长与最短相差不超过 10cm。

④ 四级花：外层花瓣稍有损伤，花色稍差，最小花径 10cm，花枝长度 60cm 以上，开花指数为 3～4。

2. 包装

切花绑扎按农业农村部颁布的标准，以品种每 12 支为一束，通常也有每 10 支或 20 支绑扎成束。

3. 贮藏

切花采后有湿贮与干贮两种方法。湿贮即将切花浸于保鲜液中；贮藏温度为 4℃，相对湿度为 90%。干贮即将切花包扎装箱后贮藏，贮藏温度为-0. 5～-1℃。通常可贮存 6～8 周。短期贮藏不超过 2 周，温度控制在 2～3℃。运输要求保持 2～4℃低温，不得高于 8℃。

模块 9.4　唐　菖　蒲

唐菖蒲（*Vaniot houtt*），又名菖兰、剑兰、扁竹莲、十样锦、十三太保，鸢尾科唐菖蒲属多年生球根花卉，是著名四大切花之一，享有“切花之王”的美誉。

9.4.1 生长习性

唐菖蒲是喜光性、长日照植物，不耐寒冻，亦不耐炎热，怕水涝。生长期要求阳光充足，通风良好，喜土壤疏松、排水良好的中性沙质壤土。对氟与氯的反应敏感，连作容易罹病，种球退化现象严重。

唐菖蒲新球形成后，有 2～3 个月的自然休眠期。生长发育最适温度白天为 20～25℃，夜间为 10～15℃。开花需要有 12 小时以上的日照。光照时间不足，光照强度减弱，都会影响花的产量与质量。

唐菖蒲在长江下游地区露地生长的物候期，是在 2 月下旬～3 月上旬，球茎在土壤内开始生根萌芽，4 月中下旬基生叶开始迅速生长，6 月抽出花茎，同时新球进入发育期。6 月下旬、7 月上旬开花，花后 8～9 月是新球膨大、小球发生的高峰期，11 月下旬受霜后，植株地上部枯萎，球茎休眠越冬。商品切花栽培，可通过排开播种，调节光照、温度等措施，实现全年供花，但主要供花期是 10 月前后～翌年 5 月前后，圣诞、元旦、春节是供花的高峰期。

9.4.2 栽培技术要点

1. 土壤准备

栽培唐菖蒲要实行 5～6 年以上轮作，基肥要充足，要重视钾肥的供给，栽植床深翻后，按南北向作畦，畦面宽 1.0～1.2cm，畦高 10～15cm。

2. 栽植

通常切花生产种植密度，行距为 25～30cm，株距为 10～12cm，每亩用种量约 1.5 万球左右。栽植深度为球茎高度的 3～4 倍，一般应深为 10～12cm，以有利支撑根的发育与防止切花倒伏。

唐菖蒲可以全年分批播种，但一般唐菖蒲切花的市场价格规律是 6～7 月切花价格最低，9～10 月与翌年 3～4 月最高，11 月～翌年 2 月价格也好。在长江下游地区 12 月以后的供花生产，除加温外，还必须补光延长光照时间，但会增加生产成本。因此江浙沪一带唐菖蒲商品生产的主要季节是在秋季，一般在 7～8 月播种，通过后期简易大棚的保护，切花采收期大体在 9 月下旬～12 月上旬。

唐菖蒲秋季播种会涉及种球贮藏的问题，一般唐菖蒲球茎在自然环境下 3～4 月即会发芽、生根，要保持种球的休眠状态，必须保持低温、低湿、通风的贮藏环境，特别应当防止因高温引起生根，初生根萌发受伤后，以后就不会重新发生，这对幼苗的前期生长极为不利。

3. 肥水管理

唐菖蒲生长期忌受水渍，浇水量不宜过多。追肥也十分重要，重点在二叶期、四叶期与七叶期，追肥 3 次。二叶期是花芽分化期，供肥不足会影响小花的形成数量。四叶期花穗已形成，营养不良不利花的发育。七叶期后花穗抽出叶丛，此时新球开始发育，追肥有利于促进花枝粗壮与花朵发育良好，3 次追肥中前期以氮肥为主，中后期要增加磷钾肥。

4. 中耕、培土、张网

唐菖蒲要清除杂草，保持田间清洁。为防止花茎侧倒，在四叶期前应进行一次中耕培土，并张网防倒伏。

5. 病虫防治

唐菖蒲生长期会有地下害虫，如蛴螬、地老虎等，地上部分出现尺蠖、螟蛾、叶蝉、蚜虫等虫害，以及病毒病、锈病、灰霉等病害。防治这些病虫害的发生，除使用药剂防治外，主要应严格执行轮作制度，并重视种球质量，防止唐菖蒲退化。

9.4.3 切花采收、贮藏与保鲜

唐菖蒲商品切花最适宜的采收期，是在花穗下部的第 1～3 朵小化初露色时。采收以清晨剪切为最好，剪切后的花枝，剥除茎生叶，按等级分级包扎，每 10 支为一束。切花分级标准如下。

① 一级花：花茎长度大于 130cm，小花 20 朵以上。

② 二级花：花茎长度 100～130cm，小花 16 朵以上。

③ 三级花：花茎长度 85～100cm，小花 14 朵以上。

④ 四级花：花茎长度 70cm 以上，小花不少于 12 朵。

唐菖蒲剪切包扎后的花束，必须直立摆放，不得横卧，否则会使顶部花穗弯曲，影响商品品质。剪切后的鲜花可低温冷藏保鲜，常用温度为 4～6℃，不宜低于 4℃，冷藏期为 6～8 天，不宜超过 2 周。

模块 9.5 香 石 竹

香石竹（*Dianthus caryophyllus*）又名康乃馨，麝香石竹，是石竹科石竹属宿根草本植物。香石竹花朵绮丽、高雅馨香，被公认为“母亲节之花”，代表慈祥、温馨、真挚的母爱。

香石竹花期长、品种丰富多样，适于工厂化生产，包装运输方便，保鲜贮藏容易，产量产值高，是世界著名四大切花之一。其中，国际切花贸易销售总额中占 40%左右的份额。

香石竹切花市场需求具有明显的季节性，在国内通常从 9 月到翌年 4 月是主要销售旺季，春节前后价格最高，目前世界香石竹的高水平生产，每平方米的年产量为 130～150 支，最高可达 250 支以上，我国平均年生产水平在每平方米 100 支左右，还具有很大的增产潜力。

9.5.1 生长习性

香石竹适于冷凉的生长环境，不耐寒，要求冬季温暖，夏季凉爽，生长最适宜温度为昼温 16～20℃，夜温 10℃左右，晚间低温有利促进花芽分化。

香石竹原种是长日照植物，栽培种已成为四季开花的中日性植物，但 15～16 小时的长日照条件，对花芽分化与花芽发育有促进作用。

香石竹喜干燥通风环境。夏季高温多雨或栽培设施内，因湿度过大常会出现生长不良、花质下降、病虫害严重发生等情况，香石竹栽培过程中容易感染病毒病，造成严重退化，生产上常采用脱毒苗复壮，栽培过程切忌连作。

香石竹通常在新枝完成 15～18 节生长后，顶芽出现花蕾。实际上当香石竹展叶 8 对时，顶芽已开始花芽分化，叶原茎分化已停止，因此从形态上看，植株生长在 7 对叶

以下为营养生长阶段，8 对叶以上进入生殖生长阶段。香石竹从花芽分化到花蕾形成大概需要 30 天时间，夜间 5～12℃的低温有利于促进花芽分化，从植株摘心到开花，在不同季节大体需要 70～180 天，每朵花的花期为 15～25 天，切花生产的花枝类型，有单花型与多花型两类。世界切花香石竹以单花型为主，一茎一花，一般株高 90～120cm，花径 8cm 左右，花瓣 55～70 瓣。

9.5.2 栽培技术要点

国内香石竹切花生产多数采用塑料大棚，进行为期一年的生产方式。少数在栽培第二年没有明显病毒症状的地区，采用为期两年的栽培方式。

1. 土壤准备

香石竹栽培时病害感染严重，必须建立严格的轮作制度，及时对土壤进行消毒。一般常用福尔马林或氯化苦进行药剂消毒。福尔马林消毒即用 40%甲醛，配制成 1∶50 或 1∶100 溶液，浇灌翻耕后的床土，浇后用塑膜覆盖密封 3～6 天，揭膜后再晾 10～14 天后种植。氯化苦是一种高效、剧毒熏蒸剂，既可杀虫、灭鼠，又能杀菌防线虫，使用时在每平方米面积内，用棍棒插 25 个小穴，穴深 25cm，穴距 20cm，每穴用漏斗灌药 5ml，施后覆土、踏实，并在土表泼水。在气温 20℃时，保持 10 天，15℃时保持 15 天。氯化苦对人、畜有剧毒，使用时要戴防毒面具与橡皮手套。土壤的蒸气消毒，消毒深度要达到 20～25cm，土层温度达到 90℃，要求通气后 1 小时内消毒土壤加热到预定温度。香石竹栽植土壤 pH 值调整为 6.0～6.5 适宜。

2. 定植

香石竹定植期可根据采花期要求与栽培方式而定，通常从定植到始花需要 110～150 天，为了香石竹切花效益达到较高，其供花期一般在 10 月至翌年 4 月，因此适宜的定植期在 5～6 月。定植密度通常每平方米为 33～40 株，选用（12cm×20cm）～（15cm×20cm）的株行距，每亩栽植 1.2 万～1.4 万株。

3. 肥水管理

香石竹生长期长，又要分期分批多次采收切花，因而需要大量的养分补充，除在栽植前施用充足的基肥外，在 9～10 月与翌年 3～4 月的生长旺季，还需要用速效的追肥补充，年施肥次数可达 10～20 次，施肥除应用氮肥促进生长外，还要重视磷钾肥的施用，也有报道称施用硅酸钾更有利开花整齐，提高切花品质。另外，香石竹在栽培过程中容易发生缺硼的现象，常表现出植株矮小、节间缩短、茎秆产生裂痕、茎基部肥大易折断、叶片外卷、叶脉中部发紫等症状，使植株顶芽不能形成花蕾或花蕾败育，花茎发生异常分枝，花瓣发生褐变。这些现象主要发生在土壤 pH 值过高，硼元素成不溶态，根系难以吸收的情况下。硼肥的补充可用硼酸、硼砂或硼镁肥，每亩使用量为 50～500g。

香石竹生长期需要较多的水分补给，但必须注意栽培基质的良好排水性能，土壤水

分过多会使根部缺氧而阻碍生长发育，浇水以干湿交替为宜，11月后温度较低，设施栽培内要适当控制水量，水分过多也会造成花蕾裂萼现象。

4. 摘心处理

香石竹在苗期摘心是为了增加分枝，提高单株产花量与调节花期，均衡适时供花。摘心时期：通常第一次摘心在定植后30天左右，幼苗主茎有6～7对叶展开时进行，多数在主茎上留5～6个节，摘除茎尖生长点。第二次摘心在第一次摘心后，再经30天左右，在侧枝有5～6个对节时进行。经过两次摘心，香石竹每株可发生6～10个开花侧枝。根据不同栽培类型与对花期的要求，摘心也可采取一次摘心、一次半摘心、二次摘心等不同方法，以调节植株生长与排开花期。

5. 张网

为防止香石竹的花茎弯曲倒伏，影响切花的商品质量，在香石竹株高15cm时应设置尼龙网控制生长。通常在香石竹生长期，随着茎的生长，需要设张网4～5层，每层之间的层间距为20～25cm，尼龙网的网眼孔径为10cm，架设每层网时，要注意网孔应对齐，以保持花茎挺直生长。

6. 病虫害防治

香石竹栽培期间病虫害发生较多，常见的有病毒性的花叶病、条纹病、环斑病，细菌性的萎蔫病、枯萎病，真菌性的茎腐病、叶斑病、锈病，还有蚜虫与红蜘蛛的危害。因此要贯彻“防重于治”的原则，一般7天左右，使用多种杀菌剂，交替喷洒防治。

9.5.3 切花采收与分级

1. 切花采收

香石竹的切花采收根据销售、贮藏、运输等不同的要求，对花蕾的开放程度有不同的标准。根据我国颁布的香石竹切花行业标准，将花蕾的开放度分为四级，即称为开花指数，其标准如下。

① 开花指数1：花瓣伸出花萼不足1cm，呈直立状。适于远距离运输。

② 开花指数2：花瓣伸出花萼1cm以上，略有松散，可兼作远距离或近距离运输。

③ 开花指数3：花瓣松散，开展度小于水平线，适合就近批发出售。

④ 开花指数4：花瓣全面松散，开展度接近水平，适宜快速出售。

香石竹采收一般应在傍晚剪切为宜，因为下午是香石竹碳水化合物含量最高的时期，这直接影响到切花的贮藏寿命与瓶插寿命。剪切长度要考虑上市要求与生产下茬花枝的分枝能力。切花的剪切时期，应在开花指数为4时最适，但考虑运输、贮藏等因素，多数在花蕾露色、开花指数在1～3时剪切。香石竹的切花比较耐干，可以干贮，但剪切后，切花放置清水吸水6小时，更有利延长保鲜。

2. 切花分级

香石竹的切花标准分为以下四级。

① 一级花：开放花朵直径大于 7.5cm，未开花蕾直径大于 6.2cm，花茎长度在 65cm 以上，花枝重大于 25g，适用开花指数为 1～3，依品种 10 支为一扎，切口以上 10cm 去叶。

② 二级花：开放花朵直径为 6.9～7.4cm，未开花蕾直径为 5.6～6.1cm，花茎长度为 55～64cm，单枝重 20g 以上，适用开花指数为 1～3。每 10 支或 20 支一扎，切口以上 10cm 去叶。

③ 三级花：花朵标准与二级花相同，花茎长度为 50～54cm，单枝重 15g 以上，适用开花指数为 2～4，每 30 支为一扎。

④ 四级花：花色稍差，花茎长度在 40cm 以上，单枝重 12g 以上，适用开花指数为 3～4，每 30 支为一扎。

9.5.4 冷藏与包装运输

1. 冷藏

香石竹切花剪切后，保鲜冷藏温度为 0.5～1℃，一般开花指数为 1 时可以贮藏 8 周以上，开花指数为 2～3 时可存贮 3～4 周。完全开放的花朵，冷藏温度为 3～4℃，贮存期一般不超过 2 周，贮藏环境的相对湿度保持在 90%～95%。

2. 催花

花蕾未开足前可进行催花后出售，冷室中取出的香石竹切花，先在 8～10℃环境中放置 2～3 小时，再拆包进行催花处理。催花前先将花茎基部剪除 3～5cm，然后在 21～26℃室温，70%～80%相对湿度，200～2 000lx 光照强度，日照度 16 小时条件下放入催花液中，经过 10～12 天开花。

3. 包装运输

准备运输的香石竹应用打孔纸板箱包装，一般每箱装 800 支，运输空调车保持 2～4℃低温，不得高于 8℃，保持 85%～95%的相对湿度。

模块 9.6 百　　合

百合（*Lilium brownii*）为百合科百合属的多年生球根植物，近年来在国内外鲜切花市场发展很快。用于鲜切花栽培的百合，是在 20 世纪中叶出现的众多观赏品种，这类百合都是园艺杂种，统称为“现代百合”，在鲜切花生产领域中可以全年供花。根据各栽培品种的原始亲本与杂交遗传的衍生关系，观赏百合商品栽培类型主要有亚洲百合杂

种系、东方百合杂种系与麝香百合（铁炮百合）杂种系3个主要类别。

9.6.1 生长性状

百合喜凉爽、湿润的环境条件，能耐寒而怕酷暑，喜阳光又略耐阴。生长开花的适宜温度为15～25℃，通常10℃以下停止生长。温度低于5℃，高于28℃对生长不利。百合是长日照植物，光照时间过短会影响开花，切花夏季栽培要求光照强度为自然光的50%～70%，尤其是东方百合的遮阴度，要求比亚洲百合与麝香百合高。

百合花芽分化是在鳞茎萌芽后，植株生长具有一定营养面积时完成的，具体分化时间因品种而异，大多数亚洲百合在地上茎生长至高10～20cm，具叶50片左右时花芽开始分化。麝香百合的分化期稍晚一些，具80片叶左右花芽才开始分化。花芽分化最适温度为15～20℃。

9.6.2 栽培技术管理

1. 露地栽培的管理

百合露地种植通常秋季10月定植，冬前根系可得到充分发育，开春后萌芽生长，6月前后开花。

百合栽培土壤管理的基本要求如下：必须坚持5～6年以上轮作，土层深厚、肥沃、疏松、微酸，能保蓄水分又排水良好。对土壤酸碱度的适应性，亚洲百合与麝香百合的pH值为6～7，而东方百合的pH值为5.5～6.5。

切花百合的栽植密度因品种与种球鳞茎大小而异，通常栽植行株距为（20～25cm）×（8～15cm）。亚洲百合栽植可较密，麝香百合次之，东方百合稍稀。种球周径为16～18cm的亚洲百合每平方米种植40～50株，东方百合种植30～40棵，栽植深度应不低于8cm。

百合生长期喜湿润，种植后要保持土壤具有一定的持水量，特别是花芽分化期与现蕾期不可缺水，百合出苗后可以开始补充追肥，自花芽分化到现蕾每10～15天追施一次，还要重视磷钾肥的补充。

百合植株生长到60cm高度时，要设立支架张网，以扶持花茎的直立生长。

2. 切花的周年生产

百合切花可以达到周年供花，特别在元旦到春节期间的年宵花供应，可以大大提高经济产值，但百合切花的周年生产要解决好种球处理、加温、补光等问题。

1）种球的低温处理

国外进口种球一般已经低温处理，只要根据不同品种的生长周期及预计开花期可推算出定植时期便可种植，进口种球一般用于切花生产亚洲百合与麝香百合，可以连续使用2年。但第二年进行促成栽培球茎必须进行低温处理后，才能适时开花。还有用小鳞茎繁殖的种球，也必须经过变温处理后，才能作促成栽培种植。

进口种球的第二次利用，在采收切花时应适当留叶养球。春节前后供花的植株，大概在 5 月前后叶开始转黄，可以收获百合鳞茎。鳞茎收获后进行消毒、分级，用草质泥炭或木屑保湿贮藏，在预计花期的前 50 天左右种植，用 7～13℃低温处理种球 45～55 天，打破休眠，种植后便能当年萌芽，及时在第二年春节前后供花，不经处理的种球当年不会萌芽。

用小鳞茎繁殖的种球，一般夏季不休眠，生长期可延续到初冬下霜后，在叶转黄时收获种球。这类自然种球可以先用 35℃高温处理 6～8 天，协助其完成休眠，以后再经 5～10℃低温贮藏 6～8 周打破休眠，待用。对暂时不种植或作抑制栽培的种球，在低温处理后，亚洲百合用−2℃，东方百合、麝香百合用−1.5℃冷藏保存。

2）温度调节

百合切花的周年生产，要在不同季节调节好适宜百合生长的温度环境，夏季生产要降温，冬季生产要加温。根据百合自然生长的规律，生长前期置于 12～13℃的较低温度条件下，低温对发根有利，对今后生长发育与切花品质有较大影响，这段时间大约占整个生长期的 1/3，或者至少要维持到茎生根的长出。前期低温处理后，亚洲百合的栽培温度要求保持 14～15℃，其白天温度可以升高到 20～25℃，晚间温度保持 8～10℃，东方百合与麝香百合可以相对高一些。

切花百合栽培期间的温度调节对花期早晚有一定影响，麝香百合通常从花蕾出现到第一朵花开放需要 30～35 天。一般栽培温度为 15～26℃时开花约经 30 天，而在 15～21℃是开花约需 40 天。百合切花栽培期间设施内温度要避免 30℃以上高温与 10℃以下低温的波动，温度过高或过低与温度的剧变，都会增加劣花比例，影响花的品质。

3）光照问题

百合栽培夏季要避免强光直射，通常亚洲百合与麝香百合夏季遮阴率要达到 50%，东方百合要达到 70%。冬季栽培会因光照强度不足与日照长度较短而引发质量问题，亚洲百合对光的敏感度较强，东方百合不太敏感。补光可用每 10m^2 加设一盏 400W 太阳灯。冬季光照长度不足会影响花的质量，生产上常从植株萌芽到现蕾阶段的 6 周时间，连续给予 16 小时光照，尤其是对东方百合进行补光，可以促使切花提早进入市场，延长光照的补光可用每平方米加设一盏 20W 的白炽灯。

4）空气湿度

百合设施栽培的空气相对湿度宜应控制在 80%～85%，要避免有较大的波动。

5）病虫害防治

百合栽培过程中常会出现缺铁、叶焦、芽枯等生理病害。缺铁症多数因土壤 pH 值过高引发，栽培上要确保排水良好，土壤 pH 值处微酸状态，已发病植株常使用硫酸亚铁或铁的螯合剂进行治病。叶焦病与芽枯病的发生都与根系发育有关，要注意地下害虫防治与土壤水分、空气湿度的管理。芽枯病与设施内乙烯浓度有关，对东方百合受害较严重，要重视室内空气流通以防止乙烯聚积。

百合栽培期还会出现茎腐病、病毒病与线虫等危害，这些都与土壤处理与种球带病有关，要严格执行轮作制度与土壤、种球的消毒工作。

9.6.3 切花采收与分级

1. 切花采收

百合切花采收以花蕾露色为标准，一般每个花茎具5个以下花蕾，以有一个花蕾露色为采收标准。5～10个花蕾，以2个花蕾露色为标准。切花剪切时间以10:00前适宜，以减少花枝失水。剪切后的花枝，干贮时间不要超过30min，在剥除切枝下端10cm叶片后，分级浸入清水，放进冷藏室，冷藏室温度维持在4℃左右。

2. 切花分级

百合切花分为以下三级。

① 一级花：亚洲百合花茎长度大于90cm，茎部第一朵花露色但未开放，花枝花蕾数大于9朵。东方百合花茎长度大于80cm，花蕾数大于7朵。

② 二级花：亚洲百合花茎长度为75～89cm，花蕾数大于7朵；东方百合花茎长度为70～79cm，花蕾数大于5朵。

③ 三级花：亚洲百合花茎长度为50～74cm，花蕾5朵；东方百合花茎长度为50～69cm，花蕾数3朵。

切花朵分级后以10支为一扎，纸箱包装一般每箱30扎，运输温度多数适宜2～4℃，不能超过8℃。

复习思考题

1. 切花菊采收的注意事项有哪些？
2. 切花百合种球定植前如何进行处理？
3. 百合切花如何区分等级？
4. 香石竹冷藏及催花时如何进行温度调控？

实 训 指 导

实训指导12　切花花材的识别

一、目的与要求

学生了解并掌握切花的主要花材。

二、材料与用具

主要的切花花材。

三、实训内容

教师讲解各种材料的识别要点、所属类别以及在切花作品中的用途。教师每讲解一种花材，都要与学生展开讨论，讨论该种花材能够表现什么，并记录讨论结果。例如，观花类是以花朵、花苞片、花序作为主要观赏部分的植物，一般花期较长，不易凋谢，如现代月季（玫瑰）、菊花、牡丹、百合、向日葵、茶花、桃、梅等。

四、实训作业

学生将教师讲解内容与讨论的结果进行整理，填入表格，完成实验报告，报告内容要求将各种花材的类别及用途整理成表格。

第 10 单元　切叶类植物生产

学习目标

通过本单元学习能够识别 20 种常见切叶植物，掌握常见切叶植物的生态习性、繁殖方法、栽培管理技术要点。

关 键 词

切叶

单元提要

本章主要以切叶生产栽培技术为主线，介绍常见的切叶类的繁殖、生产栽培、日常管理等栽培技术。主要介绍蕨类、一叶兰、天门冬、银芽柳、 南天竹、红瑞木、八角金盘等常见的切叶种类。

模块 10.1 常见切叶植物简表

在花艺设计中，切叶材料是不可或缺的，它起到烘托、点缀的作用。常见的切叶植物的主要特征信息如表 10-1 所示，仅为切叶材料的识别提供参考。

表 10-1 切叶品种一览表

序号	名称	学名	科	属	主要特征	繁殖方法	园林应用
1	富贵竹	*Dracaena sanderiana*	龙舌兰科	龙血树属	植株细长，直立，上部有分枝。根状茎横走，结节状；茎干粗壮、直立，株态玲珑。叶互生或近对生，叶长披针形，有明显主脉，叶片浓绿色。伞形花序，有花 3～10 朵生于叶腋或与上部叶对花，花冠钟状，紫色。浆果近球形，黑色	育苗、扦插	观叶切花
2	天门冬	*Asparagus cochinchinensis*	百合科	天门冬属	攀缘植物。根在中部或近末端成纺锤状膨大，膨大部分长 3～5cm，粗 1～2cm。茎平滑，常弯曲或扭曲，长可达 1～2m，分枝具棱或狭翅	种子、分株	观叶切花
3	蓬莱松	*Asparagus retrofractus*	天门冬科	天门冬属	小枝纤细，叶呈短松针状，簇生成团，极似五针松叶。新叶翠绿色，老叶深绿色。花白色，浆果黑色。具小块根，有无数从生茎，多分枝，灰白色，基部木质化，叶片状或刺状。新叶鲜绿色，老叶白粉状。叶状体扁线形，丛生，呈球形，着生于木质化分枝上，墨绿色	分株、播种	观叶切花
4	常春藤	*Hedera nepalensis*	五加科	常春藤属	多年生常绿攀缘灌木，气生根，茎灰棕色或黑棕色，光滑，单叶互生；叶柄无托叶有鳞片；花枝上的叶椭圆状披针形，伞形花序单个顶生，花淡黄白色或淡绿白色，花药紫色；花盘隆起，黄色	扦插	观叶切花
5	钢草	*Gyperus spp.*	莎草属	莎草科	秆通常三棱形。叶基生或兼秆生，一般具闭合的叶鞘和狭长的叶片，有的仅有鞘而无叶片。苞片有禾叶状、秆状、刚毛状、鳞片状或佛焰苞状，基部具鞘或无。花序有穗状花序、总状花序、圆锥花序、头状花序或长侧枝聚伞花序；小穗单生，簇生或排列成穗状或头状	插茎、分株、分块	观叶切花

续表

序号	名称	学名	科	属	主要特征	繁殖方法	园林应用
6	高山羊齿	*Davallia mariesii*	骨碎补科	骨碎补属	根状茎长而横走，粗壮，木质，全部密被鳞片；鳞片卵状披针形，先端钻形，边缘有睫毛，中部褐色，边缘棕色或灰棕色，覆瓦状排列。叶远生，棕褐秆色，上面有浅沟，基部密被鳞片，向上光滑	分株、基质栽培	观叶切花
7	巴西叶	*Dracaena fragrans*	龙舌兰科	龙血树属	巴西叶是巴西铁树的叶子，叶子长而宽大，有竖纹	扦插	观叶切花
8	散尾葵	*Chrysalidocarpus lutescens*	棕榈科	散尾葵属	棕榈科散尾葵属丛生常绿灌木或小乔木。茎干光滑，黄绿色，无毛刺，嫩时披蜡粉，上有明显叶痕，纹状呈环。叶面滑细长，羽状全裂，长40～150cm，叶柄稍弯曲，先端柔软	分株	观叶切花
9	龟背叶	*Monstera deliciosa*	天南星科	龟背竹属	茎绿色，粗壮，周延为环状，余光滑，叶柄绿色；叶片大，轮廓心状卵形，厚革质，表面发亮，淡绿色，背面绿白色。佛焰苞厚革质，宽卵形，舟状，近直立	播种、分株、扦插	观叶切花
10	星点木	*Dracaena surculosa*	百合科	龙血树属	叶革质，长卵形，叶面上广泛分布着许多乳黄色或乳白色小斑点。单叶对生或三叶轮生，长椭圆形，浓绿色或橄榄色	扦插	观叶切花
11	肾蕨	*Nephrolepis auriculata*	肾蕨科	肾蕨属	根状茎直立，被蓬松的淡棕色长钻形鳞片，下部有粗铁丝状的匍匐茎向四方横展，匍匐茎棕褐色，不分枝，疏被鳞片，有纤细的褐棕色须。叶簇生，暗褐色，略有光泽，叶片线状披针形或狭披针形，一回羽状，羽状多数，互生，常密集而呈覆瓦状排列，披针形，叶缘有疏浅的钝锯齿。叶脉明显，侧脉纤细，自主脉向上斜出，在下部分叉。叶坚草质或草质，干后棕绿色或褐棕色，光滑	分株、播种	观叶切花
12	文竹	*Asparagus setaceus*	天门冬科	天门冬属	攀缘植物，高可达3～6m。根稍肉质，细长。茎的分枝极多，分枝近平滑。叶状枝通常每10～13枚成簇，刚毛状，略具三棱，长4～5mm；鳞片状叶基部稍具刺状距或距不明显。花通常每1～4朵腋生，白色，有短梗；花被片长约7mm。浆果直径约6～7mm，熟时紫黑色，有1～3颗种子	分株、播种	观叶切花

续表

序号	名称	学名	科	属	主要特征	繁殖方法	园林应用
13	香蒲	*Typha orientalis*	香蒲科	香蒲属	多年生水生或沼生草本植物，根状茎乳白色，地上茎粗壮，向上渐细，叶片条形，叶鞘抱茎，雌雄花序紧密连接，果皮具长形褐色斑点。种子褐色，微弯。花果期5～8月	播种、分株	观叶切花
14	八角金盘	*Fatsia japonica*	五加科	八角金盘属	常绿灌木或小乔木，高可达5m。茎光滑无刺。叶柄长10～30cm；叶片大，革质，近圆形，直径12～30cm，掌状7～9深裂，裂片长椭圆状卵形，先端短渐尖，基部心形，边缘有疏离粗锯齿，上表面暗亮绿色，下表面色较浅，有粒状突起，边缘有时呈金黄色；侧脉在两面隆起，网脉在下面稍显著	扦插、播种、分株	观叶切花
15	一叶兰	*Aspidistra elatior*	百合科	蜘蛛抱蛋属	多年生常绿草本。根状茎近圆柱形，直径5～10mm，具节和鳞片。叶柄明显，粗壮。总花梗长0.5～2cm	分株	观叶切花
16	海桐	*Pittosporum tobira*	海桐科	海桐花属	常绿灌木或小乔木，高可达6m，嫩枝被褐色柔毛，有皮孔。叶聚生于枝顶，二年生，革质，嫩时上下两面有柔毛，以后变秃净，倒卵形或倒卵状披针形，长4～9cm，宽1.5～4cm	播种、扦插	观叶切花
17	尤加利	*Eucalyptus spp.*	桃金娘科	桉属	密荫大乔木，高20m；树皮宿存，深褐色，厚2cm，稍软松，有不规则斜裂沟；嫩枝有棱	用播种、嫁接、扦插和茎尖组织培养等	观叶切花
18	龙柳	*Salix matsudana*	杨柳科	柳属	落叶灌木或小乔木，株高可达3m，小枝绿色或绿褐色，不规则扭曲；叶互生，线状披针形，细锯齿缘，叶背粉绿，全叶呈波状弯曲；单性异株，柔荑花序，蒴果	多采用扦插法	观茎切花
19	红瑞木	*Swida alba*	山茱萸科	梾木属	灌木，高达3m；树皮紫红色；幼枝有淡白色短柔毛，后即秃净而被蜡状白粉，老枝红白色，散生灰白色圆形皮孔及略为突起的环形叶痕。伞房状聚伞花序顶生，较密，宽3cm，被白色短柔毛；总花梗圆柱形，长1.1～2.2cm，被淡白色短柔毛	播种、扦插、压条	观茎切花

续表

序号	名称	学名	科	属	主要特征	繁殖方法	园林应用
20	银芽柳	*Salix argyracea*	杨柳科	柳属	大灌木，高至4～5m；树皮灰色。小枝淡黄至褐色，无毛，嫩枝有短绒毛。芽卵圆形，钝，褐色，初有短绒毛，后脱落。叶倒卵形，长圆状倒卵形，稀长圆状披针形或阔披针形，长4～10cm，宽1.5～3cm	常用扦插法	观茎切花

模块 10.2　肾　　蕨

肾蕨（*Nephrolepis auriculata*）又称娱蚣草、蓖子草，骨碎补科多年草本植物，分布于我国东南部及西藏、四川、云南等地，自然生长在溪边、林下、石缝中或树干上。肾蕨叶片翠绿，姿态婆娑，四季常青。又耐阴，是室内观赏毅类上佳花卉。又是一种很重要的切花配叶。

10.2.1 生长习性

肾蕨喜温暖潮湿的环境，生长适温为16～25℃，冬季不得低于10℃。自然萌发力强，喜半遮阴，忌强光直射，对土壤要求不严，以疏松、肥沃、透气、富含腐殖质的中性或微酸性沙壤土生长最为良好，不耐寒、不耐旱。

10.2.2 栽培技术要点

1. 种类与品种

肾蕨属植物约有30余种，其中绝大多数可用于观赏栽培。

（1）波斯顿蕨植株强健而直立，小羽叶具波皱。

（2）长叶蜈蚣草强健直立，叶长而宽，栽培变种、品种很多。

（3）长叶肾蕨叶厚而粗糙，长约100cm，小羽片相离。

2. 繁殖

肾蕨有多种繁殖方法，主要有孢子繁殖、分生繁殖及组织培养法繁殖。

1）孢子繁殖

孢子繁殖是蕨类植物广泛应用的繁殖方法，肾蕨成年植株在其羽状复叶的小叶背面形成孢子囊，可收集这些孢子来进行播种。播种前要对基质（泥炭、木屑、腐叶土、苔藓等）进行消毒，先浇透水，然后将孢子均匀地撒于基质表面，不用覆土；置于20～25℃的发芽室内，一个月左右就会发芽，长出细小的扇形原叶体，再生长一段时间，当幼小的植株长满盆时即可分栽或上盆。

2）分生繁殖

肾蕨的分生繁殖简单易行，更为普遍。春、秋季气温适宜（15～20℃），选健壮、生长茂盛的母株，将母株另分成几小丛种植，新株经 1～2 个月培养，即可长出新的较大的羽状叶片。

3）组织培养繁殖

肾蕨还可以组织培养法来繁殖，以孢子或根状茎尖为外植体，接种于人工培养基上，诱导成新植株。

3. 定植前准备

畦面准备：肾蕨喜排水良好、富含腐殖质的土壤，pH 值为 6～7 为宜，基质中施入 2 500～3 000kg/亩的腐熟有机肥，深翻后消毒作畦，畦面宽 100cm，高 15～20cm。

4. 定植与管理

当小苗有 3～4 片叶便可移植，移植时种植三行，株距为 30～40cm，定植后浇一次定根水，并注意遮阴。夏季除保持湿润外，按天气情况，光照充足时每天向叶面喷水数次，以增加空气湿度，保证叶片清新碧绿。空气干燥，羽叶易发生卷边焦枯现象，影响切叶质量，若浇水过多，则易造成叶片枯黄脱落，生长期每 15～20 天施肥一次，并及时摘除杂草枯叶。栽培要保持通风良好，增加叶片的韧性。

5. 病虫害防治

（1）细菌性软腐病：主要发生在肾蕨刚定植的前两周和摆放过密或高温潮湿的时期，从基部叶片开始腐烂。目前对这种病害尚未有特效的杀菌剂，若发现病株，应立即清除。预防措施是早期上盆时浇水不要太大，后期及时拉开距离，保持室内通风。

（2）根、茎腐病：主要由丝核菌或腐霉引起，控制措施是及时清除受感染的植株，不要随意乱丢已感染的枝叶，用杀菌剂如瑞毒霉 800 倍液或雷多米尔 1 500 倍进行根际灌施；预防措施是避免高温高湿环境的产生。

（3）红蜘蛛：主要通过喷施杀虫剂进行防治，常用的杀虫剂有 10%虫螨杀 1 000 倍液、中保杀螨 2 000 倍液等。

10.2.3 采收、保鲜与贮藏

当叶色由浅绿转为深绿色，叶柄坚挺而具有韧性时（30cm 以上），即可从贴近地面处剪下。采叶一年四季均可，采叶最好在清晨或傍晚进行。采收过早，采后容易失水萎蔫；采收过晚，叶片背面会出现大量深褐色的孢子囊群，影响叶片的美观。肾蕨叶片平展，分束绑扎时，每 20 枝扎成一束，要将叶片摆平相叠，防止折损与扭曲。要求在 0～5℃的室内贮藏。目前国内外都采用干运方式，但是理想的运输方式是将切叶置于水中湿运或通过塑料薄膜保鲜包装后的干运。

模块 10.3　蓬　莱　松

蓬莱松（*Asparagus cochinchinensis*）又名松叶天门冬、松叶武竹。原产南非，为百合科多年生宿根草本植物。直立性矮灌木，茎粗壮，分枝上细叶丛生。叶片颇似微型松针，叶色浓绿，不易枯萎，枝条柔韧，适合作插花装饰的衬底材料，被广泛栽培用于切叶生产，很受市场欢迎。

10.3.1　生长习性

蓬莱松喜温暖、湿润和荫蔽环境。生长适温为20～30℃，越冬温度需要在3℃以上。不耐寒，怕强光长时间暴晒和高温，不耐干旱和积水。以疏松、肥沃的腐叶土为好。

10.3.2　栽培技术要点

1. 繁殖

蓬莱松的繁殖方法有播种繁殖和分株繁殖。

1）播种繁殖

蓬莱松花小，自然花期10～12月。浆果，圆球形。冬季待果皮变红后将其采下，在水中淘洗干净后捞起，种子晾干后收藏。早春或初夏播种。播前先将种子浸水一昼夜，用河沙作介质，盆播，种子按2～2.5cm间距放在盆沙上，每穴放2～3粒，播后覆细沙0.5cm，以不见种子为度。保持盆沙湿润，温度保持在15℃以上，约30天可出芽。

2）分株繁殖

蓬莱松丛生性强，能不断生出根蘖，使株丛扩大。春季3～4月母株开始萌发新芽时进行分株，将2年生以上母株掘起，将母株丛切成2～4份。先剪去部分主干枝，以每小丛带有2～3个发芽为好。摘掉被切伤的纺锤体状肉质根及部分多余老根。切口沾上草木灰，以防止腐烂。将所获新株进行定植即可。

2. 定植前准备

宜选用疏松肥沃、排水良好的沙质壤土。以半阴地块作种植地。定植前可施入腐熟有机肥（1 500～2 000kg/亩），可适量加入一些过磷酸钙，耕翻后作高畦栽培，畦面宽100cm，高15～20cm。

3. 定植及管理

每畦可栽种2行，株行距为15cm×60cm，将种苗保持相等间距进行穴栽。栽植深度以茎基的幼芽与土表平齐为度。定植后1～2周应充分浇水。分株苗萌发新根后，应控制浇水，土壤以干湿交替为佳，防止肉质根腐烂，叶片发黄。生长期应掌握薄肥勤施的原则，每半个月可追肥 1 次，以氮、钾复合肥为主，亦可施用稀薄腐熟的豆饼渣水。生长适温为20～30℃，越冬温度不可低于5℃。夏季高温季节适当遮阴，防止日光曝晒，并经常喷水，保持株丛翠绿。冬季低温阶段，应保证植株充足的阳光照射，以利于来年生长。初冬季节，应加塑料薄膜覆盖保温并加强通风，以减少病虫害的发生。

4. 病虫害防治

蓬莱松病虫害较少，但炎热干燥时可能发生红蜘蛛及介壳虫危害，可用 1 000 倍的蚧螨灵防治。

10.3.3 采收与贮藏

分株定植后一年，当叶片充分转绿，叶片充分展开时为采收期。将枝条从基部剪下，整理分级 10 枝捆绑成一束，放入水中后置于 5～10℃的室内贮藏。

模块 10.4 一 叶 兰

一叶兰（*Aspidistra elatior*），因其果实极似蜘蛛卵，又名蜘蛛抱蛋。兰科观花植物，多年生常绿宿根性草本，地下根茎匍匐蔓延；叶自根部抽出，直立向上生长，并具长叶柄，叶绿色。一叶兰终年常绿，叶色浓绿光亮，姿态优美、淡雅而有风度；同时它长势强健，适应性强，极耐阴，是室内绿化装饰的优良喜阴观叶植物。它适于家庭及办公室布置摆放。可单独观赏，也可以和其他观花植物配合布置，以衬托出其他花卉的鲜艳和美丽。此外，它还是现代插花极佳的配叶材料。变种有洒金型，叶片布满黄色斑点，星星点点，煞是好看；白纹型，叶片镶嵌淡黄白色纵条纹，或半片叶黄，半片叶绿。因耐阴性特强，置于室内月余，植株状态依然良好。

10.4.1 生长习性

一叶兰原产中国南方各省区，现各地均有栽培，利用较为广泛。其性喜温暖湿润、半阴环境，较耐寒，极耐阴。生长适温为10～25℃，而能够生长温度范围为7～30℃，越冬温度为0～3℃。

10.4.2 栽培技术要点

1. 种类与品种

（1）斑叶一叶兰，别名洒金蜘蛛抱蛋、斑叶蜘蛛抱蛋、星点蜘蛛抱蛋，为一叶兰的栽培品种。绿色叶面上有乳白色或浅黄色斑点。

（2）金线一叶兰，别名金纹蜘蛛抱蛋、白纹蜘蛛抱蛋，为一叶兰的栽培品种。绿色叶面上有淡黄色纵向线条纹。

2. 繁殖

一叶兰主要用分株繁殖。分株时间最好是在早春（2～3 月）土壤解冻后进行。分株方法是把母株用锋利的小刀分成 2～3 丛以上，分出来的每一株都要带有相当的根系，并对其叶片进行适当地修剪，以利于成活。

3. 定植前准备

一叶兰适应性强，对土壤要求不高，通常选用疏松、肥沃的沙土混合而成。定植前需要对种植的畦面进行深翻，用园土 2 份，腐叶土 1 份，厩肥和砻糠灰各 0.5 份，均匀并消毒，消毒后作畦，畦宽 100～120cm，高 20～25cm。

4. 定植与管理

分株定植时要系舒展开，扶直填土，深度以不没心芽以宜，定植畦面 2 行三角形定植，株距 25cm×40cm，定植后浇一次定根水。因定植后根系吸水能力极弱，在 3～4 周内要节制浇水，以免烂根。同时，为了维持叶片的水分平衡，每天需要给叶面喷雾 1 ～3 次（温度高多喷，温度低少喷或不喷）。在春夏生长旺期，施肥以氮肥为主，可每月施 2 次稀薄液肥。冬季则要停止追施肥料。一叶兰虽喜光但在夏天不可置于阳光下暴晒，以免叶片发黄、灼伤。整个生长期保持生长温度在 15～25℃，越冬温度不宜低于 5℃。

5. 病虫害防治

（1）炭疽病：多发生在叶缘或叶面。病斑近圆形，灰白色至灰褐色，外缘呈黄褐色或红褐色，后期出现轮状排列的黑色小粒点。防治方法是及时剪除烧毁，减少侵染源。喷施 50%施百克或施保功可湿性粉剂 1 000 倍液、25%炭特灵可湿性粉剂 500 倍液。每 10 天 1 次，防治 3～4 次。

（2）灰霉病：常发生于叶缘。防治方法为喷施 65%甲霉灵可湿性粉剂 1 000 倍液或 50%速克灵可湿性粉剂 1 500 倍液、50%扑海因可湿性粉剂。

（3）介壳虫：毒死蜱 1 000 倍喷雾杀虫。

10.4.3 采收与贮藏

当叶片成熟，无病虫害，长约 40cm 以上，用剪刀剪取，留 15～20cm 叶柄，10 支一束，放于 10～14℃保湿箱中湿藏或保湿干藏于包装内。

模块 10.5 银 芽 柳

银芽柳（*Salix argyracea*）也称银柳、棉花柳，为杨柳科、柳属落叶灌木，枝丛生，高 2～3m。银柳原产我国北方，上海引种栽培已有几十年历史。早期，市场销售量小，多为零星栽培。20 世纪 90 年代以来市场销量剧增，现广泛销售于国内各大城市，在国际市场上主要出口新加坡、马来西亚、日本、韩国、泰国等地，目前，加工技术不断更新，彩色银芽柳已成为主要年宵花之一，也是鲜切花中重要的切枝种类，其市场前景巨大。

10.5.1 生长习性

银芽柳是一种喜光花木，也耐阴、耐湿、耐寒、好肥，适应性强，适宜土层深厚、湿润、肥沃的（pH 值为 5.5～6.5）土壤。花期长，从花苞露色到凋谢可达 3 月之久。

10.5.2 栽培技术要点

1. 种类与品种

常见同属观赏品种有细柱柳，灌木，芽大；大叶柳，灌木，枝暗紫红色，芽大，暗红色。

2. 繁殖

主要采用扦插繁殖，选取枝条充实、叶芽饱满、粗在 0.5cm 以上的枝条作插穗，入冬后，修剪成长 20cm 有 4～5 个芽眼的插条，整理使芽方向一致，每 100 根扎成一捆，竖放在室内，以河沙保湿贮藏。扦插时插穗可用浓度为 500×10^{-6} 的 ABT 1 号生根粉浸泡基部 2 小时，然后扦插，插入土壤的深度为枝条 1/3～1/2，密度一般行距 50cm，株距 20～25cm，每亩 6 500 株。

3. 定植前准备

银芽柳性喜湿润，忌长期干旱和渍涝。根系主要分布在地下 20～30cm 浅层，宜选地势高爽、土质肥沃、排灌便利的地块。种植地深翻并施基肥（2 500kg/亩）。作垄宽 1.7m，垄沟宽 0.3m，垄面随即覆盖黑色地膜以利防草和保温保墒。

4. 定植

扦插苗新芽长 15cm、新梢基部半木质化时，选择阴天将扦插苗按行距 40cm、株距 20cm 的规格定植到大田中，浇 1 次定根水。

5. 管理

1）肥水管理

定植后除施足基肥外，一年中应追肥 2～3 次。在银柳抽枝约 10cm 左右时施一次“发棵肥”，宜用氮素肥料如尿素（15～20kg/亩）。8～9 月是银柳新梢中上部花芽分化期，宜在 8 月 10 日前后施复合肥（20kg/亩），促进花芽分化与充实，此肥称“膨花肥”。在生长季适值多雨季节，要十分注意排涝，达到“雨停田干”的要求。连续高温干旱超过 7～10 天必须及时灌溉，以保持土壤湿润。落叶前停止灌水，以促进枝条成熟充实。

2）摘心与抹芽

（1）“单枝银芽柳”在春季萌发的新枝长至 20cm 时进行抹芽，每株选留粗壮、长势旺盛的新枝 2～3 枝。

（2）“多头银芽柳”则在第一年收取花枝后田间单株留高 10cm 平截，第二年春季，萌发的新枝长达 20cm 时，留壮去弱，每株保留 2～3 个新芽；5 月上中旬，新枝长度达到 90cm 时，摘除顶端嫩芽，当摘心后的枝条顶端萌发的分枝长达 15cm 时，每个主枝选留 3～4 个健壮的分枝。

6. 病虫害防治

危害银芽柳的病虫害主要有立枯病、黑斑病、刺蛾、夜蛾、红蜘蛛等。

（1）病害：黑斑病发病初期可用可杀得或退菌特 500 倍液、代森锰锌 800 倍液交替喷施进行防治。

（2）虫害：刺蛾、夜蛾可用 BT 300 倍液或敌杀死 800 倍液防治；红蜘蛛则用克螨特 2 500 倍液防治。

10.5.3 采收与贮藏

秋季银芽柳落叶后，采收花枝。一般在离地表 10cm 处剪取，花枝按“单枝银芽柳”“多头银芽柳”分开存放，并按花枝粗细、长度分级包扎，扎时花枝基部无花芽的枝段只保留 20cm 以便于捆扎，“单枝银芽柳”按 20 枝扎成 1 把，“多头银柳”按 10 枝扎成 1 把，再将 100 把捆成 1 捆，放入室内水深 10cm 的水槽（室温 15～20℃）中贮存，待苞片脱落、花芽呈银白即可上市销售。

模块 10.6　南　天　竹

南天竹（*Nandina domestica*），又名南天竺，小檗科南天竹属，原产于中国、日本，原名南天烛，始见于《图经本草》，至明代《通雅》始称南天竹。常绿灌木，枝干挺拔如竹，羽叶开展而秀美，夏季开白花或粉红色花，秋冬时节转为红色，异常绚丽，穗状果序上红果累累，鲜艳夺目。其茎和果枝是良好的切花材料，瓶插水养时间长，与蜡梅、松枝相配，喻称“岁寒三友”，在日本，南天竹有消灾解厄的寓意，是受欢迎的年宵花之一。

10.6.1 生长习性

南天竹性喜温暖、湿润、通风良好的半阴环境。较耐阴耐寒，怕干旱和强光暴晒，栽于树下和房屋背面，阳光下叶子变红，萌蘖力强但不耐水湿。温度为15～25℃时最适合生长。土壤以肥沃、排水良好的沙质壤土为宜。能耐微碱性土壤，为钙质土壤指示植物。5～7月开花，花小且为白色。

10.6.2 栽培技术要点

1. 种类与品种

（1）玉果南天竹：别名玉珊瑚，为南天竹的栽培品种。小叶翠绿色，冬季不变红。果实为黄绿色或黄白色。

（2）五彩南天竹：小檗科南天竹属。五彩南天竹是南天竹的变种，由天目山脉野生南天竹变种驯化而得，为南天竹的栽培品种。叶狭而宽，叶色多变，通常呈紫色。果实成熟时呈淡紫色。

（3）白果南天竹：别名白实南天竹、白南天，为南天竹的栽培品种。果实为白色。

（4）狭叶南天竹：别名锦丝南天竹、丝南天，为南天竹的变种。植株低矮，叶狭长丝状。

（5）栗木南天竹：为南天竹的栽培品种。果及叶均较大。

（6）圆叶南天竹：为南天竹的栽培品种。叶圆形，有光泽。

2. 繁殖

繁殖以播种、分株为主，也可扦插。种子繁殖可于果实成熟时随采随播，也可春播。分株宜在春季萌芽前或秋季进行。扦插以新芽萌动前或夏季新梢停止生长时进行。生产上常用分株繁殖。

（1）播种繁殖：秋季采种，采后即播。在整好的苗床上，按行距33cm开沟，深约10cm，均匀撒种，播种量为6～8kg/亩。播后应盖草木灰及细土，压紧。第二年幼苗生长较慢，要经常除草、松土，追肥。培育3年后可出圃定植。

（2）分株繁殖：春秋两季将丛状植株掘出，去除宿土，从根基结合薄弱处剪断。每丛带茎干2～3个，同时剪去一些较大的羽状复叶。地栽培养1～2年后即可开花结果。

（3）扦插繁殖：可于梅雨季节、秋季或春季扦插，平常多采用春插，在2～3月进行。剪取1～2年生枝条，截成长20～25cm的穗段，并留少量叶片（最好能保留顶芽），用生根粉处理后插于沙壤土苗床中，插后40～50天生根。

3. 定植前准备

选择土层深厚、肥沃、排灌良好的沙壤土。植前深翻土地，施入有机肥 1 500～

2 000kg/亩，消毒整平后作畦。畦面宽 120～150cm，高 20～25cm。

4. 定植与管理

定植时小苗要扶直，根系舒展放入种植穴内，覆土深度以不没新芽为宜，定植不可过密。定植后浇透水，成活后进行追肥，每月施（20-20-20）1 000 倍复合肥，也可用磷酸二氢钾 2‰～3‰浓度叶面喷施以促花芽。花期不要过多浇水，以免引起落花。为使南天竹多采枝叶或果枝，可保留每株 5～6 根主干，其余剪除。通过施肥和修剪等措施，南天竹可生长健壮、叶密果盛。

5. 病虫害防治

在栽培管理中有多种病虫害，常见的病害有红斑病、炭疽病；常见的虫害有尺蠖、夜蛾、介壳虫和蚜虫。可用代森锌可湿性粉剂 400～600 倍液，或甲基托布津可湿性粉剂 1 000～1 500 倍液防治病害，每 7～10 天一次；可用杀螟松乳油 1 500 倍液、氯氰菊酯或 90%敌百虫喷杀害虫。

10.6.3 采收与贮藏

当果实变红时，切下茎枝或果枝，每 10 枝为一束，置于温度 2～5℃的室内，插于清水进行贮藏。

模块 10.7　红　瑞　木

红瑞木（*Swida alba*），又称凉子木、红瑞山茱萸，山茱萸科梾木属落叶灌木。红瑞木春可观花，夏可观果，秋可观叶，冬可观枝。产于我国东北、华北、西北、华东等地，朝鲜半岛及俄罗斯也有分布。由于枝条终年鲜红色，近几年来也渐成为重要的切枝花材。

10.7.1 生长习性

红瑞木喜光，也耐半阴环境，可种植于光照充足处或林缘，耐寒力强，也能耐夏季湿热。喜肥沃、湿润而排水良好的沙壤土或冲积土，耐干瘠，又耐潮湿，对土壤要求不严，耐轻度盐碱，在 pH 值为 8.7、含盐量 0.2% 的盐碱土中也能正常生长。

10.7.2 栽培技术要点

1. 种类与品种

（1）银边红瑞木（*Cornus alba* 'Spach'），叶片边缘为白色。

（2）花叶红瑞木（*Cornus alba* 'Spacthii'），叶片表面为绿色，中间掺杂有黄白色或同时有粉红色斑块及斑纹。

（3）金边红瑞木（*Cornus alba* ‘Spacthii’），叶片边缘具有一圈黄色边。

2. 繁殖

红瑞木可用播种、扦插和压条法进行繁殖。播种时，种子应沙藏后春播。扦插可选一年生枝，秋冬沙藏后于翌年 3～4 月扦插。压条可在 5 月将枝条环割后埋入土中，生根后在翌春与母株割离分栽。

3. 定植前准备

选地势较高、土地平整、排水良好、富含腐殖质的沙质壤土。深翻 30cm 以上并施腐熟农家肥 1 000～1 500kg/亩，整平再作畦，畦面宽 3m，畦高 15～20cm。

4. 定植

定植前应对种苗进行严格的分级，选择生长健壮、无病虫害、无机械损伤、根系完好的植株进行定植，定植时应保持适当间距，为植株丛状生长提供充足的空间。栽种密度一般选择 80cm×80cm，定植完成后，及时浇水定干。

5. 管理

1）肥水管理

一般浇缓苗水 3 次，每间隔 5～7 天浇水 1 次，确保苗木成活。定干高度 70cm。除对新定植幼株加强浇水管理外，在生长旺盛季节，应间隔半月追肥一次，以促使植株多发新枝。红瑞木喜日光照射，光照不足，否则其枝条长度、颜色均会受到影响，特别是生长旺盛季节，每天的日光照射不宜少于 4 小时。

2）整形修剪

每年早春萌芽应进行修剪，要将老枝进行疏剪，将上年生枝条截短，促其萌发新枝，保持枝条红艳。栽培中出现老株生长衰弱、皮涩花老现象时，应注意更新，可在基部留 1～2 个芽，其余全部剪去。新枝萌发后适当疏剪，当年即可恢复。如果植株抽枝较少，可在夏初摘心，这样才能保证有较高的产量。

6. 病虫害防治

红瑞木常见的病害有叶枯病、叶斑病、叶穿孔病、白粉病等，可用多菌灵、多效唑进行防治。红瑞木常见虫害有蚧壳虫、毒蛾等，可用 BT 乳油、蚧螨灵等防治。

10.7.3 采收与贮藏

当植株叶片完全自然脱落后为采收期，挑选生长健壮、无病虫害、树皮色泽呈紫红色的 1～2 年生枝条从基部剪下，所收获的枝条经整理分级后，每 10 枝捆绑，放水中保鲜水养以供销售。

模块 10.8　八角金盘

八角金盘（*Fatsia japonica*）又称八手树，五加科八角金盘属的常绿木本植物，因其叶片常八裂，有时边缘呈金黄色而得名。原产我国台湾和日本，其叶从四季油光青翠，叶片像一只只绿色的手掌，其性耐阴，在园林中常种植于假山边上或大树旁边，还能作为观叶植物用于室内，厅堂及会场陈设。由于叶色浓绿有光泽，叶形奇特，八角金盘已成为重要的高级插花衬叶，在许多地方已大量生产和使用。

10.8.1　生长习性

八角金盘喜阴湿又暖的通风环境，在排水良好而肥沃的微酸性壤土上生长茂盛，中性土亦能适应，不耐干旱，稍畏寒，但有一定的耐寒力，在南方一般年份冬季不受明显冻害，萌芽力尚强。

10.8.2　栽培技术要点

1. 种类与品种

（1）银边八角金盘（*F.j.cv.Albomarjinata*）：叶缘白色。
（2）白斑八角金盘（*F.j.cv.Varigata*）：叶缘具白色斑纹。
（3）黄斑八角金盘（*F.j.cv.Aureoreticulata*）：叶缘具黄色斑纹。
（4）波缘八角金盘（*F.j.cv.Undulata*）：叶缘波状，有时卷曲。

2. 繁殖与栽培

八角金盘以扦插繁殖为主，亦可播种。

（1）扦插繁殖：扦插于 3～4 月进行，以沙土作基质，选二、三年生枝条剪下，截成 15cm 长，带 2～3 片小叶插入沙床中，注意遮阴并保持土壤湿润，天气炎热干燥时，可每天向叶面喷雾数次，保持空气湿度。在 20～25℃条件下，一般 1 个月即可生根。

（2）播种繁殖：播种繁殖在 4 月下旬采收种子，采后堆放后熟，用水洗净，随采随播，一般采用撒播和条播两种方法。条播是在做好的苗床上横向开条沟，沟间距 15～20cm，沟深 2～3cm，然后将种子均匀地撒在沟内，覆土，厚度 3cm 左右，保持土壤常处于湿润状态。一般种子 20 天左右发芽。

3. 定植前准备

八角金盘宜生长在排水良好的沙质壤土中，施有机肥 1 500～2 000kg/亩，清理深翻，整平后开沟作畦。畦宽 3～3.5m，畦高 15～20cm。

4. 定植与管理

当小苗真叶长至2～3片时，即可进行移栽。小苗带土按30cm×30cm的株行距移栽，移植时，注意小苗心叶不可没于土中，栽后浇定根水。生长适温为18～25℃，当夏季气温超35℃应及时遮阳并通风降温，防焦叶、萎蔫。夏季浇水要以土壤偏湿为宜。冬季温度低于7～8℃时，要注意防寒保暖，少浇水。在生长季节中，每2周可追施腐熟的有机肥或适量浓度的化学肥料，以促使叶片的生长。

5. 病虫害防治

八角金盘主要的病害有炭疽病、叶斑病，可定期喷洒甲基托布津或用50%多菌灵可湿性粉剂1 000倍液喷雾防治。虫害主要有介壳虫、螨类等，可用2.5%敌杀死乳油和20%速灭杀丁乳油3 000～4 000倍液、10%氯氰酯乳油1 000～2 000倍液防治。

10.8.3 采收与贮藏

四季均可采收，采收以早晨为宜，取无病虫害、生长健壮、无畸形的叶片，连同叶柄一起剪下，分级包装，10叶一束，放置于温度在10℃、湿度为75%的室内入清水保鲜贮藏。

复习思考题

1. 列举10种常见的切叶材料。
2. 肾蕨的繁殖方式有哪些？
3. 肾蕨的采收、保鲜及贮藏有哪些注意事项？
4. 红瑞木作为常用的切花材料，采收与保鲜有哪些注意事项？
5. 八角金盘播种时有哪些注意事项？

实 训 指 导

实训指导13　切花（月季）嫁接技术

一、目的与要求

学习并掌握花卉枝接和芽接繁殖的基本操作。

二、材料与用具

嫁接刀、塑料条、接穗、砧木等。

三、实训内容

（1）讲解芽接的“T”型基本操作方式并示范。

（2）每组5～6人进行练习，要求每位同学至少练习10次。

（3）学生总结本章学习的体会。

（4）考核每位同学完成5次嫁接，定期检查并记录成活率，评分。

四、实训分析与总结

（1）嫁接繁殖是指将需要繁殖的植物营养器官的一部分移接到另一植物体上，使之愈合生长在一起，形成一个独立的新个体的繁殖方法。按取用器官的不同，又有芽接、枝接之分。该技术的优点是嫁接植株开花早，对环境的适应性强，且可保持接穗的优良品质。因此，该技术是学生必须掌握的一项繁殖技术。

（2）在实际操作过程中，嫁接繁殖最为关键的是要保证接穗和母株的形成层对齐，同时接穗切口要平滑，接穗包扎要紧密，以保持充足的水分，从而提高接穗的成活率。

第 5 篇　花木类植物生产技术

第 11 单元　观赏苗木的种类及应用形式

学习目标☞

熟悉城市绿地布置常用观赏苗木的种类，掌握不同观赏苗木种类的应用形式，能识别 100 种常用观赏苗木树种。

关 键 词☞

乔木　灌木　藤本　行道树　庭荫树　园景树　花灌木　绿篱　垂直绿化

单元提要☞

观赏苗木生产种类主要是指城市绿化布置常用花木植物材料，一般栽种后，可连年开花，主要包括乔木、灌木、藤本三种类型。据对苏州及长三角地区城市常见绿化植物的调查，应用于城市公共绿地、道路、居住区等城市绿地中的观赏苗木种类为 120～160 种，主要应用形式有行道树、庭荫树、园景树、花灌木、绿篱与垂直绿化。树木种类不同，在园林绿地中的应用形式也不同，在生产过程中其繁殖方法、栽培养护措施也有所不同；同一树种由于不同的应用形式也有不同的栽植养护措施。因此，识别不同观赏树木的种类及其园林应用形式，对进行观赏苗木生产很重要。

模块 11.1 乔木类植物

乔木是指树身高大的树木，由根部发生独立的主干，树干和树冠有明显区分。有一个直立主干，且高达 6m 以上的木本植物称为乔木。乔木与低矮的灌木相对应，根据落叶与否和树冠大小不同可分为落叶乔木类和阔叶常绿乔木。落叶乔木又分为落叶大乔木和落叶小乔木。常绿乔木类分为阔叶常绿乔木和针叶常绿乔木。

落叶大乔木一般树冠高度在 4～5m，如悬铃木、水杉、鹅掌楸等，常见落叶大乔木如表 11-1 所示。落叶小乔木一般树冠高度在 4～5m，如桃树、梅树、海棠、月季等，常见落叶小乔木如表 11-2 所示。阔叶常绿乔木如广玉兰、棕榈、桂花等，常见阔叶常绿乔木如表 11-3 所示。针叶常绿乔木如雪松、五针松、日本柳杉等，常见针叶常绿乔木如表 11-4 所示。

表 11-1 常见落叶大乔木一览表

序号	名称	学名	科	属	主要特征	花色、花期	繁殖方法	园林应用
1	山桐子	*Idesia polycarpa*	大风子科	山桐子属	花单性，雌雄异株或杂性，浆果成熟期紫红色	黄绿色，花期 4～5 月	播种	庭荫树、园景树
2	乌桕	*Sapium sebiferum*	大戟科	乌桕属	各部均无毛而具乳状汁液，花单性，雌雄同株	白色，花期 4～7 月	播种	护堤树、行道树、庭荫树
3	重阳木	*Bischofia polycarpa*	大戟科	秋枫属	三出复叶，花雌雄异株，春季与叶同时开放	黄绿色，花期 4～5 月	播种	行道树、庭荫树
4	合欢	*Albizia julibrissin*	豆科	合欢属	二回偶数羽状复叶，小叶甚多，呈镰状，夜间成对相合	粉红色，花期 6～7 月	播种	园景树
5	国槐	*Sophora japonica*	豆科	槐属	羽状复叶，荚果肉质，念珠状不开裂，黄绿色	黄白色，花期 6～9 月	播种	行道树、庭荫树
6	皂荚	*Gleditsia sinensis*	豆科	皂荚属	枝具粗壮刺，叶为一回羽状复叶，花杂性，荚果带状	黄白色，花期 3～5 月	播种	园景树
7	枫杨	*Pterocarya stenoptera*	胡桃科	枫杨属	叶多为偶数或稀奇数羽状复叶，深根性，萌蘖力强	淡绿色，花期 4～5 月	播种	行道树、庭荫树、园景树
8	枫香	*Liquidambar formosana*	金缕梅科	枫香树属	深根性，主根粗长，叶掌状 3～5（7）裂，花单性，雌雄同株，无花瓣，头状花序，头状果序圆球形	黄绿色，花期 3～4 月	播种	行道树、庭荫树、园景树

续表

序号	名称	学名	科	属	主要特征	花色、花期	繁殖方法	园林应用
9	喜树	*Camptotheca acuminata*	蓝果树科	喜树属	叶侧脉 11～15 对显著，花杂性，同株，头状花序近球形	淡绿色，花期 5～7 月	播种	行道树、庭荫树、河边绿化
10	苦楝	*Melia azedarach*	楝科	楝属	老枝紫色，有多数细小皮孔，二至三回奇数羽状复叶互生，核果圆卵形或近球形	淡紫色，花期 4～5 月	播种	用材树、庭荫树
11	鹅掌楸	*Liriodendron chinense*	木兰科	鹅掌楸属	叶马褂状，花杯状	绿色，具黄色纵条纹，花期 5～6 月	播种	行道树、庭荫树
12	白玉兰	*Magnolia denudata*	木兰科	木兰属	幼枝上残存环状托叶痕，大型叶为倒卵形，先花后叶	白色，花期 3 月	播种	园景树、行道树
13	白蜡树	*Fraxinus chinensis*	木犀科	梣属	羽状复叶，花雌雄异株，花萼钟状，无花瓣，翅果匙形	白色，花期 3～5 月	播种	行道树、庭荫树
14	七叶树	*Aesculus chinensis*	七叶树科	七叶树属	掌状复叶，由 5～7 小叶组成，花杂性，雄花与两性花同株	白色，花期 4～5 月	播种	行道树、园景树
15	三角枫	*Acer buergerianum*	槭树科	槭属	叶通常浅 3 裂，裂片间的凹缺钝尖，翅果张开成锐角或近于直立	淡黄色，花期 4 月	播种	盆景、庭荫树、行道树
16	五角枫	*Acer mono*	槭树科	槭属	叶掌状 5 裂，叶基常为心形，裂片较宽，翅果两翅开展成钝角或近水平，花杂性	深绿色，花期 5 月	播种	庭荫树、行道树、园景树
17	复叶槭	*Acer negundo*	槭树科	槭属	奇数羽状复叶，先花后叶，果翅狭长，张开成锐角或直角，雌雄异株	黄绿色，花期 4～5 月	播种、嫁接	行道树、庭荫树
18	元宝枫	*Acer truncatum*	槭树科	槭属	单叶对生，掌状 5 裂，叶基通常截形，花均为杂性，翅果形状如元宝	黄绿色，花期 5 月	播种	行道树、庭荫树
19	构树	*Broussonetia papyrifera*	桑科	构属	小树之叶常有明显分裂，表面粗糙，疏生糙毛，背面密被绒毛，基生叶脉三出，花雌雄异株	黄白色，花期 4～5 月	播种	防护林、园景树

续表

序号	名称	学名	科	属	主要特征	花色、花期	繁殖方法	园林应用
20	池杉	*Taxodium ascendens*	杉科	落羽杉属	叶为钻形，稍向内弯曲，在小枝上螺旋状排列，有的幼枝或萌芽枝上的叶为线形	黄绿色，花期4月	播种、扦插	园景树、湿地树种
21	水杉	*Metasequoia glyptostroboides*	杉科	水杉属	叶条形，下面有气孔线，在侧生小枝上列成二列，羽状，冬季与枝一同脱落	黄绿色，花期2～3月	播种、扦插	园景树、湿地树种
22	银鹊树	*Tapiscia sinensis*	省沽油科	瘿椒树属	树皮淡灰褐色，浅纵裂；小枝暗褐色，有皮孔，奇数羽状复叶，雄花与两性花异株	黄色，花期6～7月	播种	园景树、用材树
23	柿树	*Diospyros kaki*	柿科	柿属	花雌雄异株，果形有球形、扁球形、方形、卵形等	黄白色，花期5～6月	嫁接	园景树
24	枣	*Zizyphus jujuba*	鼠李科	枣属	有托叶刺或托叶刺不明显，叶基生三出脉	黄绿色，花期5～6月	嫁接、扦插	果树、蜜源树种、园景树
25	桉树	*Eucalyptus robusta*	桃金娘科	桉属	嫩枝有棱，叶可分为幼态叶、中间叶和成熟叶3类，幼态叶卵形，成熟叶卵状披针形	黄绿色，花期4～9月	播种、嫁接、扦插、茎尖组培	行道树、园景树
26	栾树	*Koelreuteria paniculata*	无患子科	栾树属	一回、不完全二回或偶有二回羽状复叶，小叶有不规则的钝锯齿	淡黄色，花期6～8月	播种	行道树、庭荫树
27	无患子	*Sapindus mukorossi*	无患子科	无患子属	偶数羽状复叶，花杂性，核果球形	淡绿色，花期6～7月	播种	行道树、庭荫树
28	青桐（梧桐）	*Firmiana platanifolia*	梧桐科	梧桐属	树干青绿色，叶为掌状，3～7裂	黄绿色，花期6～7月	播种	庭荫树、行道树
29	泡桐	*Paulownia fortunei*	玄参科	泡桐属	假二杈分枝，叶大卵形，花萼钟状或盘状肥厚	淡紫色或白色，花期3～4月	播种、扦插（根插）	造林树
30	二球悬铃木（英国梧桐）	*Platanus acerifolia*	悬铃木科	悬铃木属	树皮乳光滑，果枝有球形果序，通长2个，常下垂	绿色，花期5月	播种、插条	行道树、庭荫树
31	一球悬铃木（美国梧桐）	*Platanus occidentalis*	悬铃木科	悬铃木属	树皮有浅沟，头状果序圆球形，单生稀为2个	绿色，花期5月	播种、扦插	行道树、庭荫树

续表

序号	名称	学名	科	属	主要特征	花色、花期	繁殖方法	园林应用
32	三球悬铃木（法国梧桐）	*Platanus orientalis*	悬铃木科	悬铃木属	树皮深灰色，薄片剥落，内皮绿白色，果枝有球形果序，通长3个	绿色，花期5月	播种、扦插	行道树、庭荫树
33	垂柳	*Salix babylonica*	杨柳科	柳属	枝细，下垂，淡褐黄色、淡褐色或带紫色，无毛，花序先叶开放，或与叶同时开放	黄绿色，花期3～4月	扦插、嫁接	行道树、庭荫树、园景树
34	毛白杨	*Populus tomentosa*	杨柳科	杨属	树干通直挺拔，皮孔菱形散生	经褐色，花期3月	播种、扦插	造林树、用材树、行道树
35	银杏	*Ginkgo biloba*	银杏科	银杏属	叶扇形，在长枝上散生，在短枝上簇生，球花单性，雌雄异株，雌株的大枝常较雄株开展	黄绿色，花期3～5月	播种	行道树、园景树、果树
36	榉树	*Zelkova serrata*	榆科	榉属	树皮灰白色或褐灰色，呈不规则的片状剥落，叶具桃形锯齿	黄绿色，花期3～4月	播种、扦插	行道树、庭荫树
37	朴树	*Celtis sinesis*	榆科	朴属	树皮灰褐色，光滑不开裂，叶三出脉偏斜	淡黄绿色，花期 4～5月	播种	行道树、庭荫树
38	榔榆	*Ulmus parvifolia*	榆科	榆属	树皮灰色或灰褐，裂成不规则鳞状薄片剥落，露出红褐色内皮，近平滑，微凹凸不平	绿色，花期8～9月	播种	行道树、庭荫树、盆景
39	榆树	*Ulmus pumila*	榆科	榆属	单叶互生，叶缘多重锯齿，花两性，早春先叶开花或花叶同放	紫褐色，花期3～4月	播种、分蘖、扦插	行道树、庭荫树
40	楸树	*Catalpa bungei*	紫葳科	梓属	叶三角状卵形或卵状长圆形，基部截形	淡红色，花期5～6月	播种	行道树、庭荫树
41	梓树	*Catalpa ovata*	紫葳科	梓属	叶阔卵形，基部心形，蒴果线形，下垂，深褐色，冬季不落	浅黄色，花期6～7月	播种	行道树、庭荫树
42	黄金树	*Catalpa speciosa*	紫葳科	梓属	树冠伞状，叶宽卵形至卵状椭圆形，基截形或心形，蒴果粗如手指	白色，花期5～6月	播种、扦插	行道树、庭荫树

表 11-2　常见落叶小乔木一览表

序号	名称	学名	科	属	主要特征	花色花期	繁殖方法	园林应用
1	龙爪槐	*Sophora japonica*	豆科	槐属	龙爪槐是国槐的芽变品种，树冠如伞，荚果串珠状	白色或淡黄色，花期6～8月	嫁接	行道树、园景树、蜜源树
2	二乔玉兰	*Magnolia × soulangeana*	木兰科	玉兰属	为玉兰和木兰的杂交种，叶先端宽圆，1/3以下渐窄成楔形	淡紫红色、玫瑰色或白色，具紫红色晕或条纹，花期3～4月	嫁接、压条、扦插	行道树、园景树
3	丁香	*Syringa oblata*	木犀科	丁香属	小枝近圆柱形或带四棱形，花两性，聚伞花序排列成圆锥花序，与叶同时抽生或叶后抽生	紫色、白色，花期3～4月	播种、扦插、嫁接	园景树
4	黄栌	*Cotinus coggygria*	漆树科	黄栌属	花杂性，花后久留不落的不孕花的花梗，呈粉红色羽毛状	紫褐色，花期3～4月	播种、分株、扦插	园景树、盆景
5	火炬树	*Rhus typhina*	漆树科	盐肤木属	奇数羽状复叶互生，秋后树叶会变红，核果深红色，密生绒毛，花柱宿存，密集成火炬形	淡绿色，花期6～7月	播种、根插、分根蘖	园景树
6	鸡爪槭	*Acer palmatum*	槭树科	槭属	叶对生，掌状5～9裂，秋季变红，翅果展成钝角，花杂性，雄花与两性花同株	紫红，花期4月	播种、嫁接	园景树
7	红枫	*Acer palmatum*	槭树科	槭属	叶掌状深裂，嫩叶红色，老叶终年紫红色，杂性花翅果，两翅间成钝角	紫红色，花期4～5月	嫁接、扦插	园景树、盆景
8	紫薇	*Lagerstroemia indica*	千屈菜科	紫薇属	树皮平滑，灰色或灰褐色；枝干多扭曲	淡红色、紫色或白色，花期6～9月	播种、扦插、压条、嫁接	园景树、盆景
9	紫叶李	*Prunus cerasifera*	蔷薇科	李属	整个生长季节枝叶都为紫红色	淡粉色，花期4月	扦插、嫁接、压条	园景树、行道树
10	梅	*Armeniaca mume*	蔷薇科	杏属	树干呈褐紫色，多纵驳纹。小枝呈绿色，先花后叶	紫、红等多色，花期12月～翌年4月	嫁接、扦插、压条、播种	园景树、盆景
11	垂枝梅	*Prunus mume*	蔷薇科	杏属或樱属	枝自然下垂或斜垂	红、白色等，花期1～3月	嫁接	园景树、盆景

续表

序号	名称	学名	科	属	主要特征	花色花期	繁殖方法	园林应用
12	木瓜海棠	*Chaenomeles cathayensis*	蔷薇科	木瓜属	有刺；单叶互生，有大托叶；花单生或簇生，先花后叶	粉色，花期4月	播种、扦插、高空压条、嫁接	园景树、盆景
13	垂丝海棠	*Malus halliana*	蔷薇科	苹果属	托叶小，膜质，披针形，内面有毛，早落，花梗细弱且较长，下垂，花叶同放	粉红色，花期3～4月	嫁接、分株、扦插、压条	园景树、盆景
14	西府海棠	*Malus micromalus*	蔷薇科	苹果属	托叶膜质，披针形	白色，初开放时粉红色至红色，花期4～5月	嫁接、扦插、分株、播种	园景树
15	桃	*Amygdalus persica*	蔷薇科	桃属	冬芽常2～3个簇生，中间为叶芽，两侧为花芽，花单生，先花后叶	粉红色、白色，花期3～4月	嫁接	果树、园景树
16	樱花	*Cerasus sp.*	蔷薇科	樱属	树干具唇形皮孔，花叶同放或叶后开花，腋芽单生或3个并生，中间为叶芽，两侧为花芽	多为白色、粉红色，花期4～5月	扦插、嫁接、播种、压条	园景树
17	石榴	*Punica granatum*	石榴科	石榴属	树干呈灰褐色，上有瘤状突起，浆果多子，外种皮肉质，为可食用的部分	多色，果石榴花期5～6月，花石榴花期5～10月	扦插、分株、压条	果树、园景树、盆景
18	卫矛	*Euonymus alatus*	卫矛科	卫矛属	小枝四棱形，有2～4排木栓质的阔翅	黄绿色，花期4～6月	扦插、播种	园景树
19	丝棉木	*Euonymus maackii*	卫矛科	卫矛属	二年生枝四棱，每边各有白线	淡绿色，花期5～6月	播种、扦插	庭荫树

表11-3　常见阔叶常绿乔木一览表

序号	名称	学名	科	属	主要特征	花色花期	繁殖方法	园林应用
1	冬青树	*Ilex chinensis*	冬青科	冬青属	冬青的叶坚挺有光泽，浆果鲜红色，簇附枝上	淡紫色或紫红色，花期4～6月	播种、扦插	行道树、园景树、绿篱
2	金合欢	*Acacia farnesiana*	豆科	金合欢属	小枝常呈“之”字形弯曲，有小皮孔，二回羽状复叶	黄色，花期3～5月	播种	刺篱、花篱
3	杜英	*Elaeocarpus decipiens*	杜英科	杜英属	老叶红色，核果椭圆形，外果皮无毛，内果皮坚骨质	白色，花期6～7月	播种、扦插	行道树、园景树、绿篱墙
4	蚊母	*Distylium racemosum*	金缕梅科	蚊母树属	树冠开展，叶厚革质，叶面常有虫瘿	红色，花期4～5月	播种、扦插	盆景、绿篱

续表

序号	名称	学名	科	属	主要特征	花色花期	繁殖方法	园林应用
5	青冈栎	*Cyclobalanopsis glauca*	壳斗科	青冈属	坚果卵形或椭圆形，生于杯状壳斗中	黄绿色，花期4～5月	播种	景观树
6	罗汉松	*Podocarpus macrophyllus*	罗汉松科	罗汉松属	叶螺旋状着生，条状披针形，微弯	白色，花期4～5月	播种、扦插	盆景、孤植树
7	乐昌含笑	*Michelia chapensis*	木兰科	含笑属	聚合果呈紫红色，外种皮红色	白色，花期3～4月	播种	行道树、园景树
8	深山含笑	*Michelia maudiae*	木兰科	含笑属	芽、嫩枝、叶下面、苞片均被白粉	白色，花期2～3月	播种	园景树、用材树
9	广玉兰	*Magnolia grandiflora*	木兰科	木兰属	深绿色，有光泽	白色，花期5～6月	嫁接、播种	庭荫树、行道树
10	桂花	*Osmanthus fragrans*	木犀科	木犀属	品种有金桂、银桂、丹桂、四季桂，香味浓	黄白色、淡黄色、黄色或橘红色，花期9～11月	播种、嫁接、扦插、压条	行道树、园景树
11	女贞	*Ligustrum lucidum*	木犀科	女贞属	深根性树种，浆果长椭圆形，紫黑色	白色，花期5～7月	播种、扦插、压条	孤植或从植、行道树、绿篱
12	枇杷	*Eriobotrya japonica*	蔷薇科	枇杷属	叶子状如琵琶，果实球形或长圆形，黄色或橘黄色，外有锈色柔毛	黄色，花期12月	播种繁殖、嫁接	观果景观树
13	红叶石楠	*Photinia × fraseri*	蔷薇科	石楠属	夏季转绿，秋、冬、春三季呈现红色，新梢和嫩叶鲜红	白色，花期4～5月	扦插、嫁接	行道树、绿篱
14	椤木石楠	*Photinia davidsoniae*	蔷薇科	石楠属	枝老时灰色，无毛，有时具刺	白色，花期5月	播种	园景树
15	杨梅	*Myrica rubra*	杨梅科	杨梅属	核果球状，成熟时深红色或紫红色，雌雄异株	黄色，花期4月	播种、嫁接	园景树、观果树
16	柑橘	*Citrus reticulata*	芸香科	柑橘属	小枝较细弱，无毛，通常有刺，果扁球形，橙黄色或橙红色	黄白色，花期3～4月	嫁接	观果景观树
17	枸桔	*Poncirus trifoliata*	芸香科	枳属	叶柄有狭长的翼叶，通常指状三出叶	白色，花期5～6月	播种	刺篱、屏障树
18	红楠	*Machilus thunbergii*	樟科	润楠属	树冠上挺立着红色的芽苞，浆果球形，熟果暗紫色	黄绿色，花期2月	播种	园景树、行道树
19	香樟	*Cinnamomum camphora*	樟科	樟属	叶缘微呈波状，有离基三出脉，脉腋有明显腺体	黄绿色，花期4～5月	播种	园景树、行道树

续表

序号	名称	学名	科	属	主要特征	花色花期	繁殖方法	园林应用
20	加拿利海枣	*Phoenix canariensis*	棕榈科	刺葵属	叶大型，长可达4～6m，呈弓状弯曲，集生于茎端	黄色，花期5～7月	播种	园景树
21	棕榈	*Trachycarpus fortunei*	棕榈科	棕榈属	叶子大，集生干顶，掌状深裂，叶柄有细刺	黄色，花期4～5月	播种	行道树、园景树

表 11-4 常见针叶常绿乔木一览表

序号	名称	学名	科	属	主要特征	花色花期	繁殖方法	园林应用
1	龙柏	*Sabina chinensis*	柏科	圆柏属	枝条螺旋盘曲向上生长，叶二型，即刺叶及鳞叶	黄色，花期4～5月	扦插、嫁接	绿墙、隔离带
2	侧柏	*Platycladus orientalis*	柏科	侧柏属	叶鳞形，生鳞叶的小枝细，向上直展或斜展，扁平，排成一平面	粉红色，花期3～4月	播种	隔离带、行道树
3	日本柳杉	*Cryptomeria japonica*	杉科	柳杉属	叶钻形，直伸，先端通常不内曲，锐尖或尖	绿色，花期4月	播种	园景树
4	杉木	*Cunninghamia lanceolata*	杉科	杉木属	大树树冠圆锥形，大枝平展，小枝近对生或轮生，浅根性	雌球花绿色，花期3～4月	播种、扦插	园景树、用材树
5	园柏	*Sabina chinensis*	柏科	圆柏属	叶二型，通常幼时全为刺形，后渐为刺形与鳞形并存，雌雄异株	雄球花黄褐色，花期3月	播种	园景树
6	粗榧	*Cephalotaxus sinensis*	三尖杉科	三尖杉属	叶条形，排列成两列	浅棕色，花期3～4月	播种	用材树
7	墨西哥落羽衫	*Taxodium mucronatum*	杉科	落羽杉属	树皮裂成长条片脱落；枝条水平开展，形成宽圆锥形树冠，深根性树种	引种后未见结实	播种、扦插	孤植、列植、河边行道树
8	白皮松	*Pinus bungeana*	松科	松属	幼树树皮灰绿色，老树干白褐相间或斑鳞状，干皮斑驳	雄球花黄褐色，花期4～5月	播种、扦插	景观树、行道树
9	黑松	*Pinus thunbergii*	松科	松属	2针一束，冬芽银白色	紫色，花期4～5月	播种	盆景、园景树
10	湿地松	*Pinus elliottii*	松科	松属	针叶2针一束与3针一束并存，冬芽红褐色	种鳞乳白色，花期3月	播种	园景树
11	五针松	*pinus parviflora*	松科	松属	针叶短，5针一束，冬芽长椭圆形，黄褐色	粉色，花期5月	扦插、嫁接	盆景、园景树
12	雪松	*Cedrus deodara*	松科	雪松属	叶在长枝上辐射伸展，短枝之叶成簇生状，球果成熟时红褐色	浅褐色，花期10～11月	播种、扦插	园景树、行道树

模块 11.2 灌木类植物

灌木是指那些没有明显的主干、矮小呈丛生状的木本植物，一般可分为观花、观果、观枝干等几类。常见常绿灌木类植物如表 11-5 所示，常见落叶灌木类植物如表 11-6 所示。

表 11-5 常见常绿灌木一览表

序号	名称	学名	科	属	主要特征	花期	繁殖方法	园林应用
1	凤尾兰	*Yucca gloriosa*	百合科	丝兰属	叶密集，螺旋排列茎端，质坚硬，有白粉，剑形	白色，花期 5～6 月	播种、分株、扦插	庭院种植
2	洒金柏	*Platycladus orientalis*	柏科	侧柏属	短生密丛，树冠圆球至圆卵行，叶淡黄绿色，入冬略转褐色	粉色，花期 3～4 月	扦插	配植于草坪、花坛、山石、林下
3	水果蓝	*Teucrium fruitcans*	唇形科	香科科属	全株银灰色，被白色绒毛，以叶背和小枝最多	淡紫色，花期 3～4 月	扦插	种植于林缘或花境，作矮绿篱
4	枸骨	*Ilex cornuta*	冬青科	冬青属	先端具 3 枚尖硬刺齿，中央刺齿常反曲	淡黄色，花期 4～5 月	扦插、播种	孤植、对植、丛植
5	龟甲冬青	*Ilex crenata*	冬青科	冬青属	叶小而密，叶面凸起，厚革质	白色，花期 5～6 月	扦插	地被、绿篱
6	无刺枸骨	*Ilex corunta*	冬青科	冬青属	叶片厚革质，叶面深绿色，具光泽，背淡绿色	黄绿色，花期 4～5 月	播种、扦插	老桩作盆景，观叶观果景观树
7	毛杜鹃	*Rhododendron pulchrum*	杜鹃花科	杜鹃属	叶表、背均有毛而以中脉为多	玫瑰红至亮红色，花期 3～5 月	扦插、压条、播种	花篱、盆景
8	海桐花	*Pittosporum tobira*	海桐花科	海桐花属	叶聚生于枝顶	白色，花期 3～5 月	播种、扦插	观赏、孤植、丛植
9	孝顺竹	*Bambusa multiplex*	禾本科	簕竹属	丛生竹，地下茎合轴丛生	很少开花	分根、埋条	群植，作绿篱
10	凤尾竹	*Bambusa multiplex* 'Fernleaf'	禾本科	簕竹属	株丛密集，竹干矮小	很少开花	分株	盆景、绿篱
11	胡颓子	*Elaeagnus pungens*	胡颓子科	胡颓子属	具刺，刺顶生或腋生	白色或淡白色，花期 9～12 月	播种、扦插	观叶观果，配植于花丛，作绿篱
12	瓜子黄杨	*Buxus sinica*	黄杨科	黄杨属	叶先端圆或钝，常有小凹口，不尖锐	白色，花期 3 月	扦插、分株	绿篱、盆景

续表

序号	名称	学名	科	属	主要特征	花期	繁殖方法	园林应用
13	雀舌黄杨	*Buxus bodinieri*	黄杨科	黄杨属	叶匙形，先端圆或钝，往往有浅凹口或小尖凸头	白色，花期2～3月	扦插、压条	绿篱、花坛和盆栽
14	夹竹桃	*Nerium oleander*	夹竹桃科	夹竹桃属	枝条灰绿色，花集中长在枝条的顶端	红、白、黄色，花期几乎全年，6～10月为盛	扦插繁殖、压条、分株	庭院种植、片植
15	红花檵木	*Loropetalum chinense*	金缕梅科	檵木属	嫩叶淡红色，越冬老叶暗红色，阴时叶色容易变绿	淡紫红色，花期4～5月	扦插、嫁接、播种、组织培养	孤植、从植、群植，花篱，色带、色块
16	小叶蚊母	*Distylium buxifolium*	金缕梅科	蚊母树属	枝条节间短，枝条分生角度大，上部枝条细长，成斜生或平展	红色或紫红色，花期2～4月	嫁接、扦插	道路隔离、花坛、庭院种植，盆景
17	含笑	*Michelia figo*	木兰科	含笑属	幼芽、嫩枝、叶柄及花苞均密生黄褐色绒毛	淡黄色而边缘有时红色或紫色，花期4～6月	扦插、高空压条、嫁接	园林绿地种植
18	云南黄馨	*Jasminum mesnyi*	木犀科	素馨属	三出复叶对生，花较大，花冠裂片极开展，长于花冠管	黄色，花期2～3月	扦插	绿篱
19	刺桂	*Osmanthus heterophyllus*	木犀科	木犀属	叶对生，叶形多变，厚革质	白色，花期10～12月	嫁接	孤植、片植或与其他树种混植
20	金叶女贞	*Ligustrum×vicaryi*	木犀科	女贞属	叶色金黄，尤其在春秋两季色泽更亮丽	白色，花期6～7月	扦插、嫁接	绿篱、色带
21	六月雪	*Serissa japonica*	茜草科	六月雪属	植株低矮，分枝多而稠密	白色带红晕或淡粉紫色，花期6～7月	扦插、分株繁殖	雕塑或花坛周围镶嵌材料，盆景
22	栀子花	*Gardenia jasminoides*	茜草科	栀子属	花芳香，通常单朵生于枝顶	白色，花期6～8月	扦插、压条	绿篱、盆栽
23	火棘	*Pyracantha fortuneana*	蔷薇科	火棘属	叶基部楔形，下延连于叶柄，花集成复伞房花序	白色，花期3～5月	播种、扦插、压条	绿篱，护坡种植，道路两旁或中间绿化带
24	珊瑚树	*Viburnum odoratissinum*	忍冬科	荚蒾属	树皮灰褐色，具有圆形皮孔	白色，花期3～4月	扦插、播种	造景树，应用于防火林带及厂区绿化

续表

序号	名称	学名	科	属	主要特征	花期	繁殖方法	园林应用
25	厚皮香	*Ternstroemia gymnanthera*	山茶科	厚皮香属	叶革质或薄革质，通常聚生于枝端，呈假轮生状	淡黄白色，花期 5～7 月	播种、扦插	抗有害气体性强，是厂矿区的绿化树种
26	茶梅	*Camellia sasanqua*	山茶科	山茶属	嫩枝有毛，叶革质，先端短尖，子房被茸毛	红、白、粉红，花期 11 月～翌年 1 月	扦插、播种繁殖	绿篱、花篱、片植
27	山茶	*Camellia japonica*	山茶科	山茶属	叶先端渐尖或急尖，基部阔楔形，子房光滑无毛	红色为主，花期 1～4 月	播种、扦插、压条、嫁接	丛植、盆栽、庭院种植
28	洒金桃叶珊瑚	*Aucuba japonica*	山茱萸科	桃叶珊瑚属	叶面散生大小不等的黄色或淡黄色的斑点	紫红色或暗紫色，花期 3～4 月	扦插、播种	绿篱、护岸固土
29	苏铁	*Cycas revoluta*	苏铁科	苏铁属	羽状叶从茎的顶部生出，花雌雄异株，主干有吸芽	浅黄色，花期 6～8 月	播种、分蘖埋插	植于庭前阶旁及草坪内，盆栽
30	金丝桃	*Hypericum monogynum*	藤黄科	金丝桃属	小枝纤细且多分枝，叶纸质、无柄、对生	金黄色，花期 6～7 月	分株、扦插、播种	花篱、盆景
31	大叶黄杨	*Buxus megistophylla*	黄杨科	黄杨属	小枝四棱形光滑、无毛	乳白色，花期 3～4 月	扦插、分株	绿篱
32	金边黄杨	*Euonymus Japonicus*	卫矛科	卫矛属	叶嫩绿洁净，叶有黄、白斑纹	白色，花期 5～6 月	扦插繁殖	绿篱
33	八角金盘	*Fatsia japonica*	五加科	八角金盘属	叶革质，掌状 7～9 深裂，表面有光泽	白色，花期 11～12 月	播种、扦插、分株	观叶盆栽、片栽
34	南天竹	*Nandina domestica*	小檗科	南天竹属	叶对生，2～3 回奇数羽状复叶，强光下叶色变红	白色，花期 5～6 月	播种、分株	果篱、盆景，栽于庭园
35	十大功劳	*Mahonia fortunei*	小檗科	十大功劳属	叶基部楔形，边缘每边具 5～10 刺齿	黄色，花期 7～9 月	扦插、播种	境栽、绿篱、盆栽、岩石园
36	月桂	*Laurus nobilis*	樟科	月桂属	叶互生，革质，广披针形，边缘波状，有醇香	淡黄色，花期 3～5 月	扦插、播种	孤植、绿篱

表 11-6　常见落叶灌木一览表

序号	名称	学名	科	属	主要特征	花色花期	繁殖方法	园林应用
1	黄花决明	*Senna surattensis*	豆科	决明属	小叶 4～6 对，通常 5 对	黄色，花期 8～12 月	播种	片植、丛植、配植

续表

序号	名称	学名	科	属	主要特征	花色花期	繁殖方法	园林应用
2	紫荆	*Cercis chinensis*	豆科	紫荆属	叶纸质，近圆形或三角状，圆形绿色	花紫红色或粉红色，花期4月	播种、分株、扦插、压条	片植、丛植、配植
3	木芙蓉	*Hibiscus mutabilis*	锦葵科	木槿属	大形叶广卵形，叶基部楔形	初开时白色或淡红色，后变深红色，花期8～10月	扦插、分株、压条	群植树
4	木槿	*Hibiscus syriacus*	锦葵科	木槿属	叶菱形至三角状卵形，花单生于枝端叶腋间，花梗长	淡紫色，6～9月	播种、压条、扦插、分株	花篱、绿篱
5	蜡梅	*Chimonanthus praecox*	蜡梅科	蜡梅属	枝淡灰色，叶片革质粗糙	黄色，花期1～3月	嫁接、扦插、压条、分株	孤植树、丛植
6	醉鱼草	*Buddleja lidleyana*	马钱科	醉鱼草属	小枝具四棱，棱上略有窄翅	花紫色，花期6～9月	扦插、播种	园林观赏植物，作花篱、花带
7	金钟花	*Forsythia viridissima*	木犀科	连翘属	枝四棱形，髓部片状	黄色，花期3～4月	播种、扦插、压条、分株	绿篱
8	连翘	*Forsythia suspensa*	木犀科	连翘属	枝呈四棱形，节间中空，节部具实心髓	黄色，花期3～4月	扦插、压条	绿篱
9	迎春	*Jasminum nudiflorum*	木犀科	素馨属	花较小，花冠裂片较不开展，短于花冠管	鲜黄色，花期2～3月	扦插、分株、压条	花篱
10	小蜡	*Ligustrum sinense*	木犀科	女贞属	叶片纸质或薄革质	白色，花期3～6月	扦插	绿篱
11	黄棣棠	*Kerria japonica*	蔷薇科	棣棠花属	枝绿色，叶缘复锯齿	黄色，花期4～5月	扦插、播种、分株、扦插	花篱、花丛
12	贴梗海棠	*Chaenomeles japonica*	蔷薇科	木瓜属	具枝刺，托叶大	猩红色或淡红色，花期4月	分株、扦插、压条、播种	园林丛植，盆景观赏
13	黄刺玫	*Rosa xanthina*	蔷薇科	蔷薇属	小枝无毛，有散生皮刺，叶柄有稀疏柔毛	黄色，花期4～6月	分株、扦插、播种	片植、丛植、配植
14	玫瑰	*Rose rugosa*	蔷薇科	蔷薇属	小枝密被绒毛，并有针刺和腺毛，小叶9～13枚	紫红色、白色，花期5～6月	扦插、分株、压条	布置花坛、花境，做盆景
15	蔷薇	*Rosa sp.*	蔷薇科	蔷薇属	羽状复叶，具小叶7～9片，皮刺	粉红、白色、黄色，花期5～9月	扦插、压条、组织培养	花灌木，墙上攀缘物
16	月季	*Rosa chinensis*	蔷薇科	蔷薇属	羽状复叶，具小叶3～5片，皮刺	各色，花期5～11月	扦插、分株、压条	观赏植物，用作布置花坛

续表

序号	名称	学名	科	属	主要特征	花色花期	繁殖方法	园林应用
17	绣线菊	*Spiraea salicifolia*	蔷薇科	绣线菊属	灰绿色，脉有柔毛	粉色，花期6～7月	扦插、播种、分株	观花，丛植，根、叶、果可入药
18	郁李	*Cerasus japonica*	蔷薇科	樱属	小枝灰褐色，嫩枝绿色或绿褐色	白色或粉红色，花期4～5月	播种、分株、分蘖，压条	孤植树、绿篱
19	木绣球	*Viburnum macrocephalum*	忍冬科	荚蒾属	聚伞花序由大型不孕花组成	白色，花期4～5月	扦插、压条、分株	孤植，园林配置
20	琼花	*Viburnum macrocephalum*	忍冬科	荚蒾属	聚伞花序仅周围具大型的8朵不孕花	白色，花期4～5月	扦插、压条、分株	观赏，孤植于草坪、空旷地
21	荚蒾	*Viburnum dilatatum*	忍冬科	荚蒾属	复伞形式聚伞花序稠密，生于具1对叶的短枝之顶，小花全为可孕花	白色，花期5～6月	播种	孤植、园林配置
22	海仙花	*Weigela coraeensis*	忍冬科	锦带花属	叶绿色，背面有毛	玫瑰红色，花期6～8月	扦插、分株、压条、播种	孤植、园林配置
23	锦带花	*Weigela florida*	忍冬科	锦带花属	绿色光滑，短柔毛	冠紫红色或玫瑰红色，花期4～6月	播种、扦插	丛植，作花篱，也可盆栽
24	金银木	*Lonicera maackii*	忍冬科	忍冬属	叶纸质，形状变化较大，通常卵状椭圆形至卵状披针形	初为白色，后变为黄色，花期5～6月	播种、扦插	丛植于草坪、山坡、林缘、路边或建筑周围
25	结香	*Edgeworthia chrysantha*	瑞香科	结香属	小枝粗壮褐色，常作三叉分枝，韧皮极坚韧，可打结	金黄色，花期3～4月	分株、扦插、压条	孤植树、行道树
26	红瑞木	*Swida alba*	山茱萸科	梾木属	老干暗红色，枝桠血红色	白色或淡黄白色，花期6～7月	播种、扦插、压条	花篱
27	金丝桃	*Hypericum monogynum*	藤黄科	金丝桃属	叶对生，无柄或具短柄	金黄色，花期5～8月	分株、扦插、播种	花篱
28	卫矛	*Euonymus alatus*	卫矛科	卫矛属	小枝四棱形，有2～4排木栓质的阔翅	黄绿色，花期4～6月	扦插、播种	孤植树
29	紫叶小檗	*Berberis thunbergii*	小檗科	小檗属	叶深紫色或红色，幼枝紫红色，老枝灰褐色或紫褐色，有槽，具刺	黄色，花期5月	扦插、分株、播种	布置花坛，作绿篱

模块 11.3　藤本植物

藤本是指茎部细长，不能直立，只能依附在其他物体（如树、墙等）或匍匐于地面上生长的一类植物，藤本植物在一生中都需要借助其他物体生长或匍匐于地面，但也有的植物随环境而变，如果有支撑物，它会成为藤本，但如果没有支撑物，它会长成灌木。常见木质藤本如表 11-7 所示。

表 11-7　常见木质藤本一览表

序号	名称	学名	科	属	主要特征	花色花期	繁殖方法	园林应用
1	凌霄	*Campsis grandiflora*	紫葳科	凌霄属	以气生根攀附于他物之上	花冠内面鲜红色，外面橙黄色，花期 5～8 月	扦插、压条、分株、播种	棚架、假山、花廊、墙垣绿化
2	木香花	*Rose banksiae*	蔷薇科	蔷薇属	常绿或半常绿木质藤本，奇数羽状复叶，小叶 3～5 枚	白色、黄色，花期 4～5 月	播种、扦插、嫁接、压条	花架、格墙、篱垣和崖壁的垂直绿化
3	紫藤	*Wisteria sinensis*	豆科	紫藤属	落叶木质藤本，奇数羽状复叶互生，小叶对生，靠茎的旋转攀爬	紫色，花期 4～5 月	播种、压条	棚架、花廊、盆景
4	常春油麻藤	*Mucunae sempervirens*	豆科	黧豆属	常绿木质大藤本，靠茎左旋攀爬	深紫色或紫红色，花期 4～5 月	扦插、压条、播种	大型棚架、绿廊、墙垣等攀缘绿化

模块 11.4　花木的应用形式

根据花木在城市绿地中所起的作用、应用的目的不同，常常将花木分为行道树、庭荫树、园景树、花灌木、绿篱与垂直绿化等应用形式。不同的应用形式，在生产中所采取的措施也有差异，如行道树与园景树在生产中修剪设定的枝下高不同。现将应用形式作具体介绍。

11.4.1　行道树

行道树是指沿道路两旁栽植的成行的树木。道路系统是现代社会建设中的基础设施，而行道树的选择应用，在完善道路服务体系、提高道路服务质量方面，有着积极、主动的环境生态作用。行道树的主要栽培场所为人行道绿带、分车线绿岛、市民广场游径、河滨林荫道及城乡公路两侧等。理想的行道树种的选择标准，从养护管理要求出发，应该是适应性强、病虫害少；从景观效果要求出发，应该是干挺枝秀、景观持久。行道树代表种类如图 11-1 所示。

（a）杨树

（b）银杏

（c）香樟

（d）悬铃木

图 11-1　行道树

11.4.2　庭荫树

庭荫树又称绿荫树、庇荫树，是以遮阴为主要目的的树木。早期多在庭院中孤植或对植，以遮蔽烈日，创造舒适、凉爽的环境。后发展到栽植于园林绿地以及风景名胜区等远离庭院的地方。其作用主要在于形成绿荫以降低气温，并提供良好的休息和娱乐环境；同时由于庭荫树一般均枝干苍劲、荫浓冠茂，无论孤植或丛栽，都可形成美丽的景观。庭荫树代表种类如图 11-2 所示。

（a）中国梧桐

（b）乌桕

（c）栾树

（d）枫杨

图 11-2　庭荫树

11.4.3 园景树

园景树是园林绿化中应用种类最为繁多、形态最为丰富、景观作用最为显著的骨干树种。其树种类型，既有观形、赏叶，又有观花、赏果。树体选择，既有参天伴云的高大乔木，也有株不盈尺的矮小灌木。常绿、落叶相宜，孤植、丛植可意，不受时间空间影响，不拘于地形限制。看似随意洒脱、信马由缰，实际却主题鲜明、功能清晰。园景树种的选择是否恰当，最能反映绿地建设的水平；应用是否得体，最能鉴赏景观布局的品位。园景树代表种类如图 11-3 所示。

（a）垂丝海棠

（b）樱花

（c）琼花

（d）桂花（丹桂）

（e）黑松与白皮松

（f）雪松

（g）鸡爪槭

（h）柽柳

图 11-3 园景树

（i）火棘

（j）枸骨

图 11-3（续）

11.4.4 花灌木

花灌木是指以观花为主的灌木类植物。其造型多样，能营造出五彩景色，被视为园林景观的重要组成部分。适合于湖滨、溪流、道路两侧和公园布置，以及小庭院点缀和盆栽观赏，还常用于切花和制作盆景。修剪是促进花灌木健康生长的关键措施之一，只有正确的修剪才能使其繁花不断。花灌木代表种类如图 11-4 所示。

（a）贴梗海棠　（b）金钟

（c）结香　（d）木芙蓉

图 11-4　花灌木

11.4.5 绿篱

绿篱是由灌木或小乔木以近距离的株行距密植，栽成单行、双行或多行，紧密且规则的一种种植形式可将其修剪成各种造型并能相互组合，从而提高观赏效果。此外，绿篱还能起到遮盖不良视点、隔离防护、防尘防噪等作用。绿篱代表种类如图 11-5 所示。

（a）瓜子黄杨（矮篱）

（b）法国冬青（高篱）

（c）龙船花（花篱）

（d）红叶石楠（彩篱）

图 11-5　绿篱

11.4.6 垂直绿化

垂直绿化又称立体绿化，就是为了充分利用空间，在墙壁、阳台、窗台、屋顶、棚架、高架桥等处栽种攀缘植物，以增加绿化覆盖率，改善居住环境。垂直绿化在克服城市家庭绿化面积不足、改善不良环境等方面有独特的作用。垂直绿化代表种类如图 11-6 所示。

（a）紫藤

（b）木香

（c）爬山虎

（d）凌霄花

图 11-6　垂直绿化

复习思考题

1. 乔木与灌木的区别有哪些？
2. 花木在园林绿地中的应用形式有哪些？
3. 藤本植物的攀缘方式有哪些？

实 训 指 导

实训指导 14　园林树木识别（一）

一、目的与要求

要求学生识别校园绿化常用园林花木 50 种以上。

二、材料与用具

校园花木、手机、记录本。

三、实训内容

（1）学生以小组为单位，在校园内采集 20 种树木的枝叶，并收集拍照记录树形、叶色等特征。教师讲解校园树木的形态特征、繁殖方法、生态习性及识别要点等（枝条、叶片、花果、刺等识别要点）。指导学生通过手机查询记录树木的科属，并对园林花木进行归类。

（2）学生分组复习所识别的园林花木，熟悉植物的形态特征。

四、实训作业

各项目组按以下分类列出所调查树木种类的科属、主要识别要点、繁殖方法。完成 PPT 用于课上交流。

第一组：收集校园常绿乔木种类；
第二组：收集校园落叶乔木种类；
第三组：收集校园常绿灌木种类；
第四组：收集校园落叶灌木种类；
第五组：收集校园藤本种类；
第六组：收集校园竹类种类；
第七组：收集校园绿篱种类；
第八组：收集校园行道树种类。

实训指导 15　园林树木识别（二）

一、目的与要求

要求学生识别公园绿化常用园林花木 50 种以上。

二、材料与用具

公园或公共绿地、手机、记录本。

三、实训内容

（1）学生以小组为单位，在公园或公共绿地采集 20 种树木的枝叶，并收集拍照记录树形、叶色等特征。教师讲解公园或公共绿地树木的形态特征、繁殖方法、生态习性及识别要点等（枝条、叶片、花果、刺等识别要点）。指导学生通过手机查询记录树木的科属，并对园林花木进行归类。

（2）学生分组复习所识别的园林花木，熟悉植物的形态特征。

四、实训作业

各组按以下分类列出所调查树木种类的科属、主要识别要点、繁殖方法。完成 PPT

用于课上交流。

第一组：收集孤植树种类；

第二组：收集群植树种类；

第三组：收集庭荫树种类；

第四组：收集观花树种类；

第五组：收集观果树种类；

第六组：收集观叶树种类；

第七组：收集垂直绿化树木种类；

第八组：收集地被树木种类。

第 12 单元　观赏苗木的生产与养护

学习目标

掌握苗木移栽技术，能组织与制订大树种植与种植后管理的技术方案。

关 键 词

大规格苗木　移栽　肥水管理

单元提要

在观赏苗木的生产与养护过程中，移栽大规格苗木起挖土球的直径为树木胸径的 7～10 倍；移栽前合理修剪，选择适宜的移栽季节，移栽后设支撑、包裹树干、及时的肥水管理有利于树木成活。冬季灌冻水、对树干涂白可以有效防寒，结合修剪施入有机肥作基肥。夏季及时中耕除草、浇水、防暑降温。

模块 12.1 苗木的移栽与定植

大规格花木的移栽即移植大型树木的工程，是指对胸径为10～20cm，甚至30cm以上大型树木的移植工作。随着社会经济的发展以及城市建设水平的不断提高，单纯地用小苗栽植来绿化城市的方法已不能满足目前城市建设的需要，一些重点工程往往需要在较短的时间就要体现出其绿化的效果，因而需要移植一定数量的大树。大树移植技术也就成为我国园林工作者面临的新课题，要想做好这一课题，就需要我们掌握大树移植的前期准备、起运栽植、养护管理等技术。

1. 大规格花木移栽的准备和处理

1）做好规划与计划

为预先在所带土球（块）内促发多量吸收根，就要提前1至数年采取措施，而是否能做到提前采取措施，又取决于是否有应用大树绿化的规划和计划。事实上，许多大树移植失败的原因，是因为事先没有准备好已采取过促根措施的备用大树，而是临时直接用从郊区、山野移植的树。可见做好规划与计划对大树移植极为重要。

2）移栽树木的选择

树种不同，其生物学特性也有所不同，移植后的环境条件就应尽量与该树种的生物学特性和原环境条件相符。行道树应考虑干直、冠大、分枝点高，有良好的遮阴效果的树种；而庭院观赏树中的孤植树就应讲究树姿造型，根据以下要求来选择：①选取长势处于上升期的青壮龄树木，移植后容易恢复生长，且能充分发挥其最佳绿化功能和艺术效果。②选取生长正常、没有感染病虫害和未受机械损伤的树木。选树时还必须考虑移植地点的自然条件和施工条件，移植地点的地形应平坦或坡度不大，过陡的山坡，根系分布不正，不仅操作困难且容易伤根，不易起出完整的土球，因而应选择起运工具能到达，并便于挖掘的树木。

对可供移植的大树进行实地调查，对树种、年龄时期、干高、胸径、树高、冠幅、树形等进行测量记录，注明最佳观赏面的方位，并拍照。调查记录土壤条件及周围情况，判断是否适合挖掘、包装、吊运；分析存在的问题和解决措施。此外，还应了解树木的所有权等。对于选中的树木，应立卡编号，为设计提供资料。

2. 大规格花木移栽的时间

1）春季移植

在春季树木开始发芽而树叶还没有全部长成以前，树木的蒸腾作用还未达到最旺盛时期，此时带土球移植，可缩短土球暴露的时间，栽后加强养护也能确保大树的存活。

2）夏季移植

在夏季，由于树木的蒸腾量大，此时移植对大树成活不利。夏季移植时，可加大土球，加强修剪、遮阴，尽量减少树木的蒸腾量，也可提高成活率。

3）深秋及冬季

从树木开始落叶到气温不低于-15℃的这一段时间也可移植大树，在这一时期，树木虽处于休眠状态，但地下部分尚未完全停止活动，故移植时被切断的根系能在这段时间进行愈合，给来年春季发芽生长创造良好的条件。

3. 起掘前的准备工作

根据设计选中的树木，应实地复查是否仍符合原有状况，尤其树干有无蛀干害虫等，如有问题应另选他树代替。具体选定后，应按种植设计统一编号，并做好标记，以便移栽时对号入座。土壤过干的应于掘前提前数日灌水。同时应有专人负责准备移栽所用的工具、材料、机械及吊运车辆等。此外还应调查运输线路是否畅通（如架空线高低、道路是否有施工等），并办理好通行证。

4. 大规格花木移栽的方法

当前常用的大树移植方法主要有软材包装移植法、带土方箱移植法、冻土球移植法和机械移植法。软材包装移植法即带土球移植且用软绳子和蒲包来捆扎。如果挖掘的土球是沙壤土或容易散落都要用蒲包来包扎，以保证土球的完整性。以下主要介绍软材包装移植法。

1）枝干的处理

在移植树木前，选定移植树后要对枝干进行修剪，先将树干主梢、粗大侧枝的侧梢同步缩截，一般修剪强度约为其总长度的1/4～1/3，以减少叶面蒸腾，截完后立即对主干、侧枝截口进行包封处理，以防树干水分的散失。包封是用塑料薄膜包扎截口，用剪裁成正方形的薄膜片把截干部位或缩枝剪口包裹严实再捆紧，可有效防止断面水分的损耗，对保证移栽树的成活至关重要，尤其是在移栽后遇到长时间的干旱或高温天气，则成为移栽能否成活的关键因素之一，还可防止杂菌感染切口引起断面霉烂。

2）土球大小的确定

移植树木选好后，可根据树木的胸径来确定土球的直径和高度。一般来说，土球直径为树木胸径的7～10倍，土球过大，容易散球且会增加运输难度；土球过小，又会伤害过多的根系，影响成活。土球的大小还应考虑树种的不同及当地的土壤条件。例如，银杏胸径为20～30cm，则土球直径为120～200cm，土球高度为80～120cm。如果是在大范围内移植大树则必须考虑到环境条件和土壤性质来确定土球的大小，这对大树移植后的成活是非常关键的。

3）起掘及土球的修整

起掘前，为确保安全，应用支棍在树干分枝点以上支牢。确定土球大小后以树干为圆心，比规定的土球大3～5cm画一圆，向外侧垂直挖宽为60～80cm的操作沟，深度以到土球所要求的高度为止。当挖至一半深度时，应随挖随修整土球，遇到较大的侧根，用枝剪或手锯将其锯断，以免将土球震散。土球肩部修圆滑，四周土表自上而下修平至球高一半时，逐渐向内收缩呈上大下略小的形状。深根性树种和沙壤土球应呈苹果形，浅根性和黏性土可呈扁球形。

4）土球包装

土球修整好之后，先用预先湿润过的草绳将土球腰部捆绕10圈左右，可两人合作，边拉缠边用小木锤或砖、石敲打绳索，使绳略嵌入土球，并使绳圈相互靠紧，此称“打腰箍”。腰箍打好之后，在土球底部向下挖一圈沟，并向内铲去土，直至留下 1/5～1/4 的心土，以便打包时草绳能兜住底部而不松脱。壤土和沙性土均应用蒲包或塑料布把土球盖严，并用细绳稍加捆拢，再用草绳包扎；黏性土可直接用草绳包扎。整个土球包扎好之后将绳头绕在树干基部扎紧，最后在土球腰部再扎一道外腰箍，并打上“花扣”，使捆绑土球的草绳不能松动。土球包装的最后一道工序为封底，封底前先顺着树木倒斜的方向于坑底挖一道小沟，将封底用的草绳一端紧拴在土球中部的草绳上，并沿小沟摆好并伸向另一侧，然后将树木轻轻推倒，用蒲包或麻袋片将露出的底部封好，交叉勒紧封底草绳即可。

5）大树的吊运

大树的吊运工作是大树移植中的重要环节之一。吊运的成功与否，直接影响到树木的成活、施工的质量以及树形的美观等，常用的设备有起重机和滑车。在起吊过程中，注意不要损坏土球和树干。在把土球吊到车箱时，要注意树干与车头接触处，不要伤害了树干，可以用软材料垫在树干和车头之间以防止树干的损害。

6）大树的定植

大树运到后必须尽快定植。首先按照施工设计要求，按树种分别将大树轻轻斜吊于定植穴内，撤除缠扎树冠的绳子，配合吊车，将树冠立起扶正，仔细审视树形和环境，移动和调整树冠方位，使树姿和周围环境相配合，并尽量地符合原来的朝向，并保证定植深度适宜。然后撤除土球外包扎的绳包或箱板（草片等易烂的软包装可不撤除，以防止土球散开），分层填土分层夯实，把土球全埋于地下。在树干周围的地面上，也要做出拦水围堰，便于后期浇水。

模块 12.2　大规格花木移栽后的管理

1. 定期检查

定期了解树木的生长发育情况，并对检查出的问题如病虫害、生长不良等要及时采取补救措施。

2. 支撑树干

刚栽上的大树特别容易歪倒，要设立支架，把树牢固地支撑起来。

3. 包裹树干

为了保持树干湿度，减少树皮水分蒸发，可用浸水的草绳从树干基部密密地缠绕至主干顶部，再将调制的黏土泥浆糊满草绳，以后还可以经常向树干上喷水保湿。

4. 生长素处理

为了促进根系生长，可在浇灌的水中加入0.02%的生长素，促进根系生长健全。

5. 水肥管理

大树移植后立即灌一次透水，保证树根与土壤紧密结合，促进根系发育。

1）旱季的管理

6～9月，大部分时间气温在28℃以上，且湿度小，这一时期是最难管理的，如管理不当会造成根干缺水、树皮龟裂，甚至导致树木死亡。这时的管理要特别注意：一是遮阳防晒，可以在树冠外围东西方向几字型盖遮阳网，这样能较好地挡住太阳的直射光，使树叶免遭灼伤；二是根部灌水，向预埋的塑料管或竹筒内灌水，此方法可避免浇半截水，能一次浇透，平常能使土壤见干见湿，也可往树冠外的洞穴灌水，增加树木周围土壤的湿度；三是在大树南面架设三角支架，安装一个高1m的喷灌装置，尽量调成雾状水，由于夏、秋季大多刮南风，安装在南面可经常给树冠喷水，可使树干、树叶保持湿润，也增加了树周围的湿度，并降低了温度，减少了树木体内有限水分、养分的消耗。

2）雨季的管理

南方春季雨水多，空气湿度大，这时主要应抗涝。由于树木初生芽叶，根部伤口未愈合，往往会造成树木死亡。雨季用潜水泵逐个抽干穴内水，可避免树木被水浸泡。

3）寒冷季节的管理

寒冷季节一定要加强抗寒、保暖措施。一要用草绳绕干，包裹保暖，这样能有效地抵御低温和寒风的侵害；二是搭建简易的塑料薄膜温室，提高树木所处环境的温、湿度；三是选择一天中温度相对较高的中午浇水或叶面喷水。

4）移栽后的施肥

由于移栽后树木损伤大，第一年不能施肥，第二年可根据树木的生长情况酌情施农家肥或叶面喷肥。

6. 根系保护

在树木栽植前，定植坑内要进行土面保温，即先在坑面铺20cm的泥炭土，再在上面铺15cm的腐殖土或20～25cm厚的树叶。早春，当土壤开始化冻时，必须把保温材料拨开，否则被掩盖的土层不易解冻，会影响树木根系生长。

7. 移栽后病虫害的防治

树木通过锯截、移栽，伤口多，萌芽的树叶嫩，树体的抵抗力弱，很容易遭受病害、

虫害，如不注意防范，造成虫灾或树木染病后可能会迅速死亡，因此移栽后树木要加强预防病虫害。可用多菌灵或托布津、敌杀死等药剂混合喷施，分 4 月、7 月、9 月三个阶段，每个阶段连续喷一种药，每星期一次，正常情况下可达到防治的目的。

大树移栽后，一定要加强养护管理。俗话说，“三分种，七分管”，由此可见，养护管理环节在绿化建设中极其重要。

模块 12.3　花木的越冬管理

做好花木的越冬管理，让其顺利度过冬季低温时期，是种好花木的一个重要环节。花木的越冬管理应做好以下几个方面的工作。

1. 浇水

1）水质

按照含盐类的状况水可分为硬水和软水。硬水含盐类较多，用它来浇花木，常使叶面产生褐斑，影响观赏效果，所以浇水宜用软水。在软水中又以雨水（或雪水）最为理想，因为雨水接近中性，不含矿物质，又含有较多的空气，用它来浇花木十分适宜。长期使用雨水浇，有利于促进花木的同化作用，延长栽培年限，提高观赏价值。特别是性喜酸性土壤的花木，更喜欢雨水。因此，雨季应多贮存些雨水留用。若没有雨水或雪水，也可用河水或池塘水。

2）浇水方法

可根据花木种类和生长情况来选择合适的浇水方法。对于一些高大的或已成活的小型花木可采用灌溉法。此种方法的优点是能将土壤浇透，土壤保温时间长；缺点是需水量大，浪费也多。对于一些新栽的花木可用浇灌法，根据各植物的需水量决定浇水量的多少。这种方法特点是可自由控制浇水量，提高水的效用。幼芽娇嫩的花木需要多喷水，新上盆和尚未生根的插条也需要多喷水，喷水能增加空气湿度，降低气温，特别是一些喜阴湿的花卉，如山茶、杜鹃等，要经常向叶面上喷水，对其生长十分有利。一般喷水后不久水分便可蒸发，这样的喷水量最适宜。冬季花木生长缓慢，新陈代谢降低，大多会进入休眠状态，需水量及蒸发量会相对减少。浇水的原则是“宁干勿湿”，尤其是耐阴花木，更不能浇水过多，以免引起落叶、烂根或死亡。

3）浇水温度

浇花木时应注意水的温度。水温与气温相差太大（超过 5℃）易伤害花木根系。因而浇的水最好能先放在桶（缸）内晾晒数小时，待水温接近气温时再用。

4）浇水时间

最好在光照较好的中午进行。如果是用自来水浇花木，最好先将自来水存放 1～2 天，待水中氯气挥发后再用。

2. 施肥

冬季气温低，植物生长缓慢，大多数花木处于生长停滞状态，一般不施肥待春季温度达到 10℃以上再施肥；秋冬或早春开花的以及秋播的花木，宜施薄肥。为了提高花木的抗寒能力，秋末时就应减少施肥，以免花木的茎、叶发嫩而降低其抗寒能力。

3. 中耕

中耕即松土，疏松表土，可减少水分蒸发，增加土温，改善土壤通气性，促进有益微生物的活动，为植物根系生长和吸收养分创造良好条件。通常在中耕时可结合除草，但除草不能代替中耕。

一般大乔木 2～3 年结合施肥中耕一次，小乔木和灌木可隔年一次或一年一次，植株长大、枝叶覆盖地面时停止中耕，以免损伤根系，影响生长。树木的中耕时间以秋冬休眠期为好，夏季中耕宜浅，主要结合除草进行。冬季大乔木的中耕深度为 20cm 左右，小乔木和灌木深度为 10cm 左右。

4. 冬季修剪

植株从秋末停止生长开始到翌年早春顶芽萌发前的修剪称为冬季修剪。冬季修剪不会损伤花木的元气，大多数观赏花木适宜冬季修剪。

1）落叶树

每年深秋到翌年早春萌芽之前，是落叶花木的休眠期。冬末、早春时，树液开始流动，生育功能即将开始，这时进行修剪伤口愈合快，如紫薇、石榴、木芙蓉、扶桑等。

冬季修剪对落叶花木的树冠构成、枝梢生长、花果枝的形成等有重要影响。不同观赏花木的修剪要点如下：幼树，以整形为主；成形观叶树，以控制侧枝生长、促进主枝生长旺盛为目的；成形花果树，则着重于培养树形的主干、主枝等骨干枝，促其早日成形，提前开花结果。

2）灌木

（1）应使丛生大枝均衡生长，使植株保持内高外低、自然丰满的圆球形。

（2）定植年代较长的灌木，如灌丛中老枝过多时，应有计划地分批疏除老枝，培养新枝。但对一些有特殊需求要培养成高干的大型灌木或茎干生花的灌木（如紫荆等）均不在此列。

（3）经常短截突出灌丛外的徒长枝，使灌丛保持整齐均衡，但一些具拱形枝的树种（如连翘等），所萌生的长枝则例外。

（4）植株上不作留种用的残花废果，应尽早剪去，以免消耗养分。

5. 防止冻害

冬季的低温、霜冻天气，对花木可能构成严重威胁。为使花木安全越冬，必须进行防寒才能避免低温危害。现介绍几种常见的花木防寒措施。

（1）因地制宜，适地适树。根据当地的气候条件，种植抗寒力强的树木、花卉。

（2）加强栽培管理，增强苗木自身的抗寒能力。通过对花木的合理浇灌，科学施肥（如秋季少施氮肥、控制苗木徒长）等措施，促进苗木生长健壮，增强其自身的抗寒能力。

（3）浇封冻水和返青水。在土壤封冻前浇一次透水，土壤含有较多水分后，严冬表层地温不至于下降过低、过快，开春表层地温升温也缓慢。浇返青水一般在早春进行，早春昼夜温差大，及时浇返青水，可使地表昼夜温差相对减小，避免春寒危害植物根系。

（4）设风障。对新植或引进的树种，在主风侧或植株外围用塑料布做风障防寒，有的品种还可加盖草帘（如南种北移的大叶黄杨）。

（5）树干防护。常见的有树干包裹和涂白，①树干包裹。多在入冬前进行，将新植树木或不耐寒品种的主干用草绳或麻袋片等缠绕或包裹起来，高度可在1.5～2m。②树干涂白，一般在秋季进行，用石灰水加盐或石硫合剂对树干涂白，利用白色反射阳光，减少树干对太阳辐射热的吸收，从而降低树干的昼夜温差，防止树皮受冻。另外此法对预防害虫也有一定的效果。

（6）覆盖。在霜冻前，在地上覆盖干草、草席等也可防止冻害，此法既经济，效果又好，应用极为普遍。另外也可覆盖塑料薄膜等材料。

（7）堆土防寒。对于一些花灌木，浇封冻水后在其根茎四周堆起30～40cm高的土堆（土堆要拍实）也可防寒。

6. 病虫害防治

冬季花木常见的病害有白粉病、煤污病，常见的虫害有蚜虫、白粉虱等，应采取有效措施在休眠期防治，以减少来年春季病虫害的发生。

7. 新栽苗木的越冬管理

采取有效的越冬管理措施对当年新栽花木能否安全越冬至关重要。

1）小灌木类

小灌木类，如金叶女贞、小叶女贞、红叶小檗、冬青、黄杨、小龙柏、美人蕉、南天竹、月季等可采取以下措施。

（1）对苗木进行轻度修剪。

（2）清除杂草，浅翻土地，给花木根基部培土或培土墩，浇透防冻水。

（3）用麦秸、稻秸等进行地面覆盖，来年腐烂后变成肥料。

2）乔木和花灌木类

乔木和花灌木类，如雪松、白皮松、华山松、棕榈、西府海棠、垂丝海棠、紫叶李、碧桃、红叶桃、桂花、广玉兰、白玉兰、青桐、黑松等可采取以下措施。

（1）对苗木进行适度修剪。

（2）清除杂草，中翻土地，给树根基部培土，浇透防冻水。

（3）树干包裹或涂白，起到保温御寒作用。

(4）用地膜将树穴覆盖住，可提高地温和保持一定的湿度。

3）苗种植集中区

对一些苗木种植比较集中的地方，在不影响观赏效果的情况下，可用草苫子搭建挡风墙或用塑料布搭建温棚等。

8. 秋栽苗木的防寒技术

秋季植树能较好地解决春季植树时间短、春旱和劳动力紧张的问题，现已被广泛推广。但也有不少秋植花木因没有采取合理的防寒措施，未能安全越冬，影响了苗木的成活率。秋栽苗木的防寒技术措施包括以下几种。

1）常规防寒方法

对于较耐寒的白蜡、千头椿、悬铃木等树种，秋栽后可采取寒前灌水、根颈培土、覆土、涂白、缠草绳、搭风障等防寒措施。寒前灌水、根颈培土、覆土等措施，对于秋季所有种植的树木都必须进行，涂白、缠草绳、搭风障则可根据植株的耐寒性和冬季气温情况及小气候环境来决定，可单选其中一项，也可交叉使用。

2）覆膜防寒法

对于不太耐寒的树种，如玉兰、大叶女贞、楝树、大叶黄杨、小叶黄杨等树种，则可采取覆膜法，现针对乔木和灌木两种进行介绍。

(1）乔木。应先用草绳缠干，然后进行覆膜，再用加厚的农用薄膜套从顶一直套到树根颈部。顶部必须扎紧封死，塑料薄膜一定要宽大，不能紧缠树干，四周用竹棍支起。根部采取灌封冻水、根颈培土等措施后，可用稻草、麦秸、玉米秸秆、锯末等进行覆盖，最后再罩以塑料薄膜，四周用土压盖好即可。

(2）灌木。灌木因其较低矮，受风吹力较小，花木根部、冠部保温可用两根柔韧性较强的竹条（宽 3cm 左右），将两头削尖，交叉插于植株四侧。弓顶距植株冠顶保持在 15cm 左右，侧面距植株 10cm 左右，竹条插入土中深度为 4～6cm，然后覆农膜。农膜盖好后，四周再用土盖好即可。

注意：覆膜时间和揭膜时间应视天气情况而定。覆膜时间最好在初霜冻时，揭膜应在气温基本稳定、树体开始萌芽后。在冬季晴好天气可适当揭膜通风透气，以补充氧气。薄膜如有洞口，应采取贴补措施，防止植株被冻伤。雪天应及时将积压在棚顶的积雪清理干净，以利植株接受光照。

模块 12.4 花木的越夏管理

夏季是各类花木的生长旺盛期，一般要占全年总生长量的 60%～80%。因此应加强管理。

1. 除草

在园林绿化中常需要清除杂草，保持环境清洁，减少病虫源，促进植株健康生长。但在一些风景林或比较自然的环境里，可适当保留野生的杂草。

除草应掌握“除早、除小、除了”的原则。可手工进行，也可应用除草剂。常见的除草剂有除草醚、灭草灵、“2，4-D”、西马津、百草枯、阿特拉津、茅草枯等。除草剂一般具选择性，如“2，4-D”能防除双子叶杂草，茅草枯防除单子叶杂草，西马津防除一年生杂草，百草枯防除一般杂草和灌木。

2. 浇水

夏季高温需要注意浇水量和浇水时间等。

水分不足，叶片及叶柄会皱缩下垂，花木出现萎蔫现象。如果花木长期处于这种供水不足、叶片萎蔫的状况，则较老的和植株下部的叶片就会逐渐黄化而干枯。浇水时忌浇“半腰水”，即所浇的水量只能湿润表土，而下部土壤是干的，这种浇法也同样影响花木的根系发育，也会出现上述不良现象。因此，浇水应“见干见湿，浇就浇透”。

盛夏中午，气温很高，叶面温度常可高达40℃左右，蒸腾作用强，同时水分蒸发也快，根系需要不断地吸收水分，以补充叶面蒸腾的损失。如果此时浇冷水，虽然土壤中增加了水分，但由于土壤温度突然降低，根毛受到低温的刺激，就会立即阻碍水分的正常吸收，而叶面气孔没有关闭，水分就失去了供求的平衡，导致叶面细胞由紧张状态变成萎蔫，使植株产生“生理干旱”，叶片焦枯，严重时会引起全株死亡。为此，夏季浇水时间以早晨和傍晚为宜。

3. 施肥

夏季气温高，水分蒸发快，又是花木的生长旺盛期，应以追肥为主。施追肥浓度宜小，次数可多些。6～9月间，每月要追肥1～2次。追肥要用速效性肥料，如尿素、硫酸铵、人粪尿、水溶性N-P-K复合肥等。圃地土壤干旱，追肥宜稀；土壤湿润，追肥可浓些。追肥的方法随肥料种类和播种方法不同而异。追施化肥可用干撒或水洒，但以水洒为好。追肥也可结合松土除草进行。

4. 夏季修剪

夏季是花木生长旺盛期，此时如枝叶茂盛而影响到树体内部通风和采光时，就需要进行夏季修剪。对于冬春修剪易产生伤流不止、易引起病害的树种，应在夏季进行修剪。

从常绿树的生长规律来看，4～10月为活动期，枝叶俱全，此时宜进行修剪，此时修剪还可获得嫩枝，可用于扦插繁殖。

春末夏初开花的灌木，在花期以后对花枝进行短截，可防止它们徒长，促进新的花芽分化，为翌年开花做准备。

夏季开花的花木，如木槿、木绣球、紫薇等，花后立即进行修剪，否则当年生新枝不能形成花芽，使翌年开花量减少。

5. 病虫害防治

花木病虫害很多，病害主要有白粉病、叶斑病、炭疽病等，虫害主要有蚜虫、蚧虫、粉虱、尺蠖等。防治苗木病虫害应贯彻“预防为主，积极消灭”的方针，积极做好综合性防治工作。

6. 春植苗木的越夏管理

酷暑盛夏，骄阳似火，持续高温和干热风使空气更加干燥，地表温度急剧升高，从而使新植苗木的树干、枝叶以及土壤中水分蒸发流失加快，这给春植苗木的生长成活造成了极为不利的影响；盛夏是夏季的高温期，同时也是新植花木能否安全过夏成活的关键期。

春季植树后，虽然苗木栽植后很快发芽展枝，但苗木在起苗时根系受到损伤，且自身携带水分、养分又有限，在酷暑高温的环境中，就需要及时有效、适时适量地给春植苗木补充水分、养分，从而保证苗木的正常生长。对新植的大树，针对不同树种采取相应的管护措施，及时补充水分，常绿树种早晚要进行叶面喷水，以确保春植苗木在盛夏高温环境中安全成活。

7. 夏季花木降温的主要措施

夏季温度过高，会对观赏苗木产生危害，可采用人工降温来保护花木安全越夏。主要措施有叶面或畦间喷水、遮阳网覆盖或草帘覆盖等。喷灌是苗圃地降温应用最广泛的方法，即直接向植株叶面以雾状形式喷水或向畦间灌水，使其迅速蒸发，大量吸收空气中的热量以达到降温的目的。

夏季可用覆盖遮阴降温，这对于绝大多数喜阴植物来说是一项必不可少的降温措施，尤其在幼苗期更为重要。一般用遮阳网或芦苇等遮光材料覆盖。苗圃地内使用的阴棚多为临时性的，用木柱、水泥柱作立柱，棚上用铁丝拉成格，然后覆盖遮阳网或草帘来减弱光照，使温度下降。

复习思考题

1. 关于大规格花木移栽的土球大小，不同资料有不同说法，应如何确定？
2. 大规格花木移栽后应有哪些管理措施？
3. 常见的花木防寒措施有哪些？
4. 夏季花木降温的主要措施有哪些？

实训指导

实训指导 16　起苗与栽植

一、目的与要求

掌握带土球起苗及栽植的方法。

二、材料与用具

供实训用的苗木、铁锹、园艺手锯、修枝剪、包扎土球用的草绳等。

三、实训内容

（1）根据植株地径计算确定土球的直径，并围绕植物画圈确定挖掘位置。

（2）铲去圈内疏松表土，确定挖掘沟的位置和宽度。

（3）先垂直挖掘至相当于土球直径 2/3 的深度。

（4）从挖掘沟斜向往土球底部挖掘，直至将土球架空。

（5）整修土球，使其圆整，表面光滑。

（6）用湿草绳包扎土球，草绳与土球表面贴紧，草绳在土球上分布均匀。

（7）将带土球的苗木取出，运输至栽植地点。

（8）挖掘栽植穴，栽植穴的直径与深度应比土球大 10～20cm，穴壁垂直。挖掘出来的表层土与深层土分别堆放。

（9）在穴底回填 10～20cm 的表层土，放入带土球苗木。土球底部与穴底之间紧密接触，土球上表面与栽植地面相平或略低，苗木地上部分端正。

（10）解除并取出土球外的所有包扎物（包括土球底部的包扎物）。

（11）回填土壤，先填入挖穴时取出的表层土壤，再填入挖穴时取出的深层土壤。每次填土 20cm 左右，分层用脚踩实。用于回填的土壤含水量不宜过高，否则会在踩实时过分板结，影响透水透气。

（12）在栽植穴外围用土筑围堰，以方便浇水。围堰以高出栽植地面 10～20cm 为宜。

（13）选择合适的支撑方式，上端支撑点（与植株接触点）位于植株高度的 1/2 以上，支撑物与树干之间应包裹麻袋片等软材，并用绳索绑扎结实。下端支撑点应入土 30～50cm。

（14）如有必要，应在栽植穴设置通气管 3～5 支。通气管可用直径 5cm 左右的塑料管，下端斜插于土球底部附近，上端露出地面 5～10cm。另外，如夏季栽植，应设置遮阴棚，以降温保湿。遮阴棚的顶部应高出树冠 50cm 以上，以利通风。

四、实训作业

（1）分小组完成实训任务，每人写一篇实训报告。

（2）从实训内容、组织方式等方面进行小结，并提出改进意见。

说明：本实训项目可结合校园绿化或绿化景观工程实施。

第 13 单元　常见花木生产技术

学习目标

了解主要花木的生产养护技术

关 键 词

地栽　盆栽　修剪　繁殖　种植

单元提要

本单元重点介绍了牡丹、山茶、梅花、杜鹃、桂花的地栽与盆栽技术；碧桃、樱花和玉兰生产过程中的肥水管理、大苗移栽与修剪技术；紫荆的繁殖技术；紫藤、凌霄苗木种植、繁殖及养护管理技术；树状月季的培育技术。

模块 13.1 牡　丹

牡丹（*Paeonia suffruticosa*）为多年生落叶小灌木，生长缓慢，株型小，株高多在0.5～2m；根肉质，粗而长，中心木质化，长度一般在 0.5～0.8m，极少数根长度可达2m。花期为 4 月中旬～5 月上旬。牡丹适宜疏松肥沃、土层深厚的土壤。土壤排水能力一定要好，盆栽可用一般培养土。

13.1.1 地栽牡丹

选择向阳、不积水之地，最好是朝阳斜坡，土质肥沃、排水好的沙质壤土。栽植前深翻土地，栽植坑要适当大，牡丹根部放入其穴内要垂直舒展，不能拳根。栽植不可过深，以刚刚埋住根为好。栽植前浇 2 次透水，入冬前灌 1 次水，保证其安全越冬。开春后视土壤干湿情况给水，但不要浇水过大。全年一般施 3 次肥。第 1 次为花前肥，施速效肥，促其花开得大、开得好；第 2 次为花后肥，追施 1 次有机液肥；第 3 次是秋冬肥，以基肥为主，促翌年春季生长。另外，要注意中耕除草，无杂草可浅耕松土。花谢后及时摘花、剪枝，根据树形自然长势结合自己希望的树形修剪，同时在修剪口涂抹愈伤防腐膜保护伤口，防治病菌侵入感染。若想植株低矮、花丛密集，则短截重些，以抑制枝条扩展和根蘖发生，一般每株以保留 5～6 个分枝为宜。

13.1.2 盆栽牡丹

盆栽牡丹可通过冬季催花处理而在春节开花，方法是春节前 60 天选健壮的、鳞芽饱满的牡丹品种（如赵粉、洛阳红、盛丹炉、葛金紫、珠砂垒、大子胡红、墨魁、乌龙捧盛等）带土起出，尽量少伤根，在阴凉处晾 12～13 天后上盆，并进行整形修剪，每株留 10 个顶芽饱满的枝条，留顶芽，其余芽抹掉。上盆时，盆的大小应和植株相配，达到满意株型。浇透水后，正常管理。春节前 50～60 天将其移入 10℃左右温室内每天喷水 2～3 次，盆土保持湿润。当鳞芽膨大后，逐渐加温至 25～30℃，夜温不低于 15℃，如此，春节可见花。

模块 13.2 茶　花

山茶（*Camellia japonica*），常绿灌木，高 1～3m，嫩枝、嫩叶具细柔毛。茶花春秋冬三季可不遮阴，夏天可 50%遮光处理。山茶的花期较长，一般从 10 月始花，翌年 5 月终花，盛花期 1～3 月。

13.2.1　地栽山茶花

地栽山茶花又分为园林栽培与圃地栽培。如作园林绿化栽培，要有遮阴树作伴，圃地栽培要成行种好遮阴树。温暖地区一般秋植较春植好。施肥要掌握好 3 个关键时期，即 2～3 月施追肥，以促进春梢和花蕾的生长；6 月施追肥，以促使二次枝生长，提高抗旱能力；10～11 月施基肥，提高植株抗寒力，为翌春新梢生长打下良好的基础。清洁园地是防治病虫害、增强树势的有效措施之一。冬耕可消灭越冬害虫。全年应进行中耕除草 5～6 次，但夏季高温季节应停止中耕，以减少土壤水分蒸发，山茶花的主要虫害有茶毛虫、茶细蛾、茶二叉蚜等。主要病害有茶轮斑病、山茶藻斑病及山茶炭疽病等。防治方法是清除枯枝落叶，消灭侵染源；加强栽培管理，以增强植株抗病力；药剂防治。

13.2.2　盆栽山茶花

盆的大小与苗木比例要适当。所用盆土最好在园土中加入 1/3～1/2 经 1 年腐熟的切断松针。于 11 月或翌年 2～3 月上盆，高温季节切忌上盆。上盆后水要浇足，平时浇水要适量。浇水量要随季节变化，清明前后植株进入生长萌发期，水量应逐渐增多，新梢停止生长后（约 5 月下旬）要适当控制浇水，以促进花芽分化。6 月是梅雨季节，应防积水。夏季高温季节叶面蒸发量大，需要叶面喷水，喷水宜在清晨或傍晚进行，切忌中午喷水。冬季植株逐渐进入休眠，浇水次数宜相应减少。切忌在高温烈日下浇冷水，以免引起根部不适，而产生生理性的落叶现象。气温高或大风天，叶面蒸发量大，应多浇水或喷水。空气湿度大时，要减少浇水量。如遇干旱脱水，枝叶萎蔫，要立即将植株置于阴处，浇透水，同时进行叶面喷水。一般茶花大叶大花种和生长迅速的品种需水量大，应多浇水。名贵品种如十祥景、鸳凤冠、洒金宝珠、凤仙、绿珠球等水分蒸发量少，浇水过多会引起落叶、落蕾。夏、秋高温季节要及时进行遮阴降温。冬季要采取防冻措施。盆株在室内越冬，以保持 3～4℃为宜，若温度超过 16℃，就会促使提前发芽。盆栽茶花的施肥、修剪以及病虫害防治等，与露地栽培基本相同。

模块 13.3　杜　鹃

杜鹃（*Rhododendron simsii*）种类多，生长习性差异大，为常绿或落叶灌木。喜凉爽、湿润气候，忌酷热干燥。要求富含腐殖质、疏松、湿润及 pH 值为 5.5～6.5 的酸性土壤。

13.3.1　地栽杜鹃

长江以南地区以地栽为主，春季萌芽前栽植，地点宜选在通风、半遮阴的地方，土壤要求疏松、肥沃，含丰富的腐殖质，以酸性沙质壤土为宜，并且不宜积水，否则不利于杜鹃正常生长。栽后将土压实，浇水。杜鹃花的根系很细密，吸收水肥能力强，喜肥但怕浓肥。一般不适用人粪尿，适宜追施矾肥水。杜鹃花的施肥还要根据不同的生长时期来进行，在3～5月，为促使枝叶及花蕾生长，每周施肥1次。6～8月是盛夏时节，杜鹃花生长渐趋缓慢而处于半休眠状态，过多的肥料不仅会使老叶脱落、新叶发黄，而且容易遭到病虫的危害，故应停止施肥。9月下旬天气逐渐转凉，杜鹃花进入秋季生长，每隔10天施1次20%～30%的含磷液肥，可促使植株花芽生长。一般10月以后，秋季生长基本停止，就不再施肥。杜鹃花耐修剪，隐芽受刺激后极易萌发，可藉此控制树形，复壮树体。一般在5月前进行修剪，所发新梢，当年均能形成花蕾，过晚则影响开花。一般立秋前后萌发的新梢，尚能木质化。若新梢形成太晚，冬季易受冻害。

13.3.2 盆栽杜鹃

长江以北地区以盆栽观赏为主。盆土用腐叶土、沙土、园土以7∶2∶1比例配制，掺入饼肥、厩肥等，拌匀后进行栽植。一般春季3月上盆或换土，4月中、下旬搬出温室，先置于背风向阳处，夏季进行遮阴，或放在树下疏阴处，避免强阳光直射。生长适宜温度为15～25℃，最高温度32℃。秋末10月中旬开始搬入室内，冬季置于阳光充足处，室温保持在5～10℃，最低温度不能低于5℃，否则停止生长。

在高温干燥时节，红蜘蛛、军配虫对杜鹃危害严重，会使叶片发黄、脱落。褐斑病是杜鹃常见的病害。对这些病虫害要及时喷洒相关药剂进行防治。

模块13.4 桂　　花

桂花（*Osmanthus fragrans*），常绿灌木或小乔木，叶革质，花序簇生于叶腋，花期为9～10月，品种有金桂、银桂、丹桂、四季桂等。桂花是中国传统十大花卉之一。

13.4.1 地栽桂花

应选在春季或秋季，尤以阴天或雨天栽植最好。选在通风、排水良好且温暖的地方，光照充足或半遮阴环境均可。移栽要打好土球，以确保成活率。栽植土要求偏酸性，忌碱土。地栽前，树穴内应先搀入草本灰及有机肥料，栽后浇1次透水。新枝发出前保持土壤湿润，切勿浇肥水。一般春季施1次氮肥，夏季施1次磷、钾肥，使花繁叶茂，入冬前施1次越冬有机肥，以腐熟的饼肥、厩肥为主。忌浓肥，尤其忌人粪尿。桂花树根系发达，萌发力强，成年的桂花树每年要抽梢2次。因此，要使桂花花繁叶茂，需适当修剪，一般应剪去徒长枝、细弱枝、病虫枝，以利通风透光、养分集中，促使桂花孕育更多、更饱满的花芽。

13.4.2 盆栽桂花

盆栽桂花的盆土配比是腐叶土2份、园土3份、沙土3份、腐熟的饼肥2份，将其混合均匀，可于春季萌芽前进行上盆或换盆。在北方冬季应置于低温温室，在室内注意通风透光，少浇水。4 月出温室后，可适当增加浇水量，生长旺季可浇适量的淡肥水，花开季节肥水可略浓些。到第 2 年秋天要换盆，盆以瓦缸或大一号的瓦盆为宜。换盆时，起苗不要损伤根部，除去部分宿土，换上新的培养土，并施入少量基肥，栽植时要注意使根系在盆内舒展开，不可窝在一处。栽好后，要摇震花盆，使培养土与根系密切接触，然后浇 1 次透水，至霜降时，将盆置于室内。在上盆和换盆的初期，浇水不可太多，以防烂根。室内温度应保持在 5～10℃，温度过高不利于休眠，会抽生叶芽和弱枝，影响来年春后正常生长发育；温度过低，则易受冻害。平时浇水以经常保持盆土含水量在 50% 左右为宜。阴雨天要及时排水，以防盆内积水烂根。

盆栽一般多修剪成独干式。从幼苗开始，选留 1 个主干，当树干达到预定高度时打顶，促使其萌发 3～5 个侧枝，形成树冠。以后每年冬春发芽前进行 1 次修剪，剪除病枯枝、过密枝、细弱枝，并对上强下弱、树形不佳的植株，进行适当短截，促使下部萌发不定芽，长出新枝。但修剪不能过度，否则易萌发徒长枝，影响开花数量。

桂花的正常花期为 9 月，欲使其延至国庆节开放，可于 8 月上旬将其移入室内，温度保持在 17℃以上，这时浇水要少，使盆土略湿润即可。同时停止施肥，使花蕾生长缓慢。9 月中旬将其移到室外露天养护，此时室外气候较凉爽，有利花蕾迅速生长，到国庆节前夕正好盛开。

模块 13.5　梅　　花

梅花（*Armeniaca mume*）落叶小乔木，干呈褐紫色，多纵驳纹，小枝呈绿色。花期在我国西南地区为 12 月～翌年 1 月，华中地区为 2～3 月，华北地区为 3～4 月。

13.5.1　梅花地栽

地栽应选在背风向阳的地方，在落叶后至春季萌芽前均可栽植。为提高成活率，应避免损伤根系，带土团移栽。栽植前施好基肥，同时掺入少量磷酸二氢钾，花前再施 1 次磷酸二氢钾，花后施 1 次腐熟的饼肥，以补充营养。6 月还可施 1 次复合肥，以促进花芽分化。秋季落叶后，施 1 次有机肥，如腐熟的粪肥等。梅花在年平均气温 16～23℃的地区生长发育最好。梅花对温度非常敏感，在早春平均气温达-5～7℃时开花，若遇低温，开花期延后，若开花时遇低温，则花期可延长。地栽梅花整形修剪时间可于花后 20 天内进行。以自然树形为主，剪去交叉枝、直立枝、干枯枝、过密枝等，对侧枝进行短截，以促进花繁叶茂。

13.5.2　盆栽梅花

选用腐叶土 3 份、园土 3 份、河沙 2 份、腐熟的厩肥 2 份均匀混合后的培养土作为盆栽基质。栽后浇 1 次透水，置于庇荫处养护，待恢复生长后移至阳光下正常管理。生长期应放在阳光充足、通风良好的地方，若处在庇荫环境，光照不足，则生长瘦弱，开花稀少。冬季不要入室过早，以11月下旬入室为宜，以使花芽分化充分经过春化阶段。冬季应放在室内向阳处，温度保持在5℃左右。生长期应注意浇水，经常保持盆土湿润偏干状态，既不能积水，也小能过湿过干，浇水掌握“见干见湿”的原则。一般天阴、温度低时少浇水，天晴、温度高则多浇水。夏季每天可浇2次，春、秋季每天浇1次，冬季则干透浇透。盆栽梅花上盆后要进行重剪，为制作盆景打基础。通常以梅桩作景，嫁接各种姿态的梅花。保持一定的温度，春节可见梅花盛开。若想“五一”开花，则需要保持温度0～5℃并湿润的环境，4月上旬移出室外，置于阳光充足、通风良好的地方养护，即可“五一”前后见花。

模块 13.6 碧　桃

碧桃（*Amygdalus persica* var. *persica f. duplex*）落叶小乔木，在园林中应用较广，可片植形成桃林，也可孤植点缀于草坪中，亦可与贴梗海棠等花灌木配植，形成百花齐放的景象。

13.6.1 栽植地点及土壤的要求

碧桃喜干燥向阳的环境，故栽植时要选择地势较高且无遮阴的地点，不宜栽植于沟边及池塘边，也不宜栽植于树冠较大的乔木旁，以免影响其通风透光。碧桃喜肥沃、通透性好、呈中性或微碱性的沙质壤土，若在黏重土或重盐碱地栽植，不仅植株不能开花，而且树势不旺，病虫害严重。

13.6.2 水肥管理

碧桃耐旱，怕水湿，一般除早春及秋末各浇一次开冻水及封冻水外，其他季节不用浇水。但在夏季高温天气，如遇连续干旱，适当的浇水是非常必要的。雨天还应做好排水工作，以防水大烂根导致植株死亡。

碧桃喜肥，但不宜过多，可用腐熟发酵的牛马粪作基肥，每年入冬前施一些芝麻酱渣，6～7月如施用1～2次速效磷、钾肥，可促进花芽分化。

13.6.3 修剪

碧桃一般在花后修剪。结合整形，将病虫枝、下垂枝、内膛枝、枯死枝、细弱枝、徒长枝剪掉，还要将已开过花的枝条进行短截，只留基部的2～3个芽。这些枝条长到30cm时应及时摘心，促进腋芽饱满，以利花芽分化。

13.6.4 繁殖

碧桃主要采用嫁接繁殖，华东及华南常用毛桃作砧木，若以山杏为砧木，初期生长慢，但寿命长，病虫害少。砧木一般用实生苗，多秋播，第二年春季出苗后，及时剪除树干上的萌芽，保证主干光滑，晚夏芽接或第二年春季枝接均可，三年生苗可进行定植栽培，嫁接苗定植后1～3年开始开花，4～8年进入开花盛期。

模块13.7　樱　　花

樱花（*Cerasus sp.*）为落叶乔木，花于3月与叶同放或叶后开花。樱花性喜阳、耐寒、耐旱，忌盐碱，适宜在疏松肥沃、排水良好的环境生长，花期怕风，萌蘖力强且生长迅速。樱花是早春重要的观花树种，被广泛用于园林观赏。

13.7.1　栽培土壤

樱花在含腐殖质较多的沙质壤土和黏质壤土中（pH值为5.5～6.5）都能很好地生长。在南方土壤黏重的地方，一般混合自制腐叶土（树叶及酸性土、鸡粪、木炭粉沤制而成的土壤）。注意，混合前必须将原有黏土块全部打碎，否则起不到改土作用。在地下水位不足1m的地方采用高栽法，即把整个栽植穴垫平后，再在上面堆土栽苗。北方碱性土，需要施硫磺粉或硫酸亚铁等调节pH值至6左右。每平方米施硫磺粉2g，有效期1～2年，同时每年测定，使pH值不超过7。山樱、染井吉野等品种树干通直，树体较大，是强阳性树种，要求避风向阳，通风透光。成片栽植樱花时，要使每株树都能接受到阳光。

13.7.2　栽植方法

栽植前要把地整平，可挖宽0.8m、深0.6m的坑，坑里先填入10cm深的有机肥，把苗放进坑里，使苗的根向四周伸展。樱花填土后，向上提一下苗使根深展开，再进行压实。栽植深度为离苗根上层5cm左右，栽好后浇水，充分灌溉，用木棍架好，以防大风吹倒。

13.7.3　水肥管理

定植后苗木易受旱害，除定植时充分灌水外，以后8～10天灌水一次，保持土壤潮湿但无积水。灌后及时松土，最好用草将地表薄薄覆盖，以减少水分蒸发。在定植后2～3年内，为防止树干干燥，可用稻草包裹。但2～3年后，树苗长出新根，对环境的适应性逐渐增强，则不必再包裹稻草。樱花每年施肥两次，以酸性肥料为好。一次是冬肥，在冬季或早春施用豆饼、鸡粪和腐熟肥料等有机肥；另一次在落花后，施用硫酸铵、硫酸亚铁、过磷酸钙等速效肥料。一般大樱花树施肥，可采取穴施的方法，即在树冠正投影线的边缘，挖一条深约10cm的环形沟，将肥料施入。此法既简便又利于根系吸收，以后随着树的生长，施肥的环形沟直径和深度也随之增加。樱花树根系分布浅，要求排水透气良好，因此在树周围特别是根系分布范围内，切忌人畜、车辆踏实土壤。行人践踏会使树势衰弱，寿命缩短，甚至造成烂根死亡。

13.7.4 修剪养护

樱花的修剪主要是剪去枯萎枝、徒长枝、重叠枝及病虫枝。另外，一般大樱花树干上长出许多枝条时，应保留若干长势健壮的枝条，其余全部从基部剪掉，以利通风透光。修剪后的枝条要及时用药物消毒伤口，防止雨淋后病菌侵入，导致腐烂。樱花经太阳长时期的暴晒，树皮易老化损伤，造成腐烂，应及时将其除掉腐烂部分并进行消毒处理。之后，用腐叶土及炭粉包扎腐烂部位，促其恢复正常生理机能。

模块 13.8 玉　兰

玉兰（*Magnolia denudata*）为落叶乔木，在气温较高的南方，12 月～翌年 1 月即可开花。玉兰是很好的防污染绿化树种。玉兰性喜光，较耐寒，可露地越冬。

13.8.1 种植环境的选择

玉兰喜光，幼树较耐阴，不耐强光和西晒，光照过强或西晒，容易使树木受到灼伤。玉兰可种植在侧方挡光的环境下，种植于大树下或背阴处则生长不良，树形瘦小，枝条稀疏，叶片小而发黄，无花或花小；玉兰较耐寒，能耐-20℃的短时期低温，但不宜种植在风口处，否则易发生抽条，玉兰喜肥沃、湿润、排水良好的微酸性土壤，但也能在轻度盐碱土（pH 值为 8.2，含盐量 0.2%）中正常生长；玉兰是肉质根，怕积水，种植地势要高，在低洼处种植容易烂根而导致死亡；玉兰栽种地的土壤通透性也要好，在黏土中种植则生长不良，在沙壤土和黄沙土中生长最好。

13.8.2 苗木的起挖和栽植

玉兰不耐移植，一般在萌芽前 10～15 天或花刚谢而未展叶时移栽较为理想。起苗前 4～5 天要给苗浇一次透水，这样做不仅可以使植株吸收到充足的水分，利于栽种后成活，还利于挖苗时土壤成球。在挖掘时要尽量少伤根系，断根的伤口一定要平滑，以利于伤口愈合，另外还需要注意：不管是多大规格的苗木都应当带土球，土球直径应为苗木地径的 8～10 倍，不能过小，过小则起不到保护根系的作用。土球挖好后要用草绳捆好，防止在运输途中散坨。

栽种前要将树坑挖好，树坑宜大不宜小，树坑过小，不仅栽植麻烦，而且也不利于根系生长。树坑底土最好是熟化土壤，土壤过黏或 pH 值、含盐量超标都应当进行客土或改土。栽培土通透性一定要好，土壤肥力一定要足，要能供给植株足够的养分，同时土壤内也不能有砖头、瓦片、石灰等杂质。栽植时深度要适宜，一般来说，栽植深度可略高于原土球 2～3cm，过深则易发生闷芽，过浅会使树根裸露，还容易被风吹倒。大规格苗应及时搭设好支架，支架可用三角形支架，防止被风吹倾斜；种植完毕后，应立即浇水，3 天后浇二水，5 天后浇三水，三水后可进入正常管理。如果所种苗木带有花蕾，应将花蕾剪除，防止开花结果消耗大量养分而影响成活率。

13.8.3 水肥管理

玉兰既不耐涝也不耐旱，在栽培养护中应严格遵循其“喜湿怕涝”这一原则使土保持湿润而没有积水。在养护过程中，新种植的玉兰更应该保持土壤湿润，这也是保证其成活率的重要举措。对于进入正常管理的玉兰，早春的返青水，初冬的防冻水是必不可缺的，而且要浇足浇透，在生长季节里，可每月浇一次水，雨季应停止浇水，在雨后要及时排水，防止因积水而导致烂根，此外还应及时进行松土保墒。需要注意：在雨季干旱时期也要及时灌溉，缺水不仅影响植株的营养生长，还会导致花蕾脱落或萎缩，影响翌年的开花。

另外，在立地条件差，特别是硬化面积大、绿地面积小的环境里种植的玉兰，在连续高温干旱天气的情况下，在根部浇水的同时还应予以叶面喷水，喷水应注意雾化程度，雾化程度越高，效果越好，喷水时间以 8:00 以前和 18:00 以后效果最好，中午光照强时不能进行。对于遭受涝害的玉兰，要在第一时间对其进行挽救，一是要及时将积水排除；二是要对树体进行遮阴，特别是防止西晒；三是剪除部分叶片和花蕾。

玉兰喜肥，除在栽植时施用基肥外，此后每年都应施肥，肥料充足可使植株生长旺盛，叶片碧绿肥厚，不仅着蕾多，而且花大，花期长且芳香馥郁。给玉兰施肥，每年分 4 次进行，即花前施用一次氮、磷、钾复合肥，这次肥不仅能提高开花质量，而且有利于春季生长；花后要施用一次氮肥，这次肥可提高植株的生长量，扩大营养面积；在 7、8 月施用一次磷、钾复合肥，这次肥可以促进花芽分化，提高新生枝条的木质化程度；入冬前结合浇冬水再施用一次腐熟发酵的圈肥，这次肥不仅可以提高土壤的活性，而且还可有效提高地温。另外，当年种植的苗，如果长势不良可以用 0.2%磷酸二氢钾溶液进行叶面喷施，能起到有效增强树势的作用。

13.8.4 越冬管理

玉兰虽然能耐-20℃的低温，但小规格的玉兰和当年栽种的玉兰都应加强越冬管理，除在 11 月中下旬其落叶后应浇足、浇透封冻水外，还应对树坑进行覆草、覆膜或培土处理，树体可进行涂白处理，防止春季抽条。种植成活多年的玉兰，只进行浇防冻水和涂白处理即可。

13.8.5 生理病害及防治

玉兰是抗病性较强的树种，主要病害有黄化病和叶片灼伤病。

1. 黄化病

（1）发病症状及规律：首先表现为小叶褪绿，叶绿素逐渐减少，叶片呈黄色或淡黄色，叶脉处仍呈绿色，病情扩展后整个叶片变黄，进而逐渐变白，植株生长逐渐衰退，最终死亡。

（2）防治方法：黄化病是一种生理性病害，主要因土壤过黏、pH 值超标，铁元素供应不足而引起。可以用0.2%硫酸亚铁溶液来灌根，也可用0.1%硫酸亚铁溶液进行叶片喷雾，并应多施用农家肥。

2. 叶片灼伤病

（1）发病症状及规律：初期表现为植株的叶片焦边，此后叶片逐渐皱缩干枯，发病严重时新生叶片不能展开，叶片大量干枯并脱落。在立地条件差，如硬化面积大、绿地面积小；长时间高温、干旱、光照过强；土壤碱化或花量过大等情况下经常发生此病。

（2）防治方法：增加浇水次数，保持土壤湿润；多施有机肥，增强树势，提高植株的抗性；对树体进行涂白或缠干。

13.8.6 整形修剪

因玉兰的枝干愈伤能力较差，在不是必须的情况下，一般不做修剪，当树形不美或较乱，应将病虫枝、干枯枝、下垂枝及徒长枝、过密枝及无用的枝条疏除，以利植株通风透光，树形优美。修剪时间在早春展叶前进行。玉兰一般不进行短截，以免剪除花芽。如果需要修剪，应对较大的伤口涂抹波尔多液，以防止病菌侵染。

模块 13.9 紫　薇

紫薇（*Lagerstroemia indica*）属落叶灌木或小乔木。紫薇为小乔木，有时呈灌木状，高3～7m；树皮易脱落，树干光滑。花期6～9月，果期10～11月。

13.9.1 栽植

栽植紫薇应选择土层深厚、土壤肥沃、排水良好的背风向阳处。大苗移植要带土球，并适当修剪枝条，否则成活率较低。栽植穴内施腐熟有机肥作基肥，栽后浇透水，3天后再浇1次。紫薇出芽较晚，正常情况下在4月中下旬才展叶，新栽植株因根系受伤，发芽就更要延迟。因此不要误认为没有栽活而放弃管理。

13.9.2 养护管理

成活后的植株管理比较粗放，紫薇生命力强健，易于栽培，对土壤要求不严，但栽种于深厚肥沃的沙质壤土中生长最好。紫薇性喜光，应栽种于背风向阳处或庭院的南墙根下，光照不足不仅植株花少或不开花，甚至会生长衰弱，枝细叶小。紫薇较耐寒，幼苗期应做好防寒保温工作，三年生以上的成株则不用保温。紫薇耐旱，怕涝，每年可于春季萌动前和秋季落叶后浇一次返青水和冻水，平时如不过于干旱，则不用浇水，一般在春旱时浇1～3次水，雨季要做好排涝工作，防止水大烂根。秋天不宜浇水。可在每年冬季落叶后和春季萌动前施肥，如施用人粪尿或麻酱渣则更好，可使植株来年生长旺盛，花大色艳。为了使紫薇花繁叶茂，在休眠期应对其整形修剪。紫薇花序着生在当年新枝的顶端，因此在修剪时要对一年生枝进行重剪回缩，使养分集中，发枝健壮，要将徒长枝、干枯枝、下垂枝、病虫枝、纤细枝和内生枝剪掉，幼树期还应及时将植株主干下部的侧生枝剪去，以使主干上部能得到充足的养分，形成良好的树冠。

紫薇栽培管理粗放，但要及时剪除枯枝、病虫枝，并烧毁。为了延长花期，应适时剪去已开过花的枝条，使之重新萌芽，长出下一轮花枝。为了树干粗枝，可以大量剪去花枝，集中营养培养树干。实践证明：管理适当，紫薇一年中经多次修剪可使其开花多次，长达 100～120 天。

模块 13.10　紫　荆

紫荆（*Cercis chinensis*），落叶灌木或小乔木，是春季的主要观赏花卉之一，花期为 4～5 月，喜阳光，耐暑热。适合栽种于庭院、公园、广场、草坪、街头游园、道路绿化带等处，也可盆栽观赏或制作盆景。对于灌木类的生产主要是繁殖技术，紫荆的繁殖常用播种、分株、压条、扦插的方法。

13.10.1 播种

9～10 月收集成熟荚果，取出种子，埋于干沙中置阴凉处越冬。3 月下旬～4 月上旬播种，播前进行种子处理，这样才能做到苗齐苗壮。用 60℃温水浸泡种子，水凉后继续泡 3～5 天。每天需要换凉水一次，种子吸水膨胀后，放在 15℃环境中催芽，每天用温水淋浇 1～2 次，待露白后播于苗床，2 周可齐苗，出苗后适当间苗。4 片真叶时可移植苗圃中，畦地以疏松肥沃的壤土为好。为便于管理，栽植实行宽窄行，宽行 60cm，窄行 40cm，株距 30～40cm。幼苗期不耐寒，冬季需要用塑料拱棚保护越冬。

13.10.2 分株

紫荆根部易产生根蘖。秋季 10 月或春季发芽前用利刀切断蘖苗和母株连接的侧根另植，容易成活。秋季分株的应假植保护越冬，春季 3 月定植，一般第二年可开花。

13.10.3 压条

生长季节都可进行压条，以春季 3～4 月较好。空中压条法可选 1～2 年生枝条，用利刀刻伤并环剥树皮 1.5cm 左右，露出木质部，将生根粉液（按说明稀释）涂在刻伤部位上方 3cm 左右，待干后用筒状塑料袋套在刻伤处，装满疏松园土，浇水后两头扎紧即可。一个月后检查，如土过干可补水保湿，生根后剪下另植。灌丛型树可选外围较细软、1～2 年生枝条将基部刻伤，涂以生根粉液，急弯后埋入土中，上压砖石固定，顶梢可用棍支撑扶正。一般第二年 3 月分割另植。有些枝条当年不生根，可继续埋压，第二年可生根。

13.10.4 扦插

在夏季的生长季节进行扦插，剪去当年生的嫩枝作插穗，插于沙土中也可成活，但生产中不常用。

模块 13.11 紫藤

紫藤（*Wisteria sinensis*），落叶攀缘缠绕性大藤本植物，花期 4～5 月，果熟 8～9 月。紫藤对气候和土壤的适应性强，较耐寒，能耐水湿及瘠薄土壤，喜光，较耐阴。

13.11.1 栽植

栽植紫藤应选择土层深厚、土壤肥沃且排水良好的高燥处，过度潮湿易烂根。栽植时间一般在秋季落叶后至春季萌芽前。紫藤主根粗长，侧根少，不耐移植，因此在移栽时，植株要带土球，若不带土球，应对枝干实行重剪，栽植穴施有机肥作基肥。栽后浇透水。对于较大植株，在栽植前应设置坚固耐久的棚架，栽后将粗大枝条绑缚架上，使其沿架攀缘。紫藤的日常管理较简单，生长期一般追肥 2～3 次即可。

13.11.2 修剪

紫藤的修剪是管理中的一项重要工作，修剪时间宜在休眠期，修剪时可通过去密留稀和人工牵引使枝条分布均匀。为了促使花繁叶茂，还应根据其生长习性进行合理修剪。因紫藤发枝能力强，花芽着生在一年生枝的基部叶腋，生长枝顶端易干枯，因此要对当年生的新枝进行回缩，剪去 1/3～1/2，并将细弱枝、枯枝齐分枝基部剪除。开花后可将中部枝条留 5～6 个芽短截，并剪除弱枝，以促进花芽形成。

盆栽紫藤，除选用较矮小品种外，更应加强修剪和摘心，控制植株勿使过大。如作盆景栽培，整形、修剪更需要加强，必要时还可用老桩上盆，嫁接优良品种。

模块 13.12 凌霄

凌霄（*Campsis grandiflora*），落叶藤本，茎木质，以气生根攀附于他物之上。花期 6～8 月，果期 11 月，适用于攀附墙垣。

13.12.1 地栽管理

凌霄喜充足阳光，也耐半阴。适应性较强，耐寒、耐旱、耐瘠薄，病虫害较少，但不适宜在暴晒或无阳光下。凌霄要求土壤肥沃、排水好的沙土。不喜欢大肥，不要施肥过多，否则影响开花。较耐水湿，并有一定的耐盐碱性能力。早期管理要注意浇水，后期管理可粗放些。植株长到一定程度，要设立支杆。每年发芽前可进行适当疏剪，去掉枯枝和过密枝，使树形合理，利于生长。开花前施一些复合肥、堆肥，并进行适当灌溉，可使植株生长旺盛、开花茂密。

13.12.2 盆栽管理

盆栽宜选择5年以上植株，将主干保留30～40cm短截，同时修根，保留主要根系，上盆后使其重发新枝。萌出的新枝只保留上部3～5个，下部的全部剪去，使其成伞形，控制水肥，经一年即可成型。搭好支架任其攀附，次年夏季现蕾后及时疏花，并施一次液肥，则花大而鲜丽。冬季置不结冰的室内越冬，严格控制浇水，早春萌芽之前进行修剪。

13.12.3 繁殖方法

凌霄不易结果，很难得到种子，所以繁殖主要采用扦插法和压条法。

1. 扦插繁殖

南方多在春季进行，北方多在秋季进行，长江中下游地区宜于4～5月进行，成活率很高。方法是选择健壮、无病虫害枝条，剪成10～15cm小段插入土中，20天左右即可生根。

2. 压条繁殖

凌霄茎上生有气生根，压条繁殖法比较简单，春、夏、秋皆可进行，经50天左右生根成活后即可剪下移栽。

模块13.13 树状月季

树状月季（*Rosa chinensis*）是常绿或半常绿的灌木或藤本植物，其品种多达1万以上，栽培极为广泛。月季花期长，四季均能开放，花色较多，且花色艳丽，芳香浓郁，可谓色香俱佳。

月季是良好的园林绿化树种，既可盆栽，又可地栽，同时还能作切花。由于月季株形矮小，株高仅1.5m左右，因此其地栽效果并不理想。但是通过采取一定的措施，可以把本来矮小的灌木月季培育成具有明显主干和完整冠形的树状月季，令其观赏价值大增。下面就来介绍树状月季的培育方法。

13.13.1 扦插苗培育树状月季

1. 品种选择

选择枝条粗壮、生长势强、株型直立高大的品种，如壮花月季，于5～6月用扦插方法进行繁殖。

2. 培养干形

扦插成活后，及时进行抹芽修枝，只保留1个直立向上、长势旺盛的枝条作主干，同时适当增施水肥，以促进主干的高和直径的生长，主干高度达到1.5m左右即可，当然如果可能的话，应尽量使主干高一些。

3. 定干

在主干距地面1.5m或更高的位置进行截干，然后在剪口附近选留3～5个发育充实、分布均匀的芽，使萌发形成侧枝，其余侧芽全部抹掉。

4. 培养冠形

侧枝形成后，可在第二年春季对其进行短截，保留长度30cm，然后在每个侧枝剪口附近选留3个芽，其余侧芽要抹掉。每个侧枝上又可留3个分枝，这样就形成了“3股9顶”的头状树形，这是树状月季基本的树形骨架。在此基础上，再反复对侧枝上的分枝进行摘心和疏剪，使树冠上枝条数量不断增加，逐渐形成丰满的圆球形冠形，几年后便可培育出一株具有一定枝干高度和完整冠形的树状月季。

13.13.2 嫁接法培育树状月季

1. 枝条嫁接法

待枝条长到直径0.6cm左右，高度0.6～2m时，划分不同的高度，采用盾形贴芽嫁接法。

2. 播种蔷薇种子培育法

蔷薇种子发芽后移植，等长到地径为0.5cm时嫁接蔷薇，蔷薇新枝长到高为0.6～2m时，嫁接月季品种。

采用以上两种方法的优点：树冠形状较好，开花量多，冠幅增长快，根部吸收能力强，植株寿命长等。缺点：树干柔软，需要支撑帮助（2～5年方可独立生长）。

3. 古桩蔷薇作砧木嫁接培育法

用直径3cm以上的野生木香蔷薇，从大山中移植到平原驯化。古桩蔷薇高达0.6～2m、直径3～8cm时嫁接月季品种。采用此方法嫁接的优点：冠幅、开花量、生命力、树干直径都能达到最佳，无须支撑。

复习思考题

1. 地栽梅花什么时候修剪比较合适？

2. 为什么在休眠期修剪紫薇时可以进行重剪？

3. 玉兰移栽的最佳时期是在什么时候，为什么不是在必须的情况下，一般不做修剪且不能短截？

4. 为什么凌霄用压条繁殖比较容易成活，而紫荆用分株繁殖比较好？

5. 树状月季嫁接用的砧木是什么？

实 训 指 导

实训指导 17　花木冬季养护管理技术措施

一、目的与要求

通过教学，要求学生了解花木冬季养护的意义及主要工作内容；掌握树干涂白的配制，能够初步按照树干涂白技术规范进行正确操作。

二、材料与用具

园林花木、毛刷、塑料桶、石灰、硫磺、盐、油脂、手套等。

三、实训内容

1. 配制涂白剂

（1）配方比例：石硫合剂原液 0.5kg、食盐 0.5kg、生石灰 3kg、油脂适量、水 10kg。

（2）调制方法：将生石灰加水熟化，加入油脂搅拌后加水制成石灰乳，再倒入石硫合剂原液和盐水，充分搅拌即成。

2. 涂白操作

（1）使用时要将涂白剂充分搅拌，以利刷匀，并使涂白剂紧粘在树干上。

（2）在使用涂白剂前，最好先将行道树的林木用枝剪剪除病枝、弱枝、老化枝及过密枝，然后收集起来予以烧毁，并且把折裂、冻裂处用塑料薄膜包扎好。

（3）在仔细检查过程中，如发现枝干上已有害虫蛀入，要用棉花浸药把害虫杀死后再进行涂白处理。

（4）涂刷时用毛刷或草把蘸取涂白剂，选晴天将主枝基部及主干均匀涂白，涂白部位主要在离地 1～1.5m 为宜。如老树露骨更新后，为防止日晒，则涂白位置应升高，或全株涂白。

四、实训作业

以小组为单位，完成园林花木的涂白，并对每组操作情况打分。

第 14 单元　花木的整形修剪

学习目标☞

通过本单元的学习能够了解整形修剪的原则和整形修剪的方式，掌握花木整形修剪的核心技术要点。

关 键 词☞

截疏　回缩　缓放　摘心　扭梢

单元提要☞

本单元介绍了花木整形修剪的原则和常见的整形修剪方式，讲解了花木整形修剪的剪口、剪口牙、大枝锯剪、截口保护等方面，并介绍了花木整形修剪的核心技术要点。

模块 14.1　花木整形修剪的原则和方式

14.1.1 花木整形修剪的原则

1. 维护栽培目的

栽培观赏花木因目的不同，而对树体的修剪要求也不同。例如，以观花为主要目的的花木修剪，为了增加花量，应从幼苗开始即进行整形，以创造开心形的树冠，使树冠通风、透光；对高大的风景树修剪，为使树冠体态丰满美观、高大挺拔，可重度修剪；对以形成绿篱、树墙为目的的树木修剪时，只要保持一定高度和宽度即可。

2. 遵循花木生长习性

观赏花木种类繁多，习性各异，修剪时要区别对待。大多数针叶树，中心主枝优势较强，整形修剪时要控制中心主枝上端竞争枝的发生，扶助中心主枝加速生长。对于阔叶树，顶端优势较弱，修剪时应当短截中心主枝顶梢，培养剪口壮芽，以此重新形成优势，代替原来的中心主枝向上生长。

3. 根据树木分枝习性修剪

为了不使枝与枝之间互相重叠、纠缠，宜根据观赏花木的分枝习性进行修剪。例如，主轴分枝习性，宜短截强壮侧枝，不让它形成双叉树形；合轴分枝习性，宜短截中心枝顶端，以逐段合成主干向上生长；假二叉分枝和多歧分枝习性，宜短截中心主枝，改造成合轴分枝，使主干逐段向上生长。

4. 遵循花木年龄及修剪目的进行修剪

不同生长年龄的观赏花木应采取不同的整形修剪措施。对于幼树，宜轻剪各主枝，以求扩大树冠，快速成形。对于成年树，以平衡树势为主，要掌握壮枝轻剪，缓和树势；弱枝重剪，增强树势。对于衰老树，以复壮更新为目的，通常要重剪，以使保留芽得到更多的营养而萌发壮枝。

5. 根据树木生长势强弱修剪

生长旺盛的树木，修剪量宜轻，如果修剪量过重，会造成枝条旺长、冠密闭。衰老枝宜适当重剪，使其逐步恢复树势。

14.1.2 整形修剪的方式

园林绿化中的树木应用的地域和用途不同，所以整形修剪的形式各有不同，但是概括地可以分为自然式整形、人工式整形、自然与人工混合式整形三类。

1. 自然式整形

自然式整形是指在树木本身特有的自然树形基础上，稍加人工调整和干预的整形方式。在园林绿地中，以此类整形形式最为普遍，施行起来亦最省工，而且最易获得良好的观赏效果。自然式整形常见的形状有扁圆形，如槐树、桃花；长圆形，如玉兰、海棠；圆球形，如黄刺玫、榆叶梅；卵圆形，如苹果、紫叶李；伞形，如合欢、垂枝桃；不规则形，如连翘、迎春。

自然式整形的基本方法是依据树种本身的自然生长特性，对有中央领导干的单轴分枝型树木，应注意保护顶芽、防止偏顶而破坏冠形；利用各种修剪技术，对树体的形状作辅助性的促进和调整，使之早日形成自然树形。对由于各种扰乱生长平衡、破坏树形的徒长枝、冗长枝、内膛枝、并生枝、重叠枝、交叉枝、下垂枝以及枯枝、病虫枝等，均应加以抑制或疏除，但要注意维护树冠的自然完整性。

自然式整形是符合树种本身的生长发育习性的，因此常有促进树木生长良好、发育健壮的效果，并能充分发挥该树种的树形特点，提高了观赏价值。

2. 人工式整形

由于园林绿化中特殊的目的，有时可用较多的人力物力，按照人的主观设计，将树木修剪成各种规则的几何形体或是非规则的各种形体，如鸟、兽、城堡等，这种整形方式称为人工式整形。人工式整形又可分为以下几种整形方式。

1）几何形体的整形

按照几何形体的构成规律，对园林树木进行修剪整形，修剪成各种规则的几何形体。例如，正方形树冠应先确定每边长度；球形树冠应确定半径等。

2）非几何形体形体整形方法

（1）垣壁式：大多应用在庭园及建筑附近，可达到垂直绿化墙壁的目的，多出现在欧洲的古典式庭园中。常见的形式有U字形、义形、肋骨形、扇形等。

垣壁式的整形方法是使主干低矮，在主干上向左右两侧呈对称或放射状配列主枝，并使之保持在同一平面上。

（2）雕塑式：根据整形者的意图匠心，创造出各种各样的形体。但应注意树木的形体应与四周园景协调，线条勿过于烦琐，以轮廓鲜明简练为佳。整形的具体做法全视修剪者技术而定，亦常借助于棕绳或铅丝，事先作成轮廓样式进行整形修剪。

人工式整形是与树种本身的生长发育特性相违背的，是不利于树木的生长发育的，而且一旦长期不剪，其形体效果就易破坏，因此在具体应用时应该全面考虑多种因素。

3. 自然与人工混合式整形

这种整形修剪方式是应园林绿化上观花、观果、观形、观枝等的要求，对自然树形

加以或多或少的人工改造而形成的形式，常见的有以下几种。

1）杯状形

在主干一定高度处留三主枝向四面配列，各主枝与主干的角度约为45°，三主枝间的角度约为120°。在各主枝上又留两条侧枝，在各级枝上又应再保留更多级次的侧枝，依次类推，即形成似假二叉分枝的杯状树冠。这种整形方法本是对轴性较弱的树种实施较多的人工控制，也是违反大多数树木的生长习性的。在过去，杯状形多见于果园中用于桃树的整形，在街道绿化上亦有用于悬铃木的。后者大多是由于当地多大风、地下水高、土层较浅以及空中缆线多等原因，不得不用于抑制树冠。

（1）自然开心形。这是将杯状形改良的一种形式，适用于轴性弱、枝条开展的树种。整形的方法亦是不留中央领导干而留多数主枝配列四方。在主枝上每年留有主枝延长枝，并于侧方留有副主枝处于主枝间的空隙处。整个树冠呈扁圆形，可在观花小乔木及苹果、桃等喜光果树上应用。

（2）多领导干形。留2～4个中央领导干，于其上分层配列侧生主枝，形成均匀完整的树冠。本形适用于生长较旺盛的种类，可形成较优美的树冠，提早开花年龄，延长小枝寿命，最宜于作观花乔木、庭荫树的整形，如紫薇、腊梅、桂花等。

（3）中央领导干形。留一强壮的中央领导干，在其上配列疏散的主枝。本形式适用于轴性强的树种，能形成高大的树冠，最宜于作庭荫树、独赏树及松柏类乔木的整形，如白玉兰、青桐、银杏及松柏类乔木等，在庭荫树、景观树栽植应用中常见。

2）丛球形

此种整形法颇类似多领导干形，只是主干较短，干上留数主枝呈丛状，此树形多用于小乔木及灌木类的整形。

3）棚架形

这是针对藤本植物的整形。先建设各种形式的架式，如棚架、廊、亭等，种植藤本植物后，按其生长习性加以剪、整、诱引等工作，常见的有篱壁式、棚架式、廊架式等。

4）灌丛形

灌丛形适用于迎春、连翘、云南黄馨等小型灌木，每灌丛自基部留主枝10余个，每年疏除老主枝3～4个，新增主枝3～4个，促进灌丛的更新复壮。

模块14.2　花木整形修剪的方法

14.2.1　短截

短截又称短剪，是指对一年生枝条的剪截处理。枝条短截后，养分相对集中，可刺激剪口下侧芽的萌发，增加枝条数量，促进营养生长或开花结果。短截分为轻剪、中剪、重剪和极重剪，短截程度对产生的修剪效果有显著影响（图14-1）。

1）轻剪

剪去枝条全长的1/5～1/4，主要用于观花、观果类树木的强壮枝修剪。枝条经短截后，多数半饱满芽受到刺激而萌发，形成大量中短枝，易分化出更多的花芽。

2）中剪

自枝条长度1/3～1/2的饱满芽处短截，使养分较为集中，促使剪口下发生较壮的营养枝，主要用于骨干枝和延长枝的培养及某些弱枝的复壮。

3）重剪

在枝条中下部、全长2/3～3/4处短截，刺激作用大，可迫使基部隐芽萌发，适用于弱树、老树和老弱枝的复壮更新。

4）极重剪

仅在春梢基部留2～3个芽，其余全部剪去，修剪后会萌生1～3个中、短枝，主要应用于竞争枝的处理。

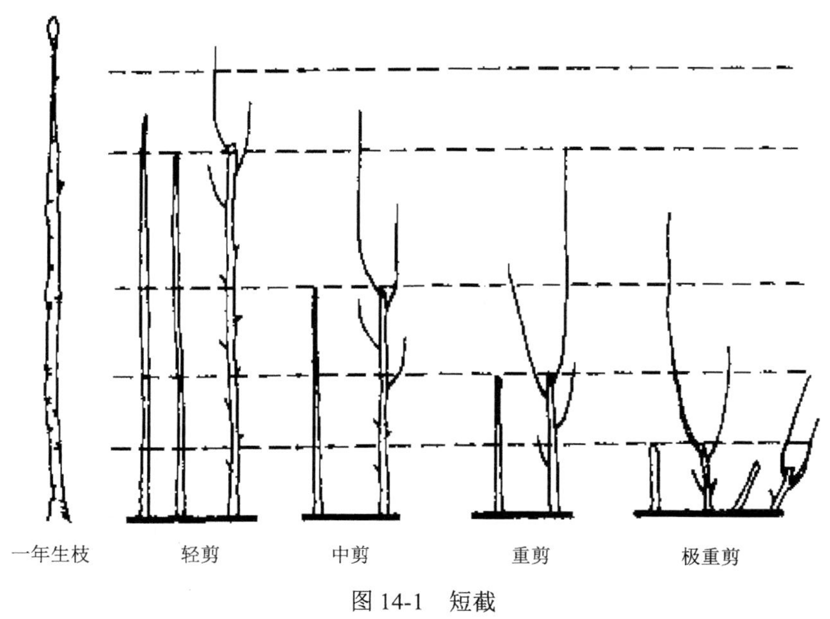

图14-1　短截

14.2.2 疏剪

疏剪又称疏删，即把枝条从分枝基部剪除的修剪方法。疏剪的主要对象是弱枝、病虫害枝、枯枝及影响树木造型的交叉枝、干扰枝、萌蘖枝等各类枝条。特别是树冠内部萌生的直立性徒长枝，芽小、节间长、粗壮、含水分多、组织不充实，宜及早疏剪以免影响树形；如果有生长空间，可改造成枝组，用于树冠结构的更新、转换和老树复壮（图14-2）。

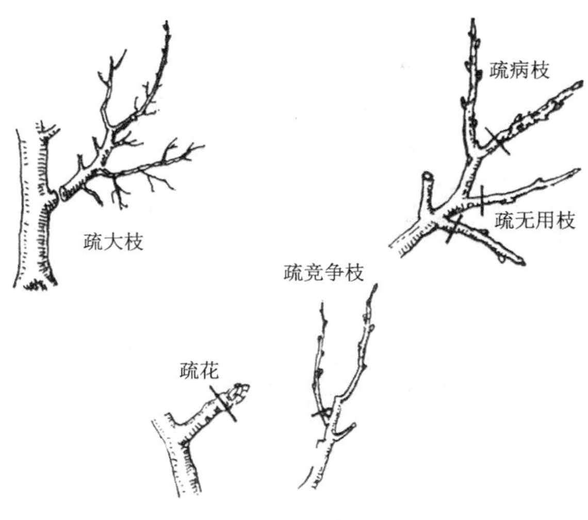

图 14-2　疏剪

14.2.3 回缩

回缩又称缩剪，是指对多年生枝条（枝组）进行短截的修剪方式。在树木生长势减弱、部分枝条开始下垂、树冠中下部出现光秃现象时可采用此法，多用于衰老枝的复壮和结果枝的更新，促使剪口下方的枝条旺盛生长或刺激休眠芽萌发徒长枝，达到更新复壮的目的（图 14-3）。

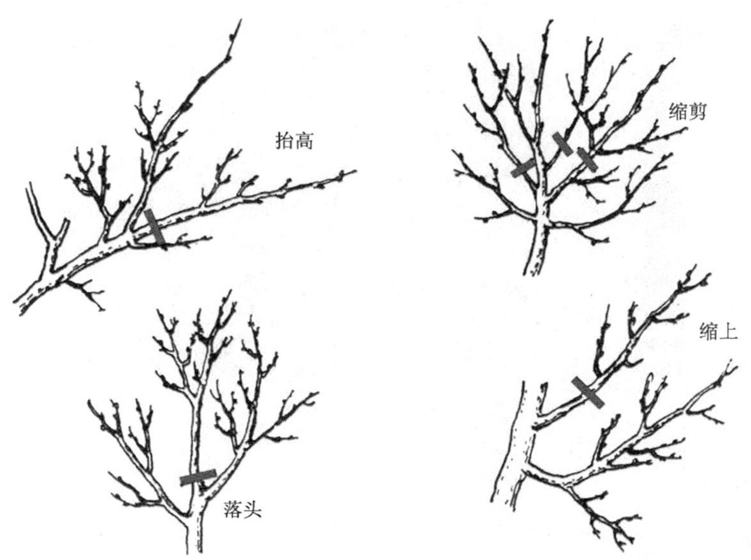

图 14-3　回缩

14.2.4 缓放

缓放又称甩放，是对一年生枝不做任何修剪或仅剪掉不成熟的秋梢，其作用是缓和枝势，易发中短枝，有利于成花结果。缓放的效果与枝条的生长姿势和健壮程度密切相关。一般健壮的平生枝、斜生枝、下垂枝缓放效果好，直立枝下部易光秃，应配合使用刻芽和开角，主要用于培养结果枝。

14.2.5 截干

对主干或粗大的主枝、骨干枝等进行的回缩措施称为截干，截干可有效调节树体水分吸收和蒸腾平衡间的矛盾，提高移栽成活率，在大树移栽时多见。

14.2.6 抹芽

抹芽，即抹除枝条上多余的芽体（图 14-4），可改善留存芽的养分状况，增强其生长势。例如，每年夏季对行道树主干上萌发的隐芽进行抹除，一方面可使行道树主干通直；另一方面可以减少不必要的营养消耗，保证树体健康的生长发育。

图 14-4　抹芽

14.2.7 摘心和剪梢

摘心与剪梢是将植物正在生长的顶部去掉（图 14-5），其作用是使枝条组织充实，调节生长，增加侧芽发生，增多花枝数，使株形圆满。

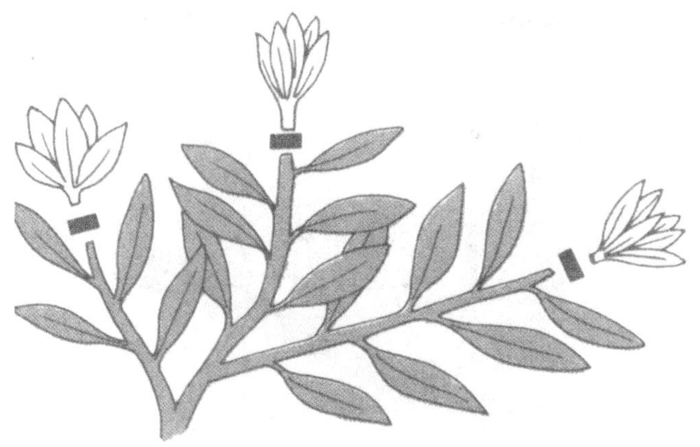

图 14-5 摘心

14.2.8 扭梢

多用于生长期内生长过旺的半木质化枝条，特别是着生在枝背上的徒长枝，扭转弯曲而未伤折者称扭梢（图 14-6），折伤而未断离者则为折梢。扭梢和折梢均是部分损伤输导组织以阻碍水分、养分向生长点输送，削弱枝条长势以利于短花枝的形成。

图 14-6 扭梢

14.2.9 开张角度

开张角度指枝条生长的方向和角度，变更开张角度可以调节顶端优势，并可改变树冠结构，有屈枝、弯枝、拉枝、抬枝等形式（图 14-7），通常结合生长季修剪进行，对枝梢施行屈曲、缚扎或扶立、支撑等技术措施。直立诱引可增强生长势；水平诱引具中等强度的抑制作用，使组织充实，易形成花芽；向下屈曲诱引则有较强的抑制作用，但枝条背上部易萌发强健新梢，应及时去除，以免适得其反。

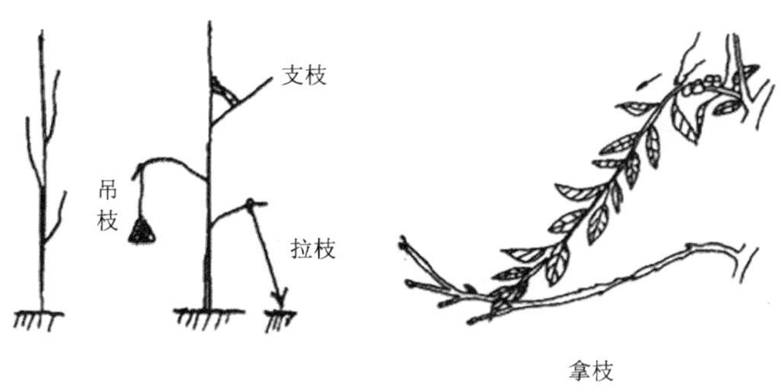

图 14-7 改变发枝角度的方法

模块 14.3 花木整形修剪技术要点

14.3.1 剪口与剪口芽

疏截修剪造成的伤口称为剪口，距离剪口最近的芽称为剪口芽。剪口方式和剪口芽的质量对枝条的抽生能力和长势有一定影响。

1. 剪口方式

剪口的斜切面应与芽的方向相反，其上端略高于芽端上方 0.5cm，下端与芽之腰部相齐，剪口面积小而易愈合，有利于芽体的生长发育。

2. 剪口芽的处理

剪口芽的方向、质量决定着萌发新梢的生长方向和生长状况。剪口芽的选择，要考虑树冠内枝条的分布状况和对新枝长势的期望。剪口芽留在枝条外侧可向外扩张树冠，而剪口芽方向朝内则可填补内膛空位。为抑制生长过旺的枝条，应选留弱芽为剪口芽；而欲使弱枝转强，剪口则应选留饱满的背上壮芽。

14.3.2 大枝锯剪

整形修剪中，在移栽大树、恢复树势、防风雪以及病虫枝处理时，经常需要对一些大型的骨干枝进行锯截，操作时应格外注意截口的位置、锯截的步骤及截口的保护。

1. 截口的位置

选择准确的锯截位置及操作方法是大枝修剪作业中最为重要的环节，因其不仅影响到剪口的大小及愈合过程，更会影响到树木修剪后的生长状况。错误的修剪技术会造成

创面过大，愈合缓慢，创口长期暴露、腐烂易导致病虫害发生，进而影响整株树木的健康。

2. 锯截的步骤

为了协调大树移栽时吸收和蒸发的关系、恢复老龄树的生长力、防治病虫害，要进行大枝剪截。大枝剪截后残留的分枝点向下部凸起，伤口小，易愈合。

回缩多年生大树时，除极弱枝外，一般都会引起徒长枝的萌生。为了防止徒长枝大量发生，可重短剪，以削弱其长势再回缩，同时剪口下留角度大的弱枝当头，有助于生长力的缓和（图 14-8）。在生长季节随时抹掉枝背发出的芽，均可缓和其长势，以减少徒长枝的发生。大枝修剪后，会削弱伤口以上枝条的长势，增强伤口下枝条的长势，可采用多疏枝的方法，取得削弱树势或缓和“上强下弱”树型的枝条长势。直径在 10cm 以内的大枝，可离主干 10～15cm 处锯掉，再将留下的锯口由上而下稍倾斜削正（图 14-9）。锯截直径 10cm 以上的大枝时，应先从下方离主干 10cm 处自下而上锯一浅伤口，再离此伤口 5cm 处自上而下锯一小切口；然后再靠近树干处从上而下锯掉残桩，这样可避免锯到半途时因树枝自身的重量而撕裂造成伤口过大，不易愈合（图 14-10）。为了避免雨水及细菌侵入伤口而糜烂，锯后还应用利刀将锯口修剪平整光滑，涂上消毒液或油性涂料。

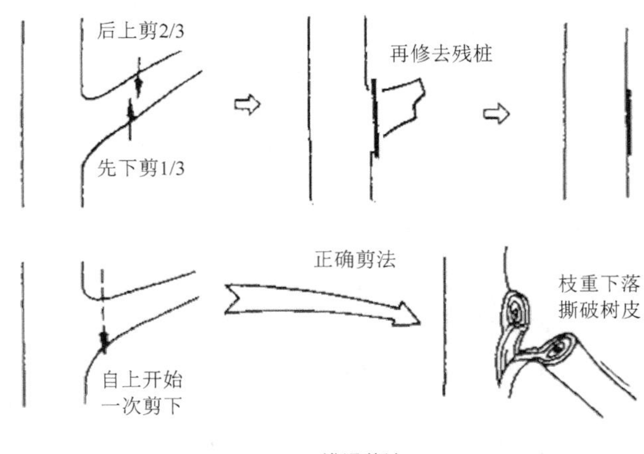

图 14-8　大枝锯截的步骤

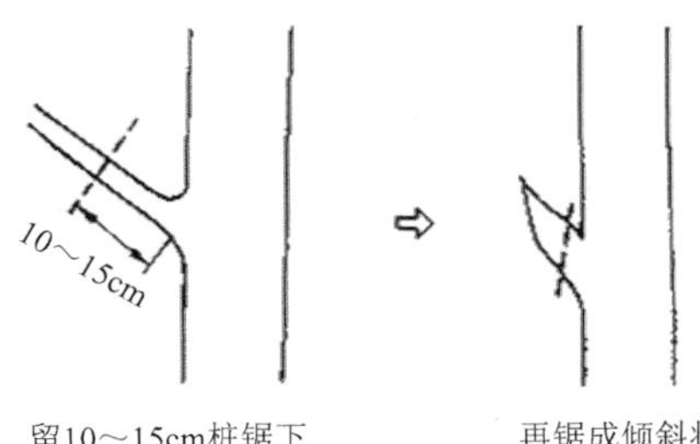

图 14-9　直径小于 10cm 枝条的锯截

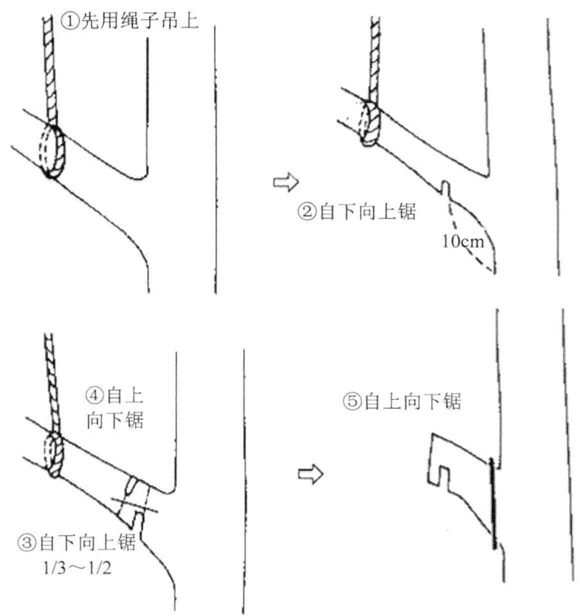

图 14-10　直径大于 10cm 枝条的锯截

3. 截口的保护

短截与疏剪的截口面积不大时，可以任其自然愈合。若截口面积过大，易因雨淋及病菌侵入而导致剪口腐烂，需要采取保护措施，应先用锋利的刀具将创口修整平滑，然后用 2%的硫酸铜溶液消毒，最后涂保护剂。效果较好的保护剂如下。

（1）保护蜡。用松香 2500g，黄蜡 1500g，动物油 500g 配制。先把动物油放入锅中加温熔化，再将松香粉与黄蜡放入，不断搅拌至全部熔化，熄火冷凝后即成，取出装入塑料袋密封备用。使用时稍微加热即可令其软化，亦可用油灰刀蘸涂，一般适用于面积较大的创口。

（2）液体保护剂。用松香 10 份，动物油 2 份，酒精 6 份，松节油 1 份（按重量计）配制。先把松香和动物油一起放入锅内加温，待熔化后立即停火，稍冷却后再倒入酒精和松节油，搅拌均匀，然后倒入瓶内密封贮藏。使用时用毛刷涂抹即可，适用于面积较小的创口。

（3）油铜素剂。用豆油 1000g，硫酸铜 1000g 和热石灰 1000g 配制。硫酸铜、熟石灰需预先研成细粉末，先将豆油倒入锅内煮至沸热，再加入硫酸铜和熟石灰，搅拌均匀，冷却后即可使用。

复习思考题

1. 花木进行修剪时，剪口及剪口芽如何保留？

2. 如何理解遵循花木生长习性进行花木修剪？
3. 常用的花木修剪方法有哪些？
4. 对花木自然与人工混合式整形的常见树形有哪些？

实 训 指 导

实训指导18　园艺工具的维护与养护

一、目的与要求

熟悉常用园艺工具的种类与功能，掌握常用工具的使用与维护保养方法。

二、材料与用具

常见修剪工具有高枝剪、高枝锯、手锯、园艺刀、剪枝剪等。园艺工具的养护与保养需要的材料有磨刀石、扳手、螺丝刀、防锈油、抹布等。

三、实训内容

（1）将剪枝剪、高枝剪等拆卸开，刃部用磨刀石打磨锋利，并抹油防锈，之后紧固螺丝。

（2）用三角锉打磨手锯和高枝锯的锯齿，以使锯子在使用时候不“咬锯”。打磨后清理锯面，并涂抹防锈油。

（3）将刀类用磨刀石磨锋利后清理干净，涂防锈油。

四、实训作业

记录并整理各种园艺工具维护与保养的方法，并写出养护心得。

第 15 单元　花木整形修剪实例

学习目标☞

通过本单元的学习能够熟悉行道树修剪要点，并能正确修剪常见行道树。掌握藤本植物整形修剪的常用方式和修剪要点。掌握绿篱的整形修剪时期和常用的方法。

关 键 词☞

修剪

单元提要☞

本单元介绍了行道树、藤本植物、绿篱的修剪要求和常见行道树的修剪要点和修剪时间。

模块 15.1　行道树的整形修剪

15.1.1　行道修剪的要求

栽在道路两侧的行道树，主干高度一般以 3～4m 为宜；公园内园路或林荫路上的树木主干高度以不影响行人漫步为原则，主干不低于 2.5m。同一条主道上，行道树分枝点高度应一致，使整齐划一，不可高低错落，影响美观与管理。

（1）以自然式修剪为主，严禁对树木进行高强度修剪，抢险、树木衰老后更新修剪等特殊情况除外。

（2）整条道路修剪手法应一致，使树冠圆整，树形美观，骨架均匀，通风透光。

（3）应处理好与公共设施、周边建筑的矛盾，不影响车辆及行人通行，逐年提高枝下净空高度，使之大于 3.2m。修除可能伸进建筑内部的枝条。

（4）保留骨架枝、外向枝、踏脚枝，及时剪除枯枝烂头、病虫枝、重叠枝、交叉枝、徒长枝、下垂枝、结果枝及对公用设施有影响的枝条。

（5）应选留培养方向剪口芽，剪口部位在剪口芽上方 1～2cm。

（6）应不留短桩、烂头，剪口应倾斜 10°～15°，平整光滑，不撕皮，不撕裂。修剪大枝须分段截下，大剪口面应涂抹防腐剂。

15.1.2　修剪

1. 自然式树形行道树修剪

在不妨碍交通和其他公用设施情况下，行道树采用自然式冠形。这种树形是在树木本身特有的自然树形基础上，稍加人工修整即可，其目的是充分发挥树种本身的观赏特性如公园内雪松为塔形；玉兰、海棠为长圆形；槐树、桃树为扁圆形。

行道树自然式树形修剪中，有中央主干的，如杨树、水杉、侧柏、金钱松、雪松等，其分枝点的高度应按树种特性及树木规格而定，栽培中要保护顶芽向上生长。主干顶端如受损伤，应选择一直立向上生长的枝条或在壮芽处短剪，并把其下部的侧芽抹去，抽出直立枝条代替，避免形成多头现象。另外，修剪主要是对枯病枝、过密枝的疏剪，一般修剪量不大。无中央主干的行道树，主干性不强的树种，如旱柳、榆树等，修剪主要是调节冠内枝组的空间位置，如去除交叉枝、逆行枝等，使整个树冠看起来清爽整洁，并能显现出本身的树冠。另外，就是进行常规性的修剪，包括去除密生枝、枯死树、病虫枝和伤残枝等。

2. 杯状形行道树的修剪

悬铃木、火炬树、榆树、槐树、白蜡等树种无主轴或顶芽能自剪，多为杯状形修剪

（图 15-1）。杯状形修剪形成“三主六杈十二枝”的骨架，骨架构成后，树冠扩大很快，疏去密生枝、直立枝，促发侧生枝，内膛枝可适当保留，增加遮阴效果。

图 15-1　杯状形行道树

如果上方有架空线路时，就按规定保持一定距离，勿使枝与线路触及。靠近建筑物一侧的行道树，为防止枝条扫瓦、堵门、堵窗，影响室内采光和安全，应及时对过长枝条进行短截修剪。

以二球悬铃木为例，在树干 2.5～4m 处截干，萌发后选 3～5 个方向不同、分布均匀、与主干成 45° 夹角的枝条作主枝，其余分期剪除。当年冬季或第二年早春修剪时，将主枝在 80～100cm 处短截，剪口芽留在侧面，并处于同一水平面上，使其匀称生长；第二年夏季再抹芽和疏枝。幼年时顶端优势较强，侧生或背下着生的枝条容易转成直立生长，为确保剪口芽侧向斜上生长，修剪时可暂时保留背生直立枝。第二年冬季或第三年早春，于主枝两侧发生的侧枝中选 1～2 个作延长枝，并在 80～100cm 处短截，剪口芽仍留在枝条侧面，疏除原暂时保留的直立枝。如此反复修剪，经 3～5 年后即可形成杯状形树冠。

3. 开心形行道树的修剪

此种树形为杯状形的改良与发展。主枝 2～4 个均可，主枝在主干上错落着生，不像杯状形要求那么严格。为了避免枝条的相互交叉，同级留在同方向。采用此开心形树形的多为中干性弱、顶芽能自剪、枝展方向为斜上的树种。

4. 伞形树冠的修剪

第一年将顶留的枝条在弯曲最高处留上芽短截，第二年将下垂的枝条留 15cm 左右留外芽修剪，下一年仍在一年生弯曲最高点处留上芽短截。如此反复修剪，即成波纹状伞面（图 15-2）。若下垂的枝条略微留长些短截，几年后就可形成一个塔状的伞面，此种树形应用于公园、孤植或成行栽植都很美观。

图 15-2　伞形树冠的修剪

5. 规则式树冠的修剪

规则式树冠的修剪，首先要剪除冠内所有的带头枝桩、枯枝、病虫枝，并将弱枝更新。然后确定适合修剪的树形，如方形、长方形等。确定修剪的冠形后，根据树木的高度和不同的线形，将形状以外的枝叶全部剪除。要修剪出一个完美的规则式树冠，需要经过多次的修剪才能完成。

15.1.3 处理剪口与清理环境卫生

修剪后，对树干上留下的较大伤口应涂一些质量较好的保护剂，以防止病虫侵染，有利保护伤口。对于一些较小的剪口则通常不必使用伤口保护剂。修剪完毕后，及时对修剪下的枝条进行清扫，防止对过路行人造成影响。

15.1.4 常见行道树的整形修剪要点

1. 银杏的整形修剪

银杏为银杏科银杏属，落叶大乔木。雌雄异株。幼树树冠塔形，成年树冠卵圆形，总状（单轴）分枝类型，顶端优势强烈，干性强，寿命长，生长慢，萌蘖性强，深根性树种。银杏是著名的秋叶树种，秋季叶色金黄，十分美丽，用作行道树秋季很有特色。为使银杏的观叶期长并质量优，除了需要早停肥、少水、气温适当低以外，也需要整形修剪的配合，主要是在修剪量上要控制，特别要防止隐芽、不定芽的大量萌发。行道树应选雄株。

银杏作为行道树的栽植应为全冠栽植，整形修剪主要采用中央领导干形修剪，即保持银杏的自然树形。整形修剪主要在休眠期进行。根据行道树的定干高度要求，保留定干高度定植后，保护中央领导干主梢，保留较大主枝，进行部分疏枝及回缩；修剪量不应过大，避免削弱树势，保持各枝的均衡势力；分枝点以下所有枝条全部剪除。主枝过于强大，中央领导干顶梢顶端优势弱时，应换头，重新就近选择培养新的领导干，同时留强去弱上部主枝，回缩下部过强的主枝，控制主枝的生长，以均衡树势，保证树木高生长和树形。栽植多年生长健壮的成年树，一般不行重修剪，只疏枝，轻剪，一般不短截；轮生枝可分阶段疏剪，同时将过密枝、病虫枝、伤残枝及枯死枝剪除，以保证光照充分，树势均衡。如在生长期进行整形修剪，主要是剪除树干萌芽枝及根茎根蘖枝。

2. 水杉的整形修剪

水杉为杉科水杉属落叶乔木，高达 30m 以上。树皮灰褐色或深灰色，裂成条片状脱落；小枝对生或近对生，下垂。叶交互对生，在绿色脱落的侧生小枝上排成羽状二裂，线形，柔软，几乎无柄。雌雄同株。树干挺直，为单轴分支形式，中干明显，树形幼时呈圆锥形，老则枝条开展，呈广椭圆形。大枝不规则轮生，小枝对生下垂，下部无芽小枝在冬季与叶同落。

水杉的干性强，其自然整枝良好，不必多修剪。整形方式只有一种，即中央领导干形，极易成形。整形带控制在 1m 以上，及时疏剪过密枝、纤弱枝及徒长枝，培养分布均衡的骨架枝。

水杉的苗期定型和养护修剪在冬季进行，养护修剪一年一次。以整理杂枝为主，修剪手法用疏剪，一般不用换头和短截，修剪量小。水杉作为行道树，宜在郊区公路边栽植，市区不太适宜。

3. 国槐的整形修剪

国槐为豆科槐属，落叶乔木。树冠圆形，合轴分枝类型，主轴不明显。夏季开花，一年 2 次发枝，有春梢和秋梢之分，发枝率低，树干中下部无侧枝。深根性，寿命长。国槐作为行道树的整形修剪主要采取杯状形修剪。定干高度一般为 3～3.5m。国槐定植后，保留数个健壮枝条，翌年选留上下错落、均衡配列的 3 个枝条作为主枝进行培养，冬季在每个主枝中选 2 个侧枝短截，以形成 6 杈。第三年冬季再在 6 个杈上各选 2 个枝条短剪，则形成“三主六杈十二枝”的杯状造型。树木成型后以疏枝为主，防止枝条过密阻碍通风、透光，及时剪除枯死枝、病虫枝、下垂枝等；另因国槐不定芽较多，修剪不能过重，以免刺激诱发大量不定芽而影响树型。

4. 悬铃木的整形修剪

悬铃木为悬铃木科悬铃木属，大型落叶乔木。树冠主轴明显，主干遒劲，树形优美，树冠宽阔，叶大荫浓，萌芽力强，生长速度快，寿命长。悬铃木作为行道树，基本为截干栽植或保留骨架栽植。目前，行道树的栽植多为截干栽植，据此用于宽阔的主干道。对径级在 12～15cm 以下的树木，定植后应按中央领导干形培养；对径级 15cm 以上的树木应采用杯状形培养；有线网等生长空间受限的道路宜采用杯状形培养。提倡保留骨架栽植。

（1）中央领导干形培养。保留定干高度定植后，保留 1 个强壮直立枝，作为中央领导干培养，并注意培养健壮的各级主、侧枝，使树冠不断扩大。剪去过密枝、病虫枝、交叉枝、重叠枝、直立枝等。

（2）杯状形培养。保留定干高度定植后，在主干上选留 4～5 个健壮、上下错落的主枝，其余全部剪除；冬季保留 3 个空间分布均衡、上下尽量错落的大主枝，在距主干约 60cm 处，选健壮侧芽前短截，剪除剩余主枝；第二年将由侧芽长成的侧枝在距离和水平角度上选择保留 2 个，从而在每个主枝上形成两个不对生的杈枝。第三年对六杈再度短截，使每个杈上再生分枝，再次选择保留 2 枝，使全树形成“三主六杈十二枝”的结构树形。

（3）成型树修剪。主要对干枯枝、病虫枝、细弱枝、下垂枝、交叉枝等进行修剪，对于外围枝条，视其生长空间采取不同措施。对于开张角度过大或偏冠的树木逐渐进行调整。

模块 15.2 花灌木的整形修剪

15.2.1 花灌木的整形修剪要求

（1）修剪时应注意培养丛生而均衡的大枝，使植株保持自然丰满的冠形。对灌木中央枝上的小枝可疏剪，外围的丛生枝及其小枝则应短截，以促使其多发侧枝，利于形成丰满的树冠。

（2）对树龄较大的灌木，定期删除老枝，以培养新枝，使其保持枝叶繁茂。

（3）经常短截可突出树冠的徒长枝，以保持冠形的整齐均衡。

（4）植株上的残花、烂果应及早修掉，以免损耗植物体内的养分。

（5）观花灌木的修剪时间应根据其花芽分化类型或开花类别、观赏要求进行。对在当年生枝条上夏秋开花的植物，可于休眠期进行重剪，利于萌发壮枝，提高开花的质量。在二年生枝条上春季开花的植物，其花芽在去年夏秋分化，可在花期过后 1～2 周内进行修剪。前者如紫薇、月季、木槿、玫瑰；后者如梅花、迎春、海棠等。

15.2.2 花灌木的整形修剪方法

1. 新植灌木（或小乔木）的修剪

除一些带土球移植的珍贵灌木树种（如紫玉兰等）可适应轻剪外，灌木一般裸根移植，为保证成活，一般应进行重剪。移植后的当年，开花前尽量剪除花芽以防开花过多消耗养分，影响成活和生长。

对于有主干的灌木或小乔木，如碧桃、榆叶梅等，修剪时应保留一定高度的主干，选留不同方向的主枝3～5个，其余的疏除，保留的主枝短截1/2左右；较大的主枝上如有侧枝，也应疏去2/3左右的弱枝，留下的也应短截。修剪时应注意树冠枝条分布均匀，以便形成圆满的冠形。

对于无主干的灌木，如连翘、玫瑰、黄刺梅、太平花、棣棠等，常自地下发出多数粗细相近的枝条。应选留4～5个分布均匀、生长正常的丛生枝，其余的全部疏去，保留的枝条一般短截1/2左右，并剪成内圆球形。

2. 灌木的一般养护修剪

灌木的一般养护修剪，应使从生大枝均衡生长，使植株保持内高外低、自然丰满的圆球形。对灌丛内膛小枝应适量疏剪，外边丛生枝及其小枝则应短截，促使多年斜生枝，下垂细弱枝及地表萌生的地蘖应彻底疏除。及时短截或疏除突出灌丛外的徒长枝，促生二次枝，使灌丛保持整齐均衡。但对如连翘等一些具拱形枝的树种所萌生的长枝，则应保留。应尽量及早剪去不作留种用的残花、幼果，以免消耗养分。

成片栽植的灌木丛，修剪时应形成中间高、四周低或前面低、后面高的丛形。多品种栽植的灌木丛，修剪时应突出主栽品种，并留出适当的生长空间。

定植多年的丛生老弱灌木，应以更新复壮为主，采用重短截的方法，有计划地分批疏除老枝，甚至齐地面留桩刈除，培养新枝。栽植多年的有主干的灌木，每年应采取交替回缩主枝控制树冠的剪法，防止树势上强下弱。

3. 观花类灌木（或小乔木）的修剪

幼树生长旺盛宜轻剪，以整形为主，尽量用轻短截，避免直立枝、徒长枝大量发生，造成树冠密闭，影响通风透光和花芽的形成；斜生枝的上位芽在冬剪时剥除，防止直立枝发生；一切干枯枝、病虫枝、伤残枝、徒长枝等用疏剪除去；对丛生花灌木的直立枝，选择生长健壮的加以摘心，促其早开花。壮年树木的修剪以充分利用立体空间、促使花枝形成为目的。休眠期的修剪，主要是疏除部分老枝，选留部分根蘖，以保证枝条不断更新，适当短截秋梢，保持树形丰满。

具体的修剪措施要根据树木生长习性和开花习性而定。

1）春花树种

对连翘、丁香、黄刺玫、榆叶梅、麦李、珍珠绣线菊、京桃等先花后叶的春花树种，其花芽着生在一年生枝条上，在春季花后修剪老枝并保持理想树形，将已开花的枝条进行中或重短截，疏剪过密枝，以利来年促生健壮新枝。对毛樱桃、榆叶梅等枝条稠密的种类，可适当疏除衰老枝、病枯枝，促发更新枝。对迎春、连翘等具有拱形枝的种类，可重剪老枝，促进强枝发生以发挥其树姿特点。

2）夏秋花树种

对如木槿、珍珠梅、八仙花、山梅花、紫薇等的夏秋花树种，花芽在当年新梢上形成并开花，修剪应在休眠期或早春萌芽前进行重剪可使新梢强健。对于一年开两次花的灌木（如珍珠梅），除早春重剪老枝外，还应在花后将残花及其下方的2～3芽处剪除，刺激二次枝的发生，以便再次开花。

3）一年多次抽梢、多次开花的树种

对如月季等一年多次抽梢、多次开花的树种，可于休眠期短截当年生枝条或回缩强枝，疏除病虫枝、交叉枝、弱密枝；寒冷地区重剪后应进行埋土防寒。生长季通常在花后于花梗下方第2～3芽处短截，剪口芽萌发抽梢开花，花谢后再剪，如此重复。

4）花芽着生在二年生和多年生枝上的树种

如连翘、贴梗海棠、牡丹等，花芽大部分着生在二年生枝和多年生的老干上。这类树种应注意培育和保护老枝，一般在早春剪除干扰树型并影响通风透光的过密枝、弱枝、枯枝或病虫枝，将枝条先端枯干部分进行轻短截，修剪量较小；生长季节进行摘心，抑制营养生长，促进花芽分化。

5）花芽着生在开花短枝上的树种

如西府海棠等，早期生长势较强，每年自基部发生多数萌蘖，主枝上大量发生直立枝，进入开花龄后，多数枝条形成开花短枝，连年开花。这类灌木修剪量很小，一般在花后剪除残花，夏季修剪主要是对生长旺枝适当摘心、抑制生长，并疏剪过多的直立枝和徒长枝。

4. 观赏枝条及观叶的种类

以自然整形为主，一般在休眠期进行重剪，以后轻剪，促发枝叶，部分树种可结合造型需要修剪。例如，红枫夏季叶易枯焦，景观效果大为下降，可行集中摘叶措施，逼发新叶，再度红艳动人。又如红瑞木等，为延长冬季观赏期，发挥冬季观枝的效果，修剪多在早春萌芽前进行。对于嫩枝鲜艳、观赏价值高的种类，需要每年重短截以促发新枝，适时疏除老干促进树冠更新。

5. 观果类

其修剪时间、方法与早春开花的种类基本相同，生长季中要注意疏除过密枝，以利通风透光、减少病虫害、增强果实着色力、提高观赏效果；在夏季，多采用环剥、缚缢或疏花疏果等技术措施，以增加挂果数量和单果重量。

6. 观形类

其修剪方式因树种而异。例如，对垂枝桃、垂枝梅、龙爪槐短截时，剪口留拱枝背上芽，以诱发壮枝，弯穹有力。对合欢树，成形后只进行常规疏剪，通常不再进行短截修剪。

7. 萌芽力极强的种类或冬季易干梢的种类

可在冬季自地面刈去，使来年春天重新萌发新枝，如胡枝子、荆条及醉鱼草等均宜用此法。这种方法对绿化结合生产以枝条作编织材料的种类很有实用价值。

15.2.3 常见花灌木的整形修剪要点

1. 牡丹的整形修剪

牡丹为毛茛科芍药属。落叶灌木，高达 2m，枝粗壮，2 回 3 出复叶，小叶广卵形至卵状长椭圆形，先端 3～5 裂，基部全缘，背面有白粉，平滑无毛。花单生枝顶，大型，直径 10～30cm，有单瓣和重瓣之分，花色丰富，有紫、深红、粉红、白、黄、豆绿等色，极为美丽；雄蕊多数，心皮 5 枚，有毛，其周围为花盘所包，花期 4 月下旬～5 月；9 月果熟。牡丹花大而美丽，色香俱佳，被誉为“国色天香”“花中之王”，为中国特产名花，在中国有 1 500 多年的栽培历史，在园林中常用作专类园，供重点美化区应用，又可植于花台、花池观赏。自然式孤植或丛植于岩坡草地边缘或庭园等处点缀，常又获得良好的观赏效果。此外，还可盆栽作室内观赏和切花瓶插等用。

牡丹的整形修剪一年中有 4 次，每次的修剪量都很小。第一次修剪在花后，及时将残花剪去。第二次修剪在 5～6 月，剥去新梢上部的叶芽，也可用别针将上部叶芽捣毁，促使下部腋芽分化。第三次修剪是主要的一次修剪，在冬季末进行，由于其枝条的上部不易木质化，多数枝条的梢部常在秋冬季枯萎，因此这次修剪先酌量疏去老弱枝，其余壮枝在已分化的混合芽上方短截。最后一次修剪是在第二年 3～4 月新梢开始生长时进行，刨开根际土壤除去根蘖，牡丹的根蘖很多，呈紫红色，如此时不除去，只会白白消耗养分，届时如果花枝过密，可将低矮者疏去，避免开花时叶底藏花。

2. 碧桃的整形修剪

碧桃为蔷薇科桃属，落叶小乔木。树冠圆形，合轴分枝类型，其开花枝条分为长花枝、中花枝和短花枝及花束状枝。浅根性，寿命短。园林中碧桃最多的整形方式为自然开心形。

1）碧桃幼龄树的整形修剪

树冠圆满，呈圆头形，根据需要定干高，主枝 3～5 个，在主干上呈放射状斜生，主枝长粗后近于轮生。主枝截留长度为 40～60cm，同级侧枝在同一方向选留，侧枝多，背上有大枝组。疏除过密枝、徒长枝，增加分枝级次，使之在短期内形成完美的树型。夏季主要进行摘心，疏除萌芽枝。

2）碧桃壮龄树的整形修剪

休眠期按树体整形方式要求，确定树体的骨干枝，明确各主枝和各级侧枝的从属关系，以短截为主，综合应用其他修剪措施，通过抑强扶弱的方法，使枝势互相平衡。长花枝轻短截，中花枝长放或短截，短花枝或花束状枝则长放或疏剪，同时利用生长旺盛

的枝条培养花枝组，配备在树冠中下部及主枝的背侧和斜侧，防止中空，开花外移。同时要疏除交叉枝、病枯枝、伤残枝、细弱枝及不必要的徒长枝。生长期修剪，为了观赏的需要，花后为避免分枝过多、通风不良，需要短截长花枝；摘心可以促使早萌发副梢并控制枝条的加长生长，使枝条形成较饱满的花芽。

3）碧桃老龄树的整形修剪

休眠期修剪应该做适度的更新修剪，有计划分年回缩骨干枝，刺激隐芽萌发，重新培养骨干枝，延长树木的观赏期。疏除病虫枝、枯死枝。生长期修剪应抹除枝干上多余的萌芽枝、萌蘖枝。

3. 紫薇的整形修剪

紫薇为千屈菜科紫薇属，落叶小乔木。合轴分枝类型，属当年抽枝、当年分化花芽，夏秋开花的树种，花序主要集中在当年生枝的枝端，其干性弱，萌芽及萌蘖性极强，强阳性落叶树种，耐修剪。

1）紫薇休眠期的修剪

休眠期修剪方法以中、重度剪截为主，并应根据其不同的树型采取相应的修剪措施。主干明显的大树，先要剪除主干上萌生的枝条，使主干始终保持通直圆满；主干上部沿不同方向均匀保留 2～5 个大枝作为主枝，留外芽进行中度短截；对主枝先端的壮侧枝保留 2～3 个，留外芽行中度短截，以促进扩大树冠。其他影响树形的枝条及枯萎枝、病虫枝、萌蘖枝等一律从基部剪除。树木成型后，枝端保留长度为 15～20cm 行重度短截，以培养花枝组；树木生长健壮时，适当行中度短截。多主干形紫薇，一般保留 3～5 个主干，根据所栽植的环境空间的尺度或设计的要求在适当的高度将保留主干短截，干高在大型绿地中，应保留 2m 左右，一般庭院绿地中，干高为 1.5m 左右；每个主干选留 1～2 个侧枝较好、分枝均衡的枝条为主枝，进行中度短截；再在每个主枝的被截部位，选留 2～3 个较大侧生枝行中、重度短截，长度在 15～20cm 为宜，保留外芽，促进扩大树冠；疏除枯萎枝、病虫枝、萌蘖枝等。树冠形成后，每年每枝端选留 2～3 个小枝，留长 8～10cm 重度短截，其余枝条疏剪。直立形，主要用于矮紫薇或低矮的幼树，自基部保留 5～7 个直立主枝，行轻剪或中剪，主枝分生侧枝，逐级扩大树冠，成为自然倒卵形树冠，保证树型饱满。

2）紫薇生长期的修剪

生长期修剪为辅助性修剪。适时实施除蘖、抹芽等，以保证养分的有效利用；花后及时将已开过的花枝在其下 2～3 芽处短截，以促进二次开花，从而延长花期。

4. 月季的整形修剪

月季为蔷薇科蔷薇属，落叶或半常绿灌木或藤本。合轴分枝类型，一年多次抽枝多次开花的树种，从 4 月底 5 月初第一次开花后，每 5～7 周开花一次。月季耐修剪，品种繁多，习性各异，生长势不尽相同，因此，月季修剪的方法和程度有所不同。月季主要在冬季或早春修剪，夏、秋季进行摘蕾、剪梢、切花和除去残花等辅助性修剪工作。

1）灌木形月季的整形修剪方式

幼苗长到4～6片叶时，及时摘心，使当年形成2～3个分枝。秋后剪去残花，注意应尽可能多地保留叶片。老树更新时，在根蘖5片复叶后摘心，长出2～4个分枝后，即可去除老枝。

2）树形月季的整形修剪方式

扦插苗成活后，及时抹芽修枝。只选择1个直立向上、生长旺盛的枝条作主干，促进主干直径和高度的快速增加。主干高度在1.5m以上时定干，定干高度为1.5m，剪口附近选留3～5个角度合适的健壮芽，其余侧芽全部抹掉。次年春天对侧枝短截，长约30cm，同时剪口附近选留3个健壮芽，其余芽抹掉。“3股9顶”形成树形月季的头形树冠，以后的修剪中对侧枝不断地摘心和疏剪，可使树冠不断丰满，花量增多。对于花蕾较多的花枝，可适当地疏除掉一些花蕾。

模块 15.3 藤本类的整形修剪

15.3.1 藤本类的整形修剪方式

1. 棚架式

对于卷须类及缠绕类藤本植物多用此种方式进行剪整。剪整时，应在近地面处重剪，使发生数条强壮主蔓，然后垂直诱引主蔓于棚架的顶部，并使侧蔓均匀地分布于架上，则可很快地成为荫棚。在华北、东北各地，对不耐寒的种类如葡萄，需要每年下架，将病弱衰老枝剪除，均匀地选留结果母枝，经盘卷扎缚后埋于土中，翌年再行出土上架。至于耐寒的种类，如山葡萄、北五味子、紫藤等则可不必进行下架埋土防寒工作，以疏为主。除隔数年将病老枝或过密枝疏剪外，一般不必每年剪整。

2. 凉廊式

常用于卷须类及缠绕类藤本植物，也可用吸附类藤本植物。因凉廊有侧方格架，所以主蔓勿过早诱引于廊顶，否则容易形成侧面空虚。

3. 篱垣式

多用于卷须类及缠绕类植物。将侧蔓行水平诱引后，每年对侧枝施行短剪，形成整齐的篱垣形式。其中，水平篱垣式适于形成长而较低矮的篱垣，又可依其水平分段层次之多少而分为二段式、三段式等；垂直篱垣式适于形成距离短而较高的篱垣。

4. 附壁式

本式多用吸附类植物为材料。将藤蔓引于墙面即可自行依靠吸盘或吸附根而逐渐布

满墙面。例如，爬山虎、凌霄、扶芳藤、常春藤等均用此法。此外，在某些庭园中，也有在壁前 20～50cm 处设立格架，在架前栽植植物。例如，蔓性蔷薇等开花繁茂的种类多在建筑物的墙面前采用本法。修剪时应注意使壁面基部全部覆盖，各蔓枝在壁面上应分布均匀，以不互相重叠交错为宜。

在本式剪整中，最易发生的问题为基部空虚，不能维持基部枝条长期茂密。对此，可配合轻、重修剪以及由枝诱引等综合措施，并加强栽培管理工作。

5. 直立式

对于一些茎蔓粗壮的种类，如紫藤等，可以剪整成直立灌木式。此式如用于公园道路旁或草坪上，可以收到良好的效果。

15.3.2 常见藤本类的整形修剪要点

1. 紫藤的整形修剪

紫藤为豆科紫藤属，缠绕型落叶藤木。单轴分枝类型，属夏秋花芽分化型，总状花序多在短枝上腋生。萌蘖性强，生长迅速，寿命长。适宜作棚架栽培，也可修整成直立灌木形。

1）棚架形的整形修剪

保留的 1～3 个强壮的枝条上架后，棚架以下的其他枝条全部疏除，棚架以上发出的强壮枝作为主枝进行培养，主枝上发出的侧枝，采取强枝弱剪、弱枝强剪的方法，选取留芽方向进行短截，使枝条在架面上均匀分布，尽早成型。

2）成型树的修剪

疏去过密枝、纤弱枝、病残枝、过分相互缠绕枝等，对一年生枝用强枝轻剪、弱枝重剪的方法来平衡生长势，使枝条尽量在架面上均匀分布，并获取较多的短枝；早春还应尽早除掉骨干枝上的无用枝芽，以利于花序花壮蕾肥。

3）树体过大或者骨干枝衰老树的修剪

此时可进行疏剪和局部回缩，并对选留的分枝进行短截，促发新枝，从而达到复壮的目的。

2. 葡萄的整形修剪

葡萄为葡萄科葡萄属，卷须型落叶藤木。单轴分枝类型，属夏秋花芽分化型。树体结构由主干、主蔓、侧蔓、结果母枝、结果枝、发育枝和副梢组成。结果母枝是成熟后的一年生枝，其上的芽眼能在翌年春季抽生结果枝。结果母枝可着生在主蔓、各级侧蔓或多年生枝上。

葡萄为有伤流树种，伤流一般发生在春季树液开始流动至萌芽展叶时间段。为防治伤流的发生，而应在秋末冬初进行，最好在葡萄自然落叶后 2～3 周进行，发芽前不能修剪。最适宜棚架形培养。

1）休眠期的修剪

定植后至主蔓布满架面前，以整形为主。自地面发出 1 个、2 个或多个主蔓，且一直伸延到架面顶端，不留侧蔓，至架面以后，尽量多留枝条填补较大的架面空间，主蔓上每隔 20～30cm 留一个固定的结果枝组，一般留 4～5 个。结果枝组一律采用短梢修剪，即除主蔓顶端的延长枝留长稍修剪外，疏除结果枝组上的一年生过密枝，余下的均留 1～2 个芽短截。整形任务基本完成，枝组培养和更新应同时进行。主蔓上每米留结果枝组的数量可减少到 3～4 个；把位置不当、生长衰弱或过密的枝组疏除；留下的枝组，每一母枝留 2～3 个芽修剪短截。主侧蔓衰退，利用隐芽来更新，培养新结果枝组。主侧蔓缩剪，逐渐收缩枝组，修剪位下移，尽量多留下位枝芽，必须在被更新的枝蔓下方，预先培养出强壮的枝蔓或从根际发出的萌枝。保留隐芽新梢，分步骤、有计划地疏除部分衰老枝组，培养新枝组。

2）生长期的修剪

夏季修剪主要是抹芽、疏枝、摘心和副梢处理，整个生长期都可进行。枝条过密处，在夏剪时可疏除部分细弱枝；枝条过稀处，夏剪时应早期摘心，促其分枝，培养成结果枝组。

3. 爬山虎的整形修剪

爬山虎又名地锦、爬墙虎，为葡萄科地锦属的攀缘性藤本植物。茎长 10～30m，多分枝。叶阔卵形，长 10～20cm，基生叶或萌枝叶多为深 3 裂或全裂，蔓生叶浅 3 裂或不裂，叶秋季转红。花序为聚伞花序，花小，花期为 6～7 月。浆果球形，熟时蓝黑色。枝端卷须可发育成黏性吸盘，有很强的吸附、攀缘能力，可攀缘光滑的墙壁和裸露的岩石。一般年生长长度为 2～4m，叶面积大，具有极强的抗旱力、耐土壤瘠薄能力。爬山虎在建筑物的阳面或阴面均能旺盛生长，具有良好的适应性，是很好的赏叶和装饰墙壁、假山的园林植物。

爬山虎的整形修剪十分方便，只需要整理杂枝即可，通常不需要大量修剪，攀爬不到位的，加以适当诱导。主要修剪时间在冬季，如生长期枝过于混乱，也需要及时整理。

模块 15.4 绿篱的整形修剪

15.4.1 修剪方法

绿篱定植后，应按规定的高度及形状及时修剪。为促使干基枝叶的生长，萌发更多的侧枝，可将树干截去 1/3 以上，剪口在预定高度的 5～10cm 以下，同时将整条绿篱的外表面修剪平整。绿篱或其他规则树形的修剪养护多用短剪的方法，以轻短剪居多。为使修剪后的绿篱及其他规则式树形外观一致、平直，应使用大平剪或修剪机，曲面仍用枝剪修剪。绿篱的修剪方式因树种特性和绿篱功用而异，可分为自然式和整形式两种。

1. 自然式修剪

自然式修剪多用于绿墙、高篱和花篱。适当控制高度，顶部修剪多放任自然，仅疏除病虫枝、干枯枝等，使其枝叶紧密相接，以提高阻隔效果。对花篱，开花后略加修剪使之持续开花，对萌发力强的树种如蔷薇等，盛花后进行重剪，使发枝粗壮，篱体高大美观。

2. 整形式修剪

整形式修剪多用于中篱和矮篱。整形式有剪成梯形、矩形、倒梯形或波浪形等几何形体的；有剪成高大的壁篱式作雕像、山石、喷泉等背景用的；有将树木单植或丛植，然后剪整成鸟、兽、建筑物或具有纪念、教育意义等雕塑形式的。

绿篱定植后，应按规定高度及形状，及时修剪，为促使干基枝叶的生长。应先用线绳定型，然后以线为界进行修剪，修剪后的断面主要有半圆形、梯形和矩形等。整形时先剪其两侧，使其侧面成为一个弧面或斜面，再修剪顶部呈弧面或平面，整个断面呈半圆形或梯形。一般剪掉苗高的1/3～1/2；为保证粗大的剪口不裸露，应保持在规定高度5～10cm以下。为使绿篱下部分枝匀称、稠密，上部枝冠密接成形，应尽量降低分枝高度、多发分枝、提早郁闭，可在生长季内对新梢进行2～3次修剪。

草地、花坛的镶边或组织人流走向的矮篱，多采用几何图案式的整形修剪。灌木造型修剪应使树型内高外低，形成自然丰满的圆头形或半圆形树型。

15.4.2 修剪时期

北方地区，绿篱及规则式树型的修剪每年至少进行一次，阔叶树一般在春季进行，针叶树在夏秋进行。南方特别是华南地区，植物四季生长，每年一般都要修剪3～4次以上，以维持植物的合理冠形。若更新修剪（通过强度修剪来更换绿篱大部分树冠的过程），一般需要3年。第一年，首先疏除过多的老干和老主枝，改善内部的通风透光条件。这是因为绿篱经过多年的生长，在内部萌生了许多主枝，加之每年短截而促生许多小枝，从而造成绿篱内部整体通风、透光不良，主枝下部的叶片枯萎脱落。然后，对保留下来的主枝逐一回缩修剪，保留高度一般为30cm；对主枝下部所保留的侧枝，先行疏除过密枝，再回缩修剪，通常每枝留10～15cm长即可，适当短截主侧枝上的枝条。常绿绿篱的更新修剪，以5月下旬～6月底进行为宜，落叶篱宜在休眠期进行，剪后要加强肥水管理和病虫害防治工作。第二年，对新生枝条进行多次轻短截，以促发分枝。第三年，将顶部剪至略低于所需要的高度，以后每年进行重复修剪。

对于萌芽能力较强的种类，可采用平茬的方法进行更新，仅保留一段很矮的主枝干。平茬后的植株，因根系强大、萌枝健壮，可在1～2年中形成绿篱的雏形，3年左右即可恢复成形。

复习思考题

1．简述各类园林植物的整形修剪要点。
2．结合周边绿化制订校园主干道行道树整形修剪方案。
3．简述各类园林树木整形修剪的注意事项。

实训指导

实训指导19　园林花木整形修剪

一、目的与要求

通过观察各类花卉树木的冬季修剪树型、春季开花萌芽反应来加深对整形修剪原理的认识并掌握，学生能对绿篱进行修剪操作。

二、材料与用具

基地各类花卉树木、剪枝剪等。

三、实训内容

教师讲解各类花卉树木整形修剪的树型、修剪原理，选择典型详细讲解，学生对绿篱进行实际操作练习。

四、实训作业

（1）以小组为单位，对各类园林花木修剪方法进行归类，注明修剪时间、整形方式及修剪要点。

（2）对每组修剪的绿篱的质量、工作效率、工作的完整性考核打分。

参 考 文 献

曹涤环，刘建武，2010．富贵竹栽培管理技术[J]．南方农业（6）：65-67．

陈碧群，2013．桂花栽培技术[J]．现代农业科技（2）：175，192．

陈有民，2002．园林树木学[M]．北京：中国林业出版社．

陈有民，2006．中国园林绿化树种区域规划[M]．北京：中国建筑工业出版社．

程海涛，赵瑞艳，田立娟，等，2012．大亮子河国家森林公园野生观赏植物资源调查[J]．中国林副特产（4）：84-86．

邓运川，龚玉梅，2009．红瑞木的栽培管理技术[J]．南方农业，3（4）：56-58．

关柏莉，张道旭，郭春，等，2007．北方周年生产切花菊栽培技术要点[J]．北方园艺（6）：193-194．

郭学望，包满珠，2004．园林树木栽植养护学[M]．2 版．北京：中国林业出版社．

何相达，宋兴荣，袁蒲英，2010．蜡梅鲜切花规范化生产[J]．中国花卉园艺（6）：45-47．

胡颖，赵江雷，朱秋云，2010．非洲菊栽培技术解析[J]．湖南农机，37（4）：257-258．

蒋永明，翁智林，2003．园林绿化树种手册[M]．上海：上海科学技术出版社．

李德芳，2007．银杏树的种植及管理[J]．内蒙古农业科技（2）：115．

李南仁，兰小春，2008．散尾葵切叶生产技术[J]．热带农业工程（2）：49-52．

李文华，江海，2012．缙云县野生木本观赏植物资源及其开发利用建议[J]．现代农业科技（15）：246，248．

李枝林，程利霞，2006．鲜切花栽培技术[M]．昆明：云南科技出版社．

李仲芳，杨霞，谢孔平，等，2012．乐山茶花品种资源调查报告Ⅱ[J]．南方农业学报，43（9）：1357-1362．

刘建秀，周久亚，2001．草坪・地被植物・观赏草[M]．南京：东南大学出版社．

刘燕，2003．园林花卉学[M]．北京：中国林业出版社．

卢芳，周瑞玲，2012．徐州市城区常绿阔叶树种及其应用调查研究[J]．中国城市林业（1）：48-51．

年奎，2010．八角金盘栽培管理技术[J]．青海农林科技（1）：55-56．

孙建华，刘二霞，王静，等，2010．绿化树种：红瑞木栽培管理技术[J]．内蒙古林业调查设计（6）：31-32．

王燕，顾振华，顾建忠，2009．银柳高效栽培技术[J]．林业科技通讯（2）：22-23．

王朝霞，2009．鲜切花生产技术[M]．北京：化学工业出版社．

魏殿生，2011．牡丹生产栽培实用技术[M]．北京：中国林业出版社．

魏洪敏，王燕军，李振卿，等，2012．蜡梅栽培技术规程与切花技术标准[J]．河南林业科技（4）：73-75．

魏岩，2003．园林植物栽培与养护[M]．北京：中国科学技术出版社．

吴国兴，2002．鲜切用花保护地栽培[M]．北京：金盾出版社．

许成琼，2004．银杏良种早实苗繁殖技术[J]．柑桔与亚热带果树信息（4）：37．

杨建华，2011．新优地被植物 100 种[M]．北京：北京林业出版社．

叶增基，何生培，1997．切花银柳商品化栽培[J]．中国农业大学学报（1）：117-118．

于东明．2004．中国牡丹栽培与鉴赏[M]．北京：金盾出版社．

于磊，2011． 蜡梅栽培技术[J]．中国林副特产（6）：71-72．

岳桦，2015．园林花卉[M]．3 版．北京：高等教育出版社．

张颢，王继华，唐学开，等，2009．鲜切花实用保鲜技术[M]．北京：化学工业出版社．

郑成淑，2009．切花生产理论与技术[M]．北京：中国林业出版社．

中国科学院中国植物志编辑委员会，2004．中国植物志[M]．北京：科学出版社．

祝遵凌，2007．园林树木栽培学[M]．南京：东南大学出版社．